#모든문제유형
#기본부터_실력까지

유형
해결의 법칙

▼

[유형 해결의 법칙] 초등 수학 2-2

기획총괄   김안나
편집개발   한인숙, 홍은지
디자인총괄   김희정
표지디자인   윤순미, 여화경
내지디자인   박희춘, 이혜미
제작   황성진, 조규영

발행일   2024년 4월 15일 개정초판 2024년 4월 15일 1쇄
발행인   (주)천재교육
주소   서울시 금천구 가산로9길 54
신고번호   제2001-000018호
고객센터   1577-0902

유형 해결의 법칙 QR 활용 안내

오답 노트

틀린 문제 저장! 출력!

학습을 마칠 때에는 **오답노트**에 어떤 문제를 틀렸는지 표시해.
나중에 틀린 문제만 모아서 다시 풀면 **실력도 쑥쑥** 늘겠지?

① 오답노트 앱을 설치 후 로그인
② 책 표지의 QR 코드를 스캔하여 내 교재 등록
③ 오답 노트를 작성할 교재 아래에 있는 💾 를 터치하여 문항 번호를 선택하기

자세한 개념 동영상

단원별로 필요한 기본 개념은 QR을 찍어 동영상으로 자세하게 학습할 수 있습니다.

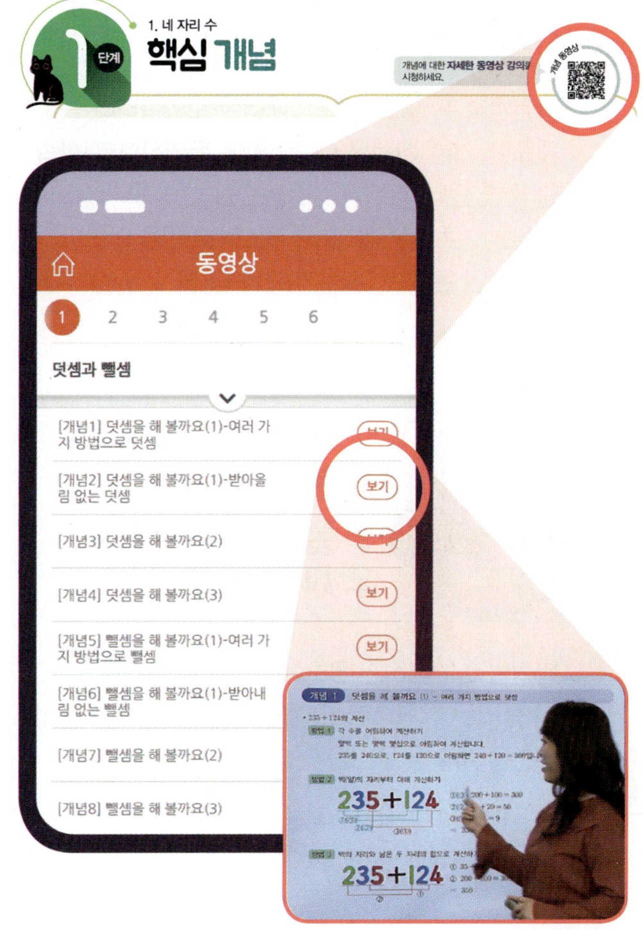

문제 생성기

추가적인 문제는 QR을 찍으면 더 풀 수 있습니다.

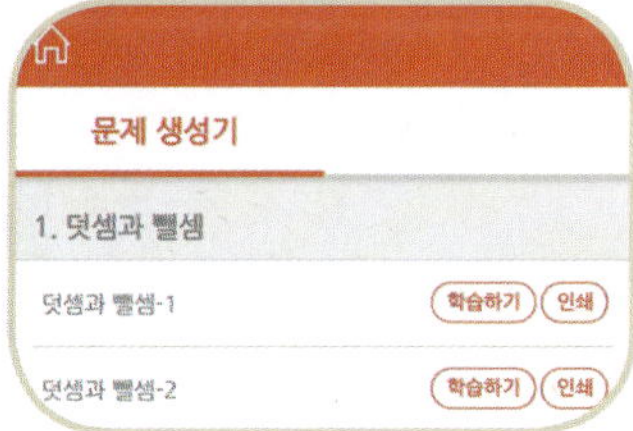

모든 문제의 **풀이 동영상 강의 제공**

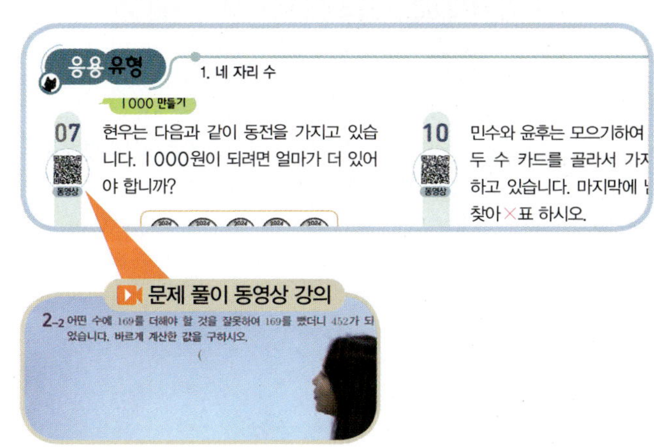

기본　난이도 하와 중의 문제로 구성하였습니다.

핵심 개념 +기초 문제

단원별로 꼭 필요한 핵심 개념만 모았습니다.
필요한 기본 개념은 QR을 찍어 동영상으로 학습할 수 있습니다.
단원별 기초 문제를 통해 기초력 확인을 하고 추가적인 문제는 QR을 찍으면 더 풀 수 있습니다.

개념 동영상 강의 제공　　문제 생성기

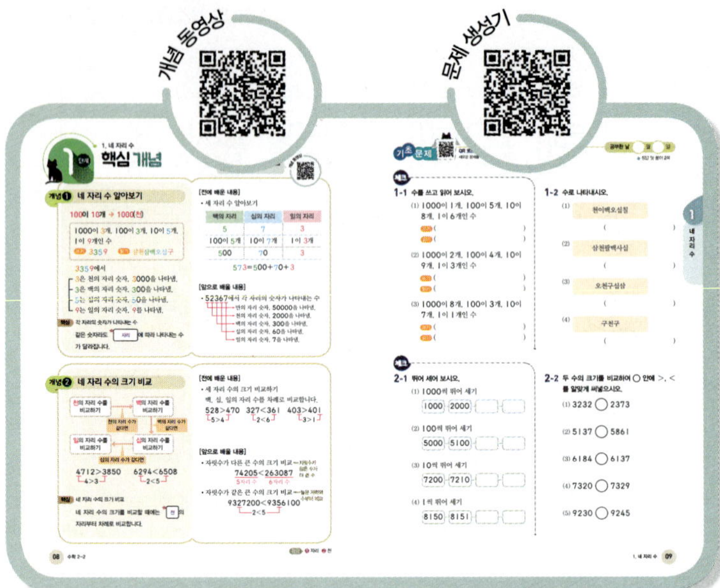

기본 유형 +잘 틀리는 유형 +서술형 유형

단원별로 기본적인 유형에 해당하는 문제와 잘 틀리는 유형으로 오답을 피할 수 있고 서술형 유형은 서술형 문제를 연습할 수 있습니다.

동영상 강의 제공

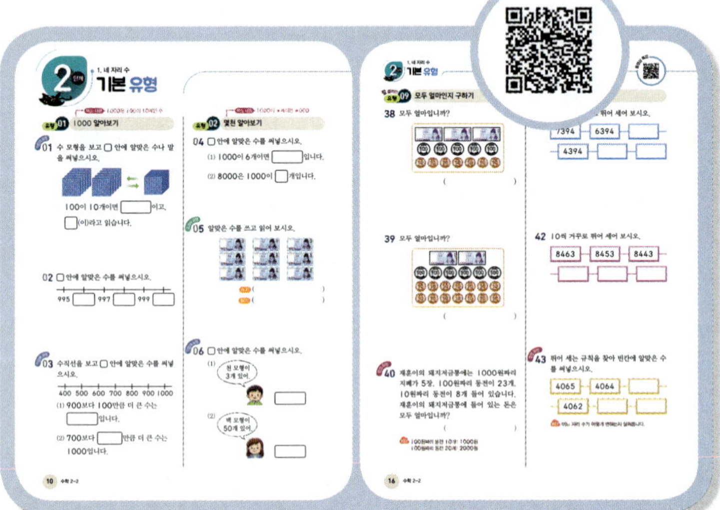

유형(단원) 평가

단원별로 공부한 기본 유형을 제대로 공부했는지 유형 평가를 통해 복습할 수 있습니다.

단원 평가 제공

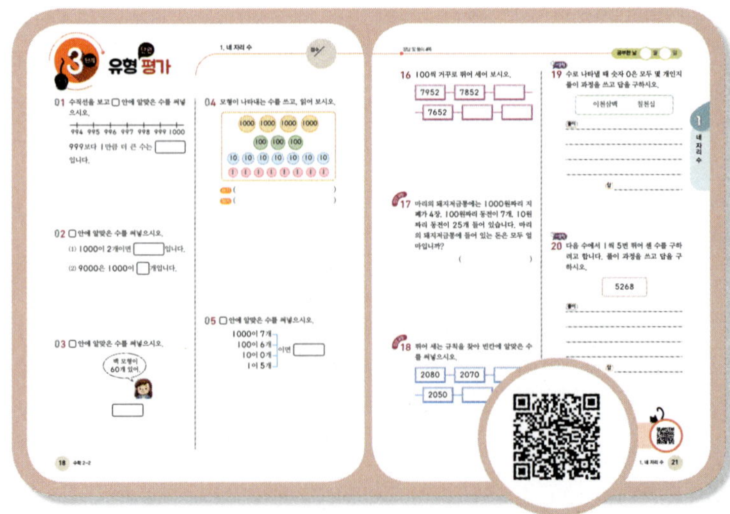

잘 틀리는 실력 유형

다르지만 같은 유형

잘 틀리는 실력 유형으로 오답을 피할 수 있도록
연습하고 새 교과서에 나온 활동 유형으로 다른
교과서에 나오는 잘 틀리는 문제를 연습합니다.
다르지만 같은 유형으로 어려운 문제도 결국 같은
유형이라는 것을 안다면 쉽게 해결할 수 있습니다.

▶ 동영상 강의 제공

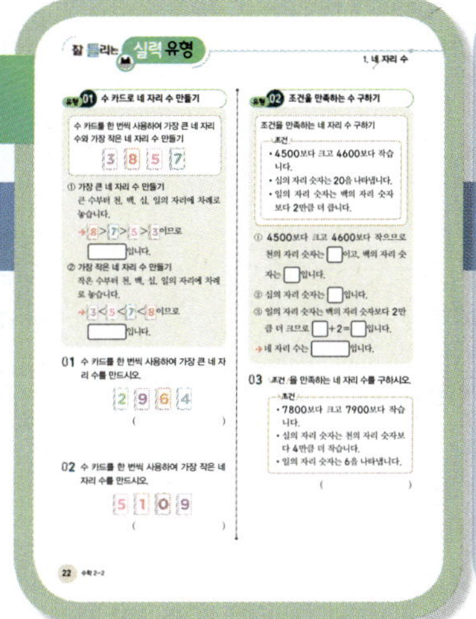
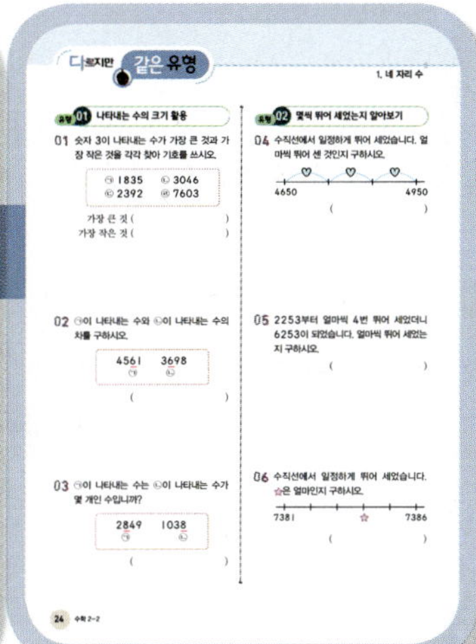

응용 유형

응용 유형 문제를 풀면서 어려운 문제도 풀 수 있는
힘을 키워 보세요.

▶ 동영상 강의 제공

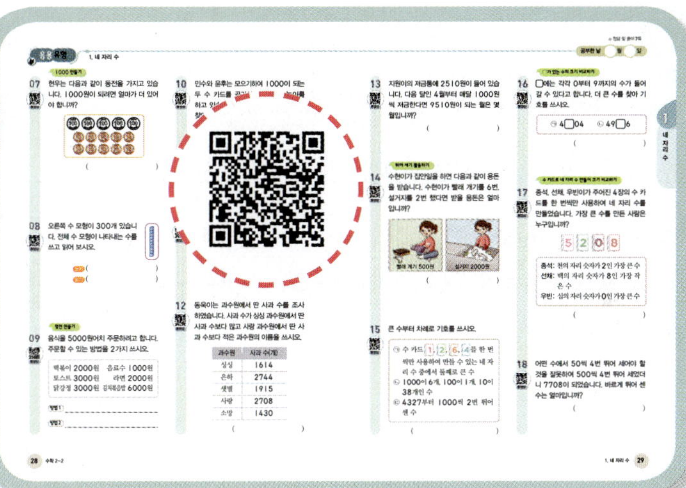

사고력 유형

최상위 유형

평소 쉽게 접하지 않은 사고력 유형도
연습할 수 있습니다.
도전! 최상위 유형~ 가장 어려운 최상위 문제를
풀려고 도전해 보세요.

▶ 동영상 강의 제공

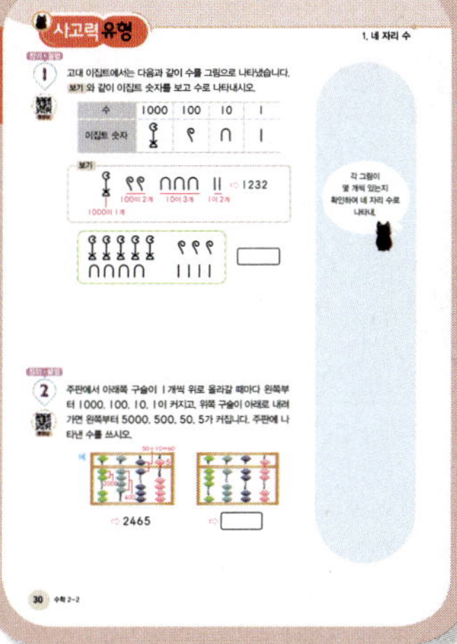

차례

1 네 자리 수

2 곱셈구구

3 길이 재기

1 네 자리 수

기본

핵심 개념
기초 문제
기본 유형

연습

잘 틀리는 유형
서술형 유형
유형(단원) 평가

완성

잘 틀리는 실력 유형
다르지만 같은 유형
응용 유형

도전

사고력 유형
최상위 유형

학습 계획표

계획표대로 공부했으면 ○표, 못했으면 △표 하세요.

내용	쪽수	날짜	확인
❶단계 핵심 개념+기초 문제	8~9쪽	월 일	
❷단계 기본 유형	10~15쪽	월 일	
❷단계 잘 틀리는 유형+서술형 유형	16~17쪽	월 일	
❸단계 유형(단원) 평가	18~21쪽	월 일	
잘 틀리는 실력 유형	22~23쪽	월 일	
다르지만 같은 유형	24~25쪽	월 일	
응용 유형	26~29쪽	월 일	
사고력 유형	30~31쪽	월 일	
최상위 유형	32~33쪽	월 일	

1. 네 자리 수
1단계 핵심 개념

개념 ❶ 네 자리 수 알아보기

100이 10개 → 1000(천)

1000이 3개, 100이 3개, 10이 5개,
1이 9개인 수

쓰기 3359   읽기 삼천삼백오십구

3359에서
- 3은 천의 자리 숫자, 3000을 나타냄.
- 3은 백의 자리 숫자, 300을 나타냄.
- 5는 십의 자리 숫자, 50을 나타냄.
- 9는 일의 자리 숫자, 9를 나타냄.

핵심 각 자리의 숫자가 나타내는 수

같은 숫자라도 ❶ [　　] 에 따라 나타내는 수
가 달라집니다.

[전에 배운 내용]
- 세 자리 수 알아보기

백의 자리	십의 자리	일의 자리
5	7	3
100이 5개	10이 7개	1이 3개
500	70	3

$$573 = 500 + 70 + 3$$

[앞으로 배울 내용]
- 52367에서 각 자리의 숫자가 나타내는 수
  - 만의 자리 숫자, 50000을 나타냄.
  - 천의 자리 숫자, 2000을 나타냄.
  - 백의 자리 숫자, 300을 나타냄.
  - 십의 자리 숫자, 60을 나타냄.
  - 일의 자리 숫자, 7을 나타냄.

개념 ❷ 네 자리 수의 크기 비교

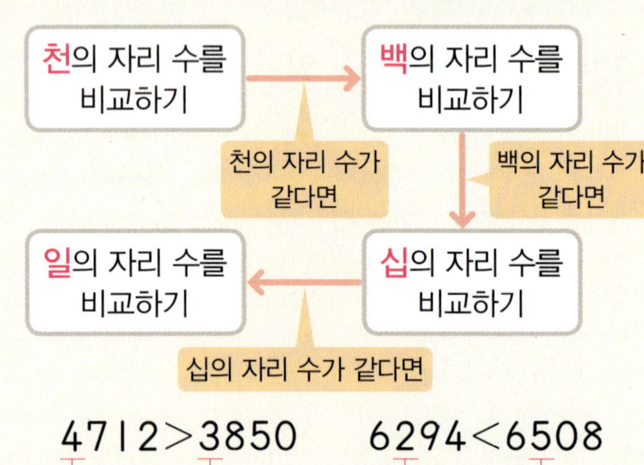

$$4712 > 3850 \qquad 6294 < 6508$$
$$4 > 3 \qquad\qquad 2 < 5$$

핵심 네 자리 수의 크기 비교

네 자리 수의 크기를 비교할 때에는 ❷ [　　] 의
자리부터 차례로 비교합니다.

[전에 배운 내용]
- 세 자리 수의 크기 비교하기
  백, 십, 일의 자리 수를 차례로 비교합니다.

$$528 > 470 \quad 327 < 361 \quad 403 > 401$$
$$5 > 4 \qquad\quad 2 < 6 \qquad\quad 3 > 1$$

[앞으로 배울 내용]
- 자릿수가 다른 큰 수의 크기 비교 — 자릿수가 많은 수가 더 큰 수

$$74205 < 263087$$
5자리 수　　6자리 수

- 자릿수가 같은 큰 수의 크기 비교 — 높은 자리의 수부터 비교

$$9327200 < 9356100$$
$$2 < 5$$

정답 ❶ 자리 ❷ 천

체크

1-1 수를 쓰고 읽어 보시오.

(1) 1000이 1개, 100이 5개, 10이 8개, 1이 6개인 수

쓰기 (　　　　　　　　　)

읽기 (　　　　　　　　　)

(2) 1000이 2개, 100이 4개, 10이 9개, 1이 3개인 수

쓰기 (　　　　　　　　　)

읽기 (　　　　　　　　　)

(3) 1000이 8개, 100이 3개, 10이 7개, 1이 1개인 수

쓰기 (　　　　　　　　　)

읽기 (　　　　　　　　　)

1-2 수로 나타내시오.

(1) 천이백오십칠

(　　　　　　　　　)

(2) 삼천팔백사십

(　　　　　　　　　)

(3) 오천구십삼

(　　　　　　　　　)

(4) 구천구

(　　　　　　　　　)

체크

2-1 뛰어 세어 보시오.

(1) 1000씩 뛰어 세기

| 1000 | 2000 | | |

(2) 100씩 뛰어 세기

| 5000 | 5100 | | |

(3) 10씩 뛰어 세기

| 7200 | 7210 | | |

(4) 1씩 뛰어 세기

| 8150 | 8151 | | |

2-2 두 수의 크기를 비교하여 ○ 안에 >, < 를 알맞게 써넣으시오.

(1) 3232 ○ 2373

(2) 5137 ○ 5861

(3) 6184 ○ 6137

(4) 7320 ○ 7329

(5) 9230 ○ 9245

2단계 기본 유형

유형 01 1000 알아보기

01 수 모형을 보고 □ 안에 알맞은 수나 말을 써넣으시오.

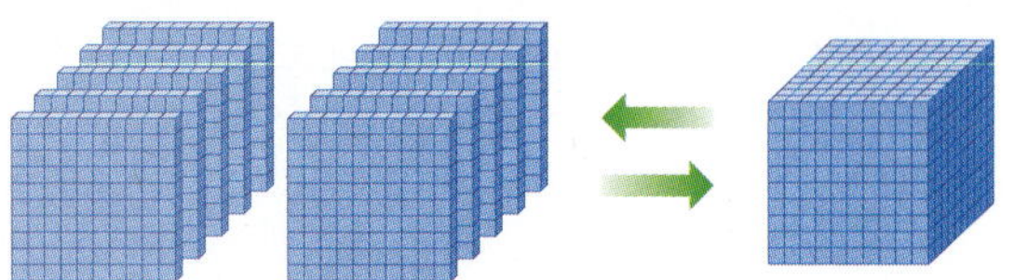

100이 10개이면 [   ]이고,

[   ](이)라고 읽습니다.

02 □ 안에 알맞은 수를 써넣으시오.

995 [   ] 997 [   ] 999 [   ]

03 수직선을 보고 □ 안에 알맞은 수를 써넣으시오.

400 500 600 700 800 900 1000

(1) 900보다 100만큼 더 큰 수는 [   ]입니다.

(2) 700보다 [   ]만큼 더 큰 수는 1000입니다.

유형 02 몇천 알아보기

04 □ 안에 알맞은 수를 써넣으시오.

(1) 1000이 6개이면 [   ]입니다.

(2) 8000은 1000이 [   ]개입니다.

05 알맞은 수를 쓰고 읽어 보시오.

쓰기 (   )

읽기 (   )

06 □ 안에 알맞은 수를 써넣으시오.

(1)

[   ]

(2)

[   ]

유형 03 네 자리 수 알아보기

07 □ 안에 알맞은 수를 써넣으시오.

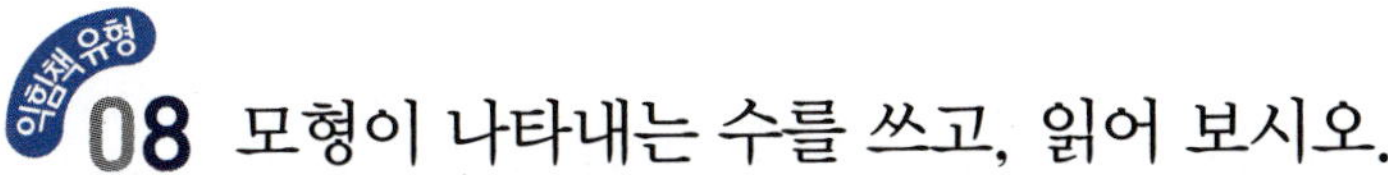

1000이 2개, 100이 3개, 10이 4개,
1이 2개이면 [ ] 입니다.

10 수를 읽거나 읽은 것을 수로 쓰시오.

(1) 7514 [   ]

(2) [   ] 육천오백칠

08 모형이 나타내는 수를 쓰고, 읽어 보시오.

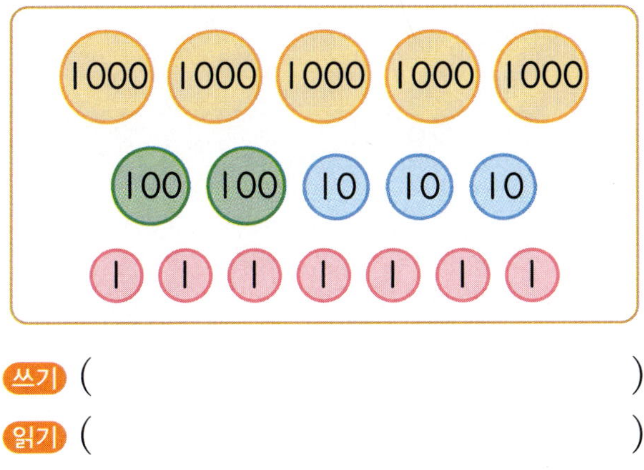

쓰기 (   )

읽기 (   )

11 3524를 1000, 100, 10, 1 을 이
용하여 그림으로 나타내시오.

[   ]

09 □ 안에 알맞은 수를 써넣으시오.

1000이 4개
100이 0개
10이 0개   이면 [   ]
1이 8개

12 문구점에 클립이 1000개씩 3상자, 100
개씩 1상자, 10개씩 8상자, 낱개로 9개
있습니다. 클립은 모두 몇 개입니까?

(   )

2단계 기본 유형

핵심 내용 ■▲●★에서 천의 자리 숫자는 ■000, 백의 자리 숫자는 ▲00, …을 나타냄

유형 04 각 자리 숫자가 나타내는 수

13 5427을 보고 ☐ 안에 알맞은 수를 써넣으시오.

(1) 천의 자리 숫자는 ☐이고,

☐을/를 나타냅니다.

(2) 백의 자리 숫자는 ☐이고,

☐을/를 나타냅니다.

(3) 십의 자리 숫자는 ☐이고,

☐을/를 나타냅니다.

(4) 일의 자리 숫자는 ☐이고,

☐을/를 나타냅니다.

14 보기 와 같이 나타내시오.

보기
$$2639 = 2000 + 600 + 30 + 9$$

$$1754 = 1000 + \boxed{} + \boxed{} + 4$$

15 8263에 대한 설명으로 틀린 것은 어느 것입니까?……………( )

① 8은 천의 자리 숫자입니다.
② 6은 십의 자리 숫자입니다.
③ 2는 2000을 나타냅니다.
④ 6은 60을 나타냅니다.
⑤ 3은 3을 나타냅니다.

16 밑줄 친 숫자가 나타내는 수만큼 색칠하시오.

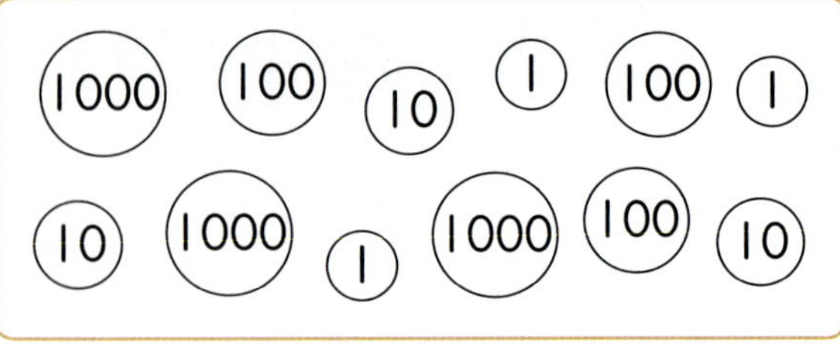

3333

17 백의 자리 숫자가 0인 것을 모두 찾아 ○표 하시오.

6802	구천십오
( )	( )
3097	천사백육십
( )	( )

18 숫자 4가 나타내는 수가 가장 큰 수를 찾아 쓰시오.

5347	4107	2418

( )

핵심 내용 1000씩, 100씩, 10씩, 1씩 뛰어 세면
천, 백, 십, 일의 자리 수가 각각 1씩 커짐

유형 05 뛰어 세기

[19~21] 뛰어 세어 보시오.

19 1000씩 뛰어 세어 보시오.

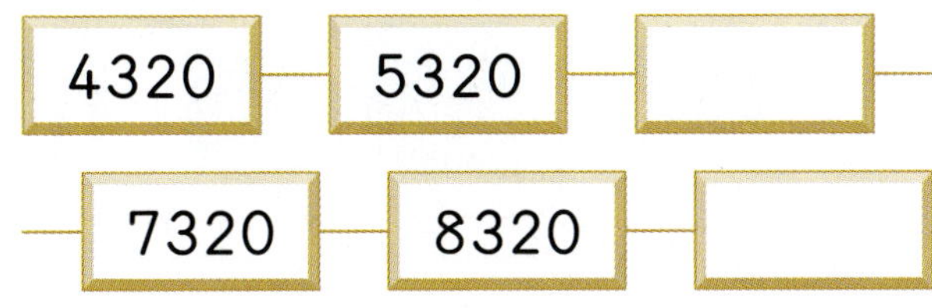

20 100씩 뛰어 세어 보시오.

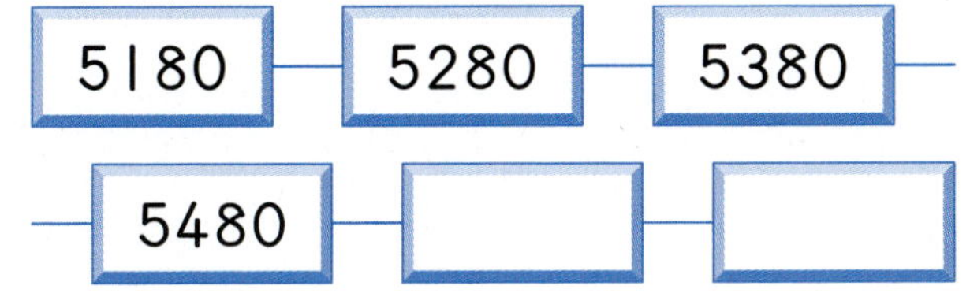

21 10씩 뛰어 세어 보시오.

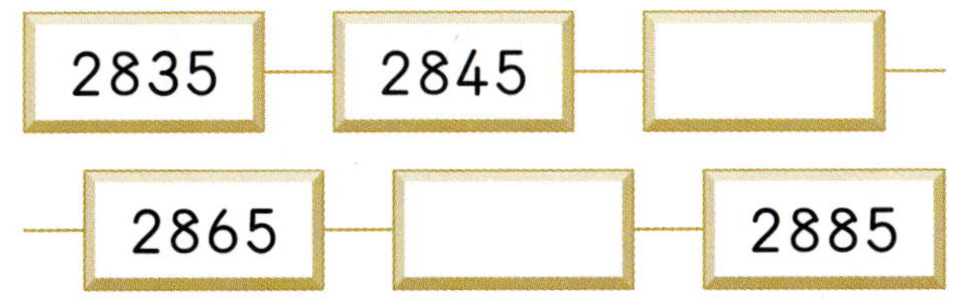

22 ☐ 안에 알맞은 수를 써넣으시오.

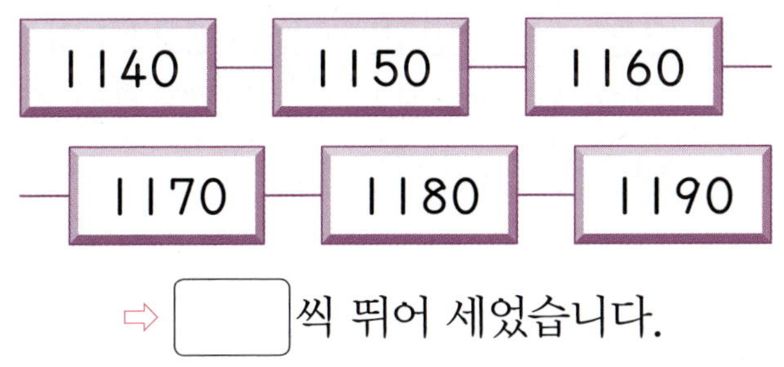

➡ ☐ 씩 뛰어 세었습니다.

23 3217부터 1000씩 커지는 수들을 이어 보시오.

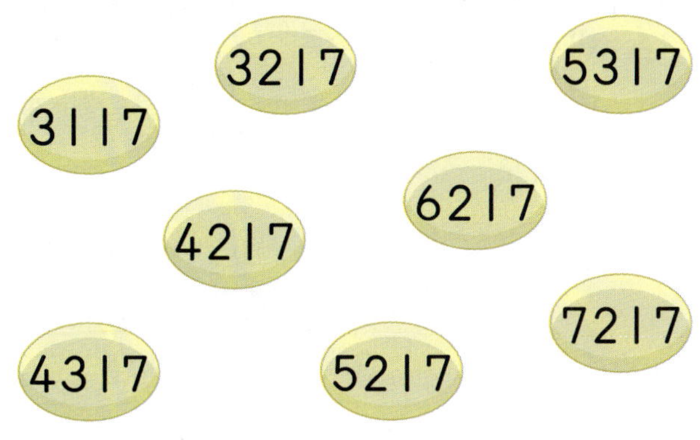

24 100씩 뛰어 셀 때 ㉠에 알맞은 수를 쓰시오.

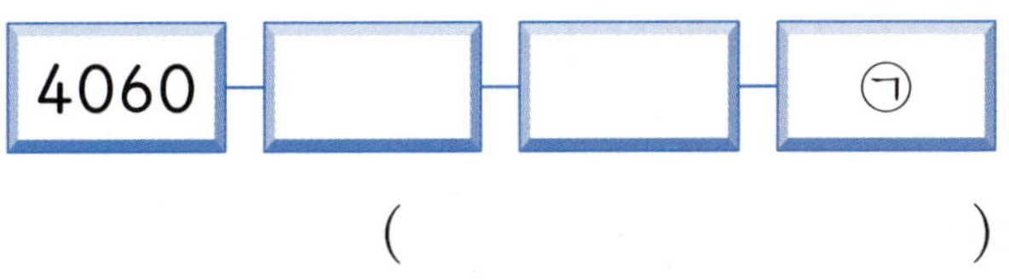

(　　　　　)

교과서유형 **25** 뛰어 세는 규칙을 찾아 빈칸에 알맞은 수를 써넣으시오.

(1)
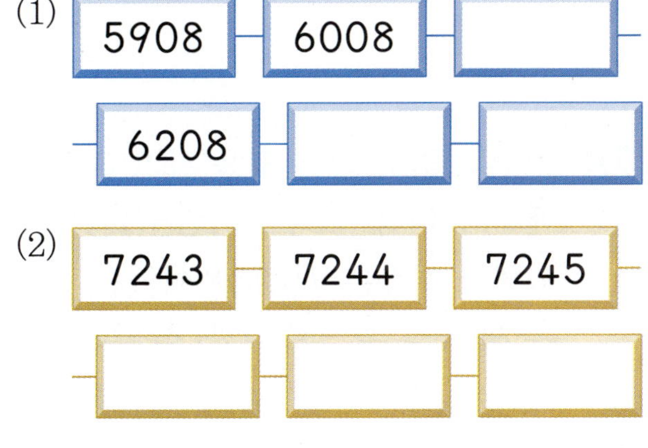

(2)

2단계 기본유형

→ 핵심 내용 ▶ 천의 자리 수가 클수록 큰 수, 천의 자리 수가 같으면 백의 자리 수가 클수록 큰 수

유형 06 두 수의 크기 비교하기(1)

26 빈칸에 알맞은 수를 쓰고, 두 수의 크기를 비교하여 ○ 안에 >, <를 알맞게 써넣으시오.

천의 자리	백의 자리	십의 자리	일의 자리
3		1	
	1		6

3512 ⇨
4176 ⇨

3512 ◯ 4176

27 큰 수에 ◯표 하시오.

(1)

육천팔백삼십사 　　　 육천이백오십

（　　　　）　（　　　　）

(2)

오천구백사십 　　　 사천오백구

（　　　　）　（　　　　）

28 준수는 읽고 싶은 책을 사기 위해서 서점에 갔습니다. 준수는 7650원을 가지고 있었고 책값은 7800원이었습니다. 준수는 책을 살 수 있습니까, 살 수 없습니까?

（　　　　　　　　　　）

→ 핵심 내용 ▶ 천, 백의 자리 수가 같으면 십의 자리, 일의 자리 순으로 비교

유형 07 두 수의 크기 비교하기(2)

29 수 모형을 보고 ☐ 안에 알맞은 수를 써넣으시오.

1250 ⇨
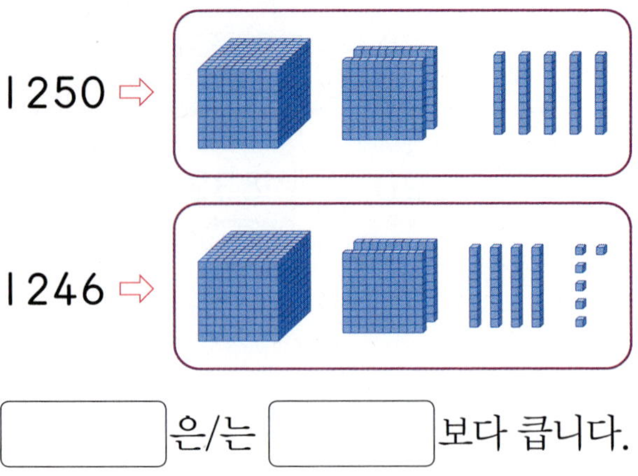
1246 ⇨

☐ 은/는 ☐ 보다 큽니다.

30 두 수의 크기를 잘못 비교한 사람은 누구입니까?

지용: 3600<3900
예은: 5087>6100
종석: 8249>8244

（　　　　　　　　　　）

31 어느 박물관에 입장한 사람 수가 어제는 3216명이었고, 오늘은 3211명이었습니다. 어제와 오늘 중 입장한 사람 수가 더 많은 날은 언제입니까?

（　　　　　　　　　　）

핵심 내용 → 천, 백, 십, 일의 자리 순으로 수의 크기를 비교

유형 **08** 세 수의 크기 비교하기

교과서 유형

32 빈칸에 알맞은 수를 쓰고, 세 수 중 가장 큰 수와 가장 작은 수를 쓰시오.

	천의 자리	백의 자리	십의 자리	일의 자리
4703 ⇨	4		0	3
8526 ⇨		5	2	
3914 ⇨	3			4

가장 큰 수 (   )
가장 작은 수 (   )

익힘책 유형

33 수의 크기를 비교하여 가장 작은 수에 △표 하시오.

8901   9018
8811

34 수의 크기를 비교하여 가장 큰 수에 ○표 하시오.

6904   7109
7012

35 큰 수부터 차례로 쓰시오.

2452   3919   3207

(   )

36 박물관에 곤충들이 다음과 같이 전시되어 있습니다. 많이 전시되어 있는 곤충부터 차례로 쓰시오.

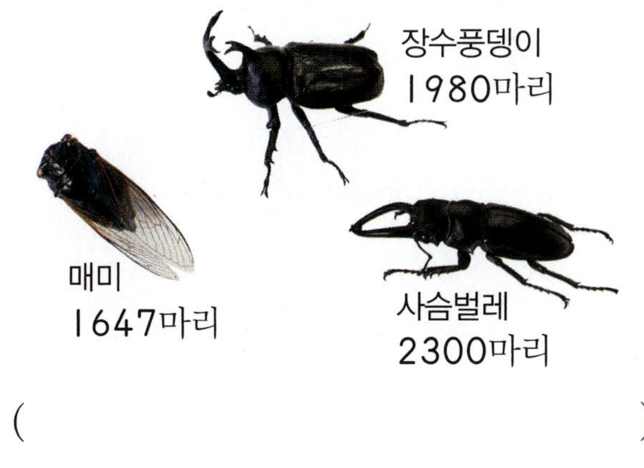

(   )

37 세 마을에 사는 사람 수를 조사했습니다. 사람 수가 가장 적은 마을은 어느 마을입니까?

마을	햇빛	행복	은혜
사람 수(명)	3723	3719	4012

(   )

 **2 _{단계} 기본 유형**

잘 틀리는 유형 09 모두 얼마인지 구하기

38 모두 얼마입니까?

( )

39 모두 얼마입니까?

( )

40 재훈이의 돼지저금통에는 1000원짜리 지폐가 5장, 100원짜리 동전이 23개, 10원짜리 동전이 8개 들어 있습니다. 재훈이의 돼지저금통에 들어 있는 돈은 모두 얼마입니까?

( )

KEY 100원짜리 동전 10개: 1000원
100원짜리 동전 20개: 2000원

잘 틀리는 유형 10 거꾸로 뛰어 세기

41 1000씩 거꾸로 뛰어 세어 보시오.

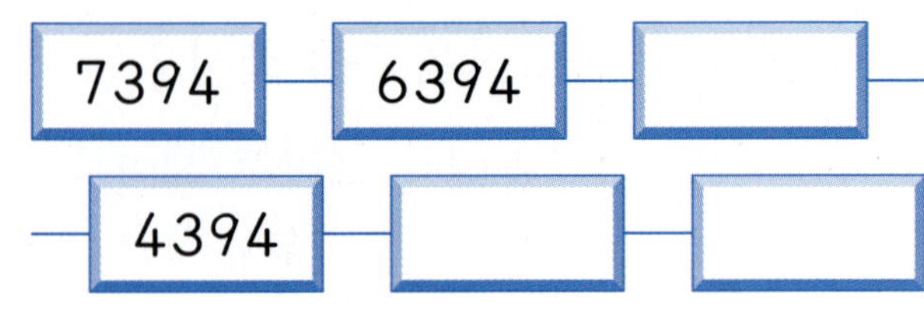

42 10씩 거꾸로 뛰어 세어 보시오.

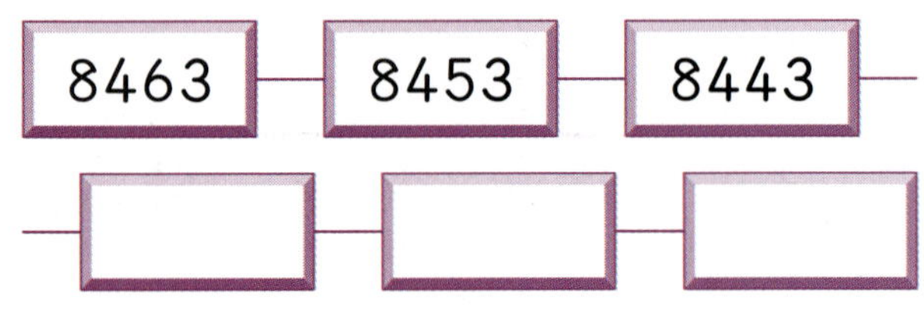

43 뛰어 세는 규칙을 찾아 빈칸에 알맞은 수를 써넣으시오.

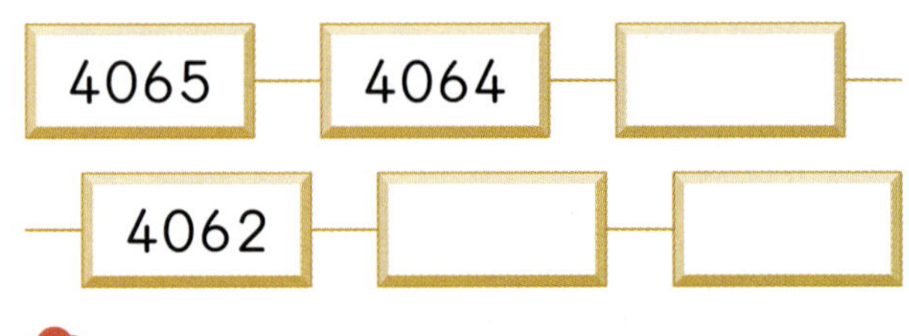

KEY 어느 자리 수가 어떻게 변하는지 살펴봅니다.

동영상 특강

공부한 날 월 일

서술형 유형

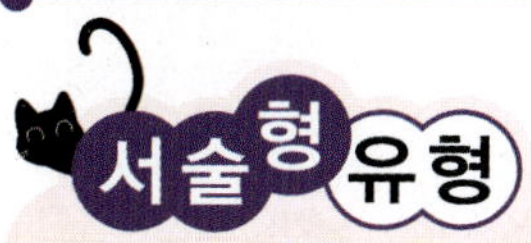

1-1

수로 나타낼 때 숫자 0은 모두 몇 개인지 풀이 과정을 완성하고 답을 구하시오.

구천 이천오

풀이 구천을 수로 나타내면 ☐이고, 이천오를 수로 나타내면 ☐입니다.
따라서 숫자 0은 모두 ☐개입니다.

답 ☐개

2-1

다음 수에서 1000씩 4번 뛰어 센 수를 구하려고 합니다. 풀이 과정을 완성하고 답을 구하시오.

1250

풀이 1250에서 1000씩 4번 뛰어 세면
1250−☐−☐−☐−☐이므로 ☐입니다.

답 ☐

1-2

수로 나타낼 때 숫자 0은 모두 몇 개인지 풀이 과정을 쓰고 답을 구하시오.

사천삼십 팔천십일

풀이

답

2-2

다음 수에서 10씩 5번 뛰어 센 수를 구하려고 합니다. 풀이 과정을 쓰고 답을 구하시오.

9428

풀이

답

1 네 자리 수

점수 /

01 수직선을 보고 ☐ 안에 알맞은 수를 써넣으시오.

994 995 996 997 998 999 1000

999보다 1만큼 더 큰 수는 ☐ 입니다.

02 ☐ 안에 알맞은 수를 써넣으시오.

(1) 1000이 2개이면 ☐ 입니다.

(2) 9000은 1000이 ☐ 개입니다.

03 ☐ 안에 알맞은 수를 써넣으시오.

☐

04 모형이 나타내는 수를 쓰고, 읽어 보시오.

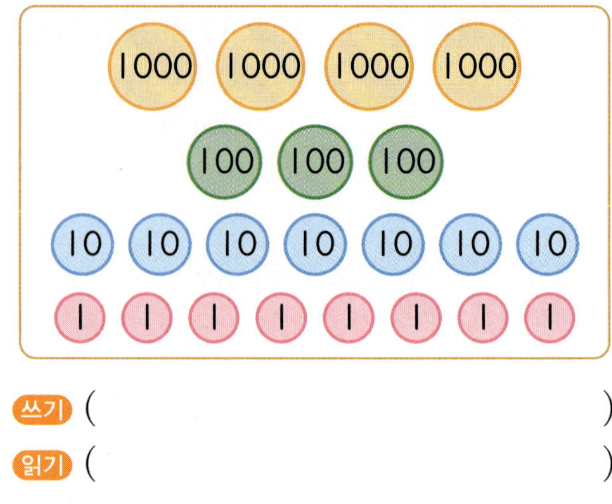

쓰기 (   )

읽기 (   )

05 ☐ 안에 알맞은 수를 써넣으시오.

1000이 7개 ─┐
100이 6개 ─┤
10이 0개 ─┤ 이면 ☐
1이 5개 ─┘

06 빨대가 1000개씩 1상자, 100개씩 4상자, 10개씩 6묶음, 낱개로 8개 있습니다. 빨대는 모두 몇 개입니까?

(　　　　　　　　　)

07 보기 와 같이 나타내시오.

> 보기
>
> 1735=1000+700+30+5

8263

= ☐ + ☐ + ☐ + ☐

08 6192에 대한 설명으로 옳은 것은 어느 것입니까?………………(　　　)

① 1은 천의 자리 숫자입니다.
② 9는 백의 자리 숫자입니다.
③ 2는 십의 자리 숫자입니다.
④ 6은 600을 나타냅니다.
⑤ 9는 90을 나타냅니다.

09 숫자 9가 나타내는 수가 가장 큰 수를 찾아 쓰시오.

| 1592 | 4937 | 9386 |

(　　　　　　　　　)

10 10씩 뛰어 셀 때 ㉠에 알맞은 수를 쓰시오.

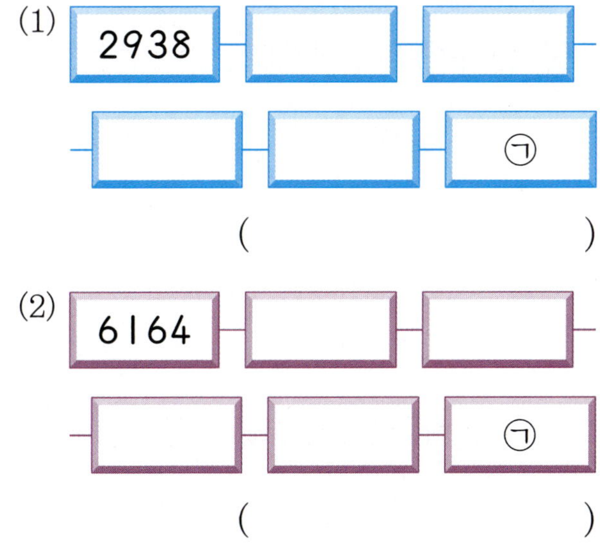

(1) (　　　　　　　　　)

(2) (　　　　　　　　　)

11 뛰어 세는 규칙을 찾아 빈칸에 알맞은 수를 써넣으시오.

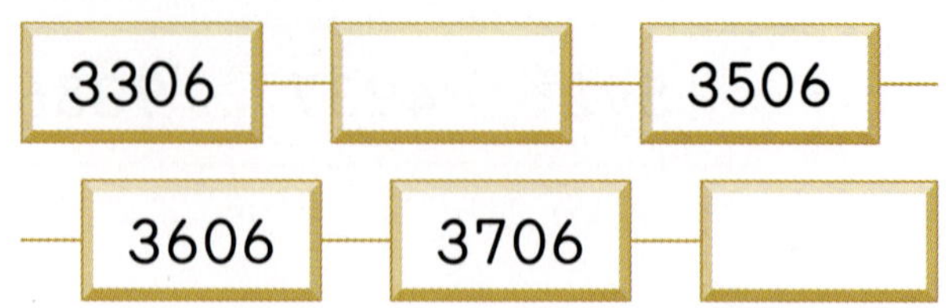

12 큰 수에 ◯표 하시오.

(1)

삼천이백오십	삼천사백팔
( )	( )

(2)

구천백육십	구천백십육
( )	( )

13 가 마을에 사는 사람은 5216명, 나 마을에 사는 사람은 5261명입니다. 가와 나 마을 중 사람 수가 더 많은 마을은 어느 마을입니까?

( )

14 큰 수부터 차례로 쓰시오.

3806	4010	3860

( )

15 모두 얼마입니까?

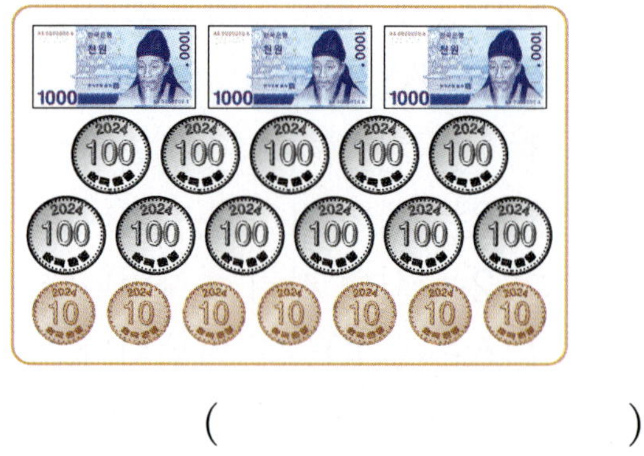

( )

16 100씩 거꾸로 뛰어 세어 보시오.

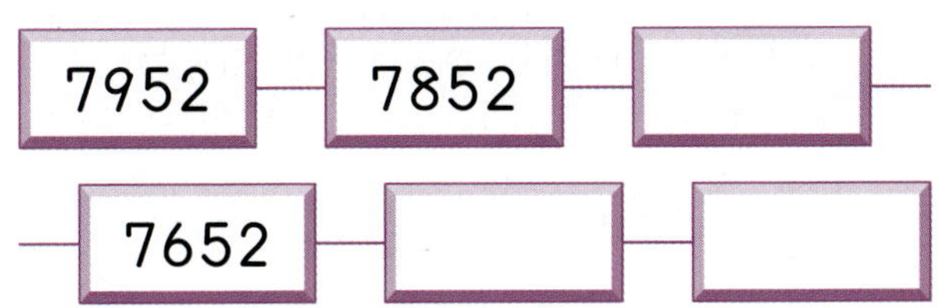

| 7952 | 7852 | |

| | 7652 | | |

17 마리의 돼지저금통에는 1000원짜리 지폐가 4장, 100원짜리 동전이 7개, 10원짜리 동전이 25개 들어 있습니다. 마리의 돼지저금통에 들어 있는 돈은 모두 얼마입니까?

( )

18 뛰어 세는 규칙을 찾아 빈칸에 알맞은 수를 써넣으시오.

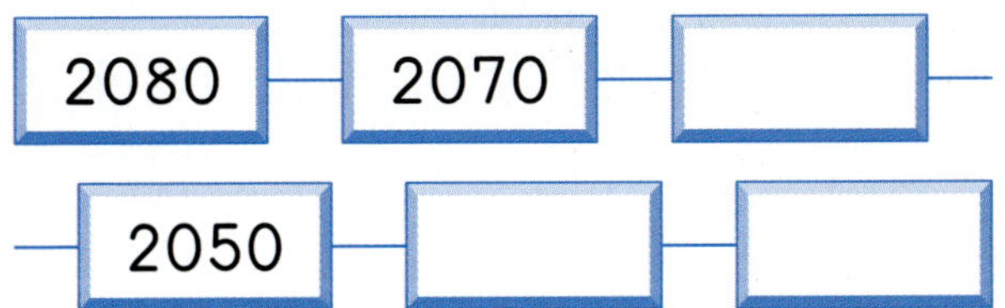

| 2080 | 2070 | |

| | 2050 | | |

19 수로 나타낼 때 숫자 0은 모두 몇 개인지 풀이 과정을 쓰고 답을 구하시오.

| 이천삼백 | 칠천십 |

풀이

답

20 다음 수에서 1씩 5번 뛰어 센 수를 구하려고 합니다. 풀이 과정을 쓰고 답을 구하시오.

5268

풀이

답

QR **코드**를 찍어 **단원 평가** 를 풀어 보세요.

1

네 자리 수

유형 01 수 카드로 네 자리 수 만들기

수 카드를 한 번씩 사용하여 가장 큰 네 자리 수와 가장 작은 네 자리 수 만들기

① 가장 큰 네 자리 수 만들기

큰 수부터 천, 백, 십, 일의 자리에 차례로 놓습니다.

→ 8 > 7 > 5 > 3 이므로

☐☐☐☐ 입니다.

② 가장 작은 네 자리 수 만들기

작은 수부터 천, 백, 십, 일의 자리에 차례로 놓습니다.

→ 3 < 5 < 7 < 8 이므로

☐☐☐☐ 입니다.

01 수 카드를 한 번씩 사용하여 가장 큰 네 자리 수를 만드시오.

(   )

02 수 카드를 한 번씩 사용하여 가장 작은 네 자리 수를 만드시오.

(   )

유형 02 조건을 만족하는 수 구하기

조건을 만족하는 네 자리 수 구하기

\조건/

- 4500보다 크고 4600보다 작습니다.
- 십의 자리 숫자는 20을 나타냅니다.
- 일의 자리 숫자는 백의 자리 숫자보다 2만큼 더 큽니다.

① 4500보다 크고 4600보다 작으므로 천의 자리 숫자는 ☐이고, 백의 자리 숫자는 ☐입니다.

② 십의 자리 숫자는 ☐입니다.

③ 일의 자리 숫자는 백의 자리 숫자보다 2만큼 더 크므로 ☐+2=☐입니다.

→ 네 자리 수는 ☐☐☐☐ 입니다.

03 \조건/ 을 만족하는 네 자리 수를 구하시오.

\조건/

- 7800보다 크고 7900보다 작습니다.
- 십의 자리 숫자는 천의 자리 숫자보다 4만큼 더 작습니다.
- 일의 자리 숫자는 6을 나타냅니다.

(   )

유형 03 □안에 들어갈 수 있는 수 찾기

> 네 자리 수의 크기 비교 37□0>3762
> 에서 □ 안에 들어갈 수 있는 수 찾기

① □ 안에 6을 넣어 확인합니다.
37 6 0<3762이므로 □ 안에 6은
들어갈 수 없습니다.
② 37□0>3762에서 □>6이므로
□ 안에 들어갈 수 있는 수는
□, □, □입니다.

04 네 자리 수의 크기를 비교한 것입니다.
□ 안에 들어갈 수 있는 수를 모두 쓰시오.

2785<2□94

(　　　　　　　　　　)

05 네 자리 수의 크기를 비교한 것입니다.
□ 안에 들어갈 수 있는 수를 모두 쓰시오.

74□7<7440

(　　　　　　　　　　)

유형 04 새 교과서에 나온 활동 유형

06 수아가 고른 수 카드를 찾아 색칠해 보시오.

2550	5158
5875	9545

07 수에 해당하는 글자를 찾아 숨겨진 낱말을
완성해 보시오.

- 1000씩 뛰어 세기

① | 2521 | 3521 | 소 | 송 | 고 |
|---|---|---|---|---|

- 100씩 뛰어 세기

② | 3270 | 3370 | 아 | 양 | 나 |
|---|---|---|---|---|

- 10씩 뛰어 세기

③ | 3836 | 3846 | 이 | 기 | 지 |
|---|---|---|---|---|

①	②	③
4521	3670	3866
⇩	⇩	⇩

유형 01 나타내는 수의 크기 활용

01 숫자 3이 나타내는 수가 가장 큰 것과 가장 작은 것을 각각 찾아 기호를 쓰시오.

> ㉠ 1835 ㉡ 3046
> ㉢ 2392 ㉣ 7603

가장 큰 것 (　　　　　　　　)
가장 작은 것 (　　　　　　　　)

02 ㉠이 나타내는 수와 ㉡이 나타내는 수의 차를 구하시오.

> 4561　　3698
> 　㉠　　　㉡

(　　　　　　　　)

03 ㉠이 나타내는 수는 ㉡이 나타내는 수가 몇 개인 수입니까?

> 2849　　1038
> 　㉠　　　㉡

(　　　　　　　　)

유형 02 몇씩 뛰어 세었는지 알아보기

04 수직선에서 일정하게 뛰어 세었습니다. 얼마씩 뛰어 센 것인지 구하시오.

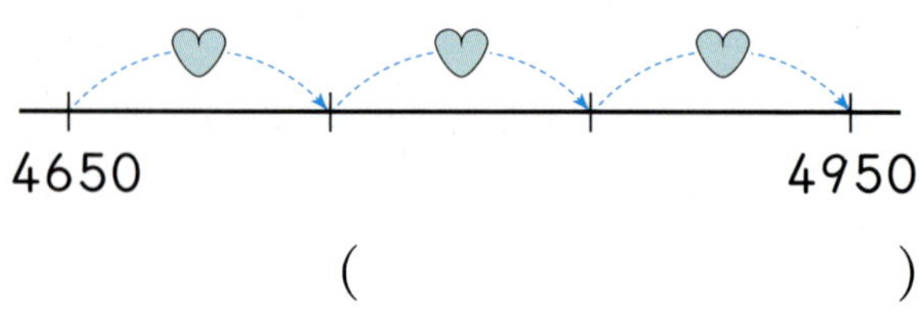

(　　　　　　　　)

05 2253부터 얼마씩 4번 뛰어 세었더니 6253이 되었습니다. 얼마씩 뛰어 세었는지 구하시오.

(　　　　　　　　)

06 수직선에서 일정하게 뛰어 세었습니다. ☆은 얼마인지 구하시오.

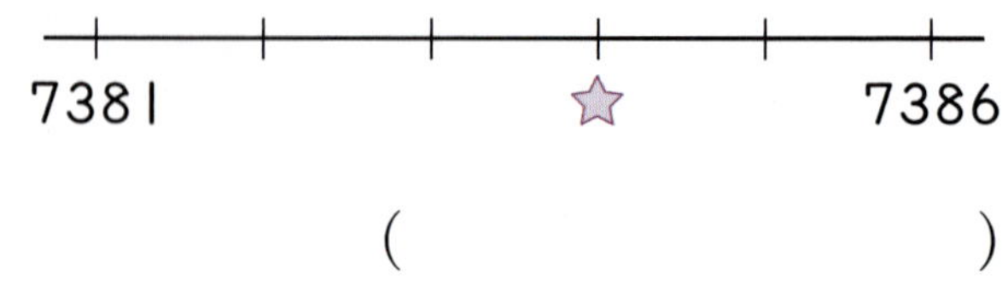

(　　　　　　　　)

QR 코드를 찍어 **동영상 특강**을 보세요.

유형 03 작아지는 뛰어 세기

07 은영이가 말하는 방법으로 뛰어 세어 보시오.

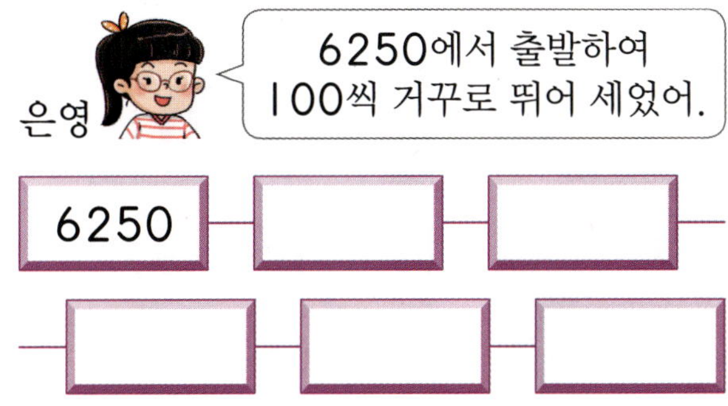

08 뛰어 세는 규칙을 찾아 ㉠에 알맞은 수를 구하시오.

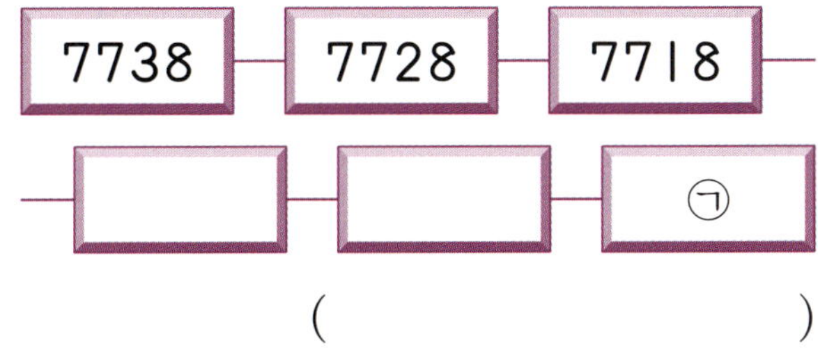

(   )

09 어떤 수에서 1씩 6번 뛰어 세었더니 1545가 되었습니다. 어떤 수를 구하시오.

(   )

유형 04 네 자리 수를 여러 가지 방법으로 나타내기

10 은빈이는 1000원짜리 지폐 3장과 100원짜리 동전 몇 개로 5000원을 만들려고 합니다. 100원짜리 동전은 몇 개 필요합니까?

(   )

11 ☐ 안에 알맞은 수를 써넣으시오.

1000이 ☐ 개
100이 15 개 } 이면 6800
10이 30 개

12 3650원을 1000원짜리 지폐와 동전으로 나타내려고 합니다. ☐ 안에 알맞은 수를 써넣으시오.

1000 ... 2장

100 ... 14개

10 ... ☐ 개

1000 만들기

07 현우는 다음과 같이 동전을 가지고 있습니다. 1000원이 되려면 얼마가 더 있어야 합니까?

(   )

08 오른쪽 수 모형이 300개 있습니다. 전체 수 모형이 나타내는 수를 쓰고 읽어 보시오.

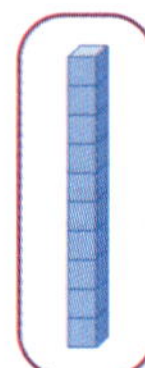

쓰기 (   )

읽기 (   )

몇천 만들기

09 음식을 5000원어치 주문하려고 합니다. 주문할 수 있는 방법을 2가지 쓰시오.

떡볶이 2000원	음료수 1000원
토스트 3000원	라면 2000원
닭강정 3000원	김치볶음밥 6000원

방법 1 ________________________________

방법 2 ________________________________

---

10 민수와 윤후는 모으기하여 1000이 되는 두 수 카드를 골라서 가져 가는 놀이를 하고 있습니다. 마지막에 남는 수 카드를 찾아 ✕표 하시오.

조건에 맞는 네 자리 수의 개수 구하기

11 천의 자리 숫자가 8, 백의 자리 숫자가 2인 네 자리 수 중에서 8295보다 큰 수는 모두 몇 개입니까?

(   )

12 동욱이는 과수원에서 딴 사과 수를 조사하였습니다. 사과 수가 싱싱 과수원에서 딴 사과 수보다 많고 사랑 과수원에서 딴 사과 수보다 적은 과수원의 이름을 쓰시오.

과수원	사과 수(개)
싱싱	1614
은하	2744
샛별	1915
사랑	2708
소망	1430

(   )

1 네 자리 수

13 지원이의 저금통에 2510원이 들어 있습니다. 다음 달인 4월부터 매달 1000원씩 저금한다면 9510원이 되는 월은 몇 월입니까?

(   )

뛰어 세기 활용하기

14 수현이가 집안일을 하면 다음과 같이 용돈을 받습니다. 수현이가 빨래 개기를 6번, 설거지를 2번 했다면 받을 용돈은 얼마입니까?

(   )

15 큰 수부터 차례로 기호를 쓰시오.

> ㉠ 수 카드 1 , 2 , 6 , 4 를 한 번씩만 사용하여 만들 수 있는 네 자리 수 중에서 둘째로 큰 수
> ㉡ 1000이 6개, 100이 1개, 10이 38개인 수
> ㉢ 4327부터 1000씩 2번 뛰어 센 수

(   )

□가 있는 수의 크기 비교하기

16 □에는 각각 0부터 9까지의 수가 들어갈 수 있다고 합니다. 더 큰 수를 찾아 기호를 쓰시오.

> ㉠ 4□04   ㉡ 49□6

(   )

수 카드로 네 자리 수 만들어 크기 비교하기

17 종석, 선채, 우빈이가 주어진 4장의 수 카드를 한 번씩만 사용하여 네 자리 수를 만들었습니다. 가장 큰 수를 만든 사람은 누구입니까?

> 종석: 천의 자리 숫자가 2인 가장 큰 수
> 선채: 백의 자리 숫자가 8인 가장 작은 수
> 우빈: 십의 자리 숫자가 0인 가장 큰 수

(   )

18 어떤 수에서 50씩 4번 뛰어 세어야 할 것을 잘못하여 500씩 4번 뛰어 세었더니 7708이 되었습니다. 바르게 뛰어 센 수는 얼마입니까?

(   )

1

고대 이집트에서는 다음과 같이 수를 그림으로 나타냈습니다.
보기 와 같이 이집트 숫자를 보고 수로 나타내시오.

수	1000	100	10	1
이집트 숫자	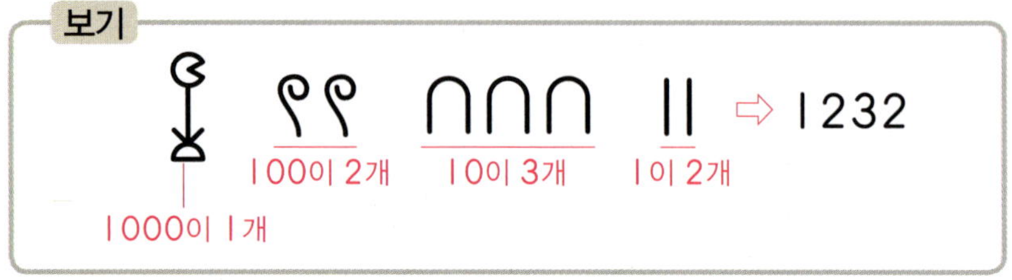			

보기

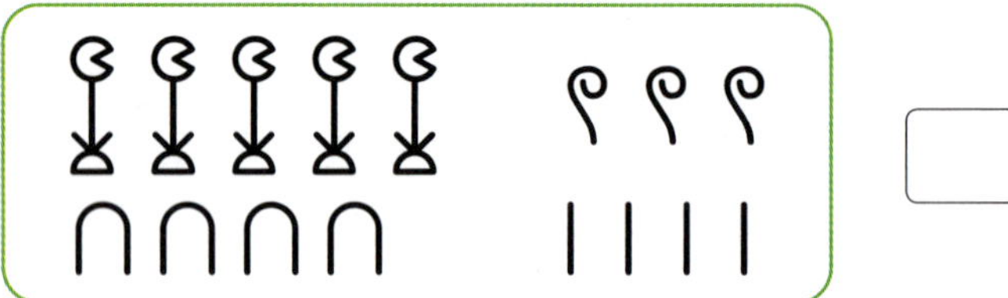

2

주판에서 아래쪽 구슬이 1개씩 위로 올라갈 때마다 왼쪽부터 1000, 100, 10, 1이 커지고, 위쪽 구슬이 아래로 내려가면 왼쪽부터 5000, 500, 50, 5가 커집니다. 주판에 나타낸 수를 쓰시오.

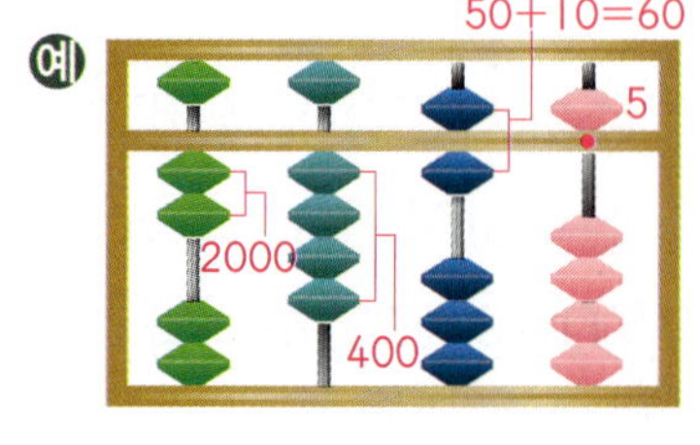

⇨ 2465

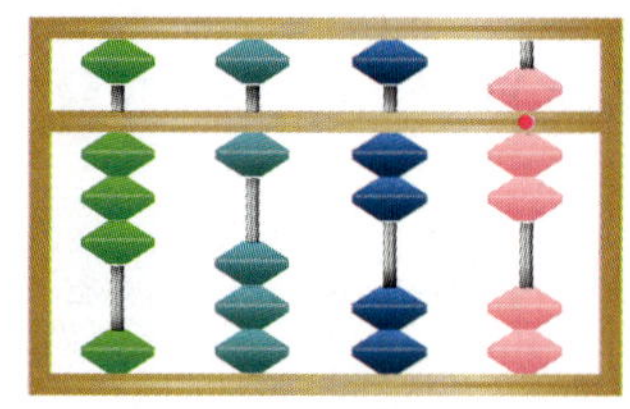

⇨

문제 해결

3

지민이는 동계 올림픽대회가 열렸던 연도를 조사했습니다. 동계 올림픽은 2022년 베이징 올림픽까지 24회가 열렸습니다. 26회 동계 올림픽은 몇 년에 열리겠습니까?

횟수	연도	열린 곳
20회	2006년	이탈리아 토리노
21회	2010년	캐나다 밴쿠버
22회	2014년	러시아 소치
23회	2018년	대한민국 평창
24회	2022년	중국 베이징

(　　　　　　　　　　)

추론

4

점선에 거울을 대고 비추면 다음과 같은 수가 만들어집니다. 이와 같이 거울을 비췄을 때 만들어지는 수 중 더 큰 수에 ◯표 하시오.

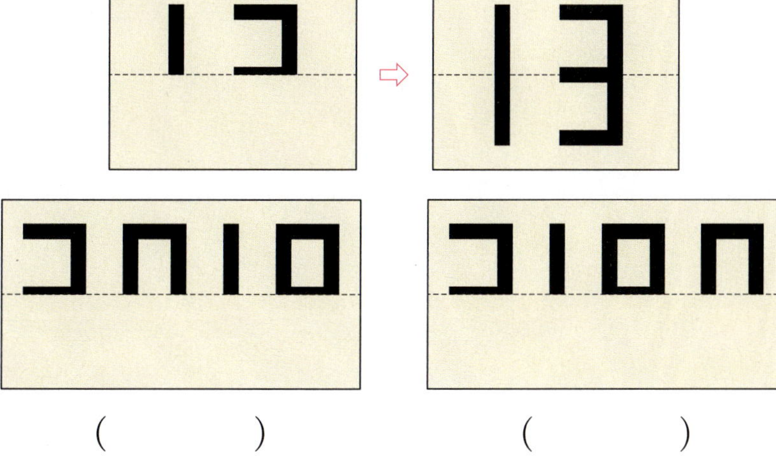

(　　　　　)　　　　(　　　　　)

도전!  최상위 유형

1

| HME 18번 문제 수준 |

뛰어 세는 규칙에 맞게 ㉠에 들어갈 수 있는 수는 모두 몇 개입니까?

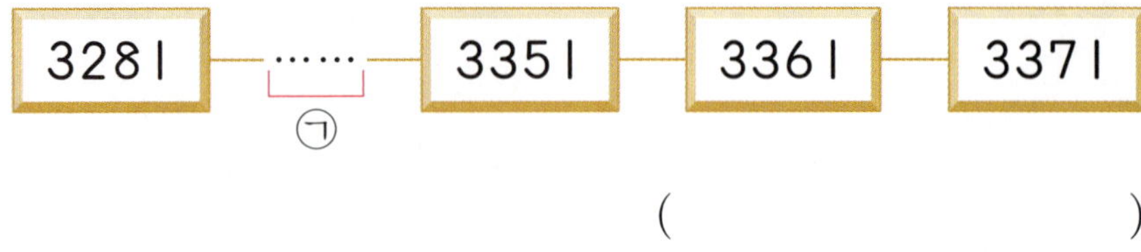

3281 — …… ㉠ — 3351 — 3361 — 3371

(   )

2

| HME 19번 문제 수준 |

4장의 수 카드를 한 번씩만 사용하여 만들 수 있는 네 자리 수 중 3800보다 작은 수는 모두 몇 개입니까?

8 0 4 3

(   )

3 

| HME 21번 문제 수준 |

■에 어떤 수를 넣어도 7★7★이 더 큰 수라고 할 때, 7★7★이 될 수 있는 수는 모두 몇 개입니까? (단, 같은 모양은 같은 수를 나타냅니다.)

$$74■5 < 7★7★$$

(　　　　　　　　　　)

74■5가 가장 큰 수일 때 7★7★의 ★에 들어갈 수 있는 수를 찾아봅니다.

4

| HME 22번 문제 수준 |

2000부터 3000까지의 수를 차례로 썼을 때 0은 모두 몇 개입니까?

(　　　　　　　　　　)

2

곱셈구구

기본

핵심 개념
기초 문제
기본 유형

연습

잘 틀리는 유형
서술형 유형
유형(단원) 평가

완성

잘 틀리는 실력 유형
다르지만 같은 유형
응용 유형

도전

사고력 유형
최상위 유형

1단계 핵심 개념

개념 ❶ 2~9단 곱셈구구

$2 \times 1 = 2$	$3 \times 1 = 3$	$4 \times 1 = 4$
$2 \times 2 = 4$	$3 \times 2 = 6$	$4 \times 2 = 8$
$2 \times 3 = 6$	$3 \times 3 = 9$	$4 \times 3 = 12$
$2 \times 4 = 8$	$3 \times 4 = 12$	$4 \times 4 = 16$
$2 \times 5 = 10$	$3 \times 5 = 15$	$4 \times 5 = 20$
$2 \times 6 = 12$	$3 \times 6 = 18$	$4 \times 6 = 24$
$2 \times 7 = 14$	$3 \times 7 = 21$	$4 \times 7 = 28$
$2 \times 8 = 16$	$3 \times 8 = 24$	$4 \times 8 = 32$
$2 \times 9 = 18$	$3 \times 9 = 27$	$4 \times 9 = 36$

■단 곱셈구구에서는 곱하는 수가 1씩 커지면 곱이 ■씩 커집니다.

핵심 곱셈구구

2단 곱셈구구에서는 곱하는 수가 1씩 커지면 곱이 [ ]❶씩 커집니다.

[전에 배운 내용]

• 묶어 세기

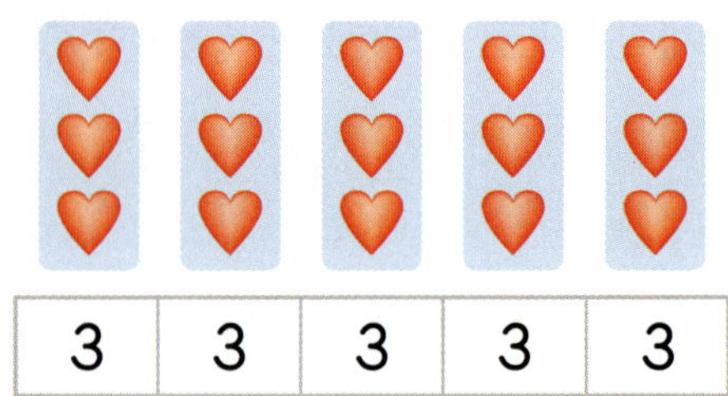

3	3	3	3	3

3씩 5묶음

3	6	9	12	15

모두 15개입니다.

[앞으로 배울 내용]

• 올림이 없는 (두 자리 수)×(한 자리 수)

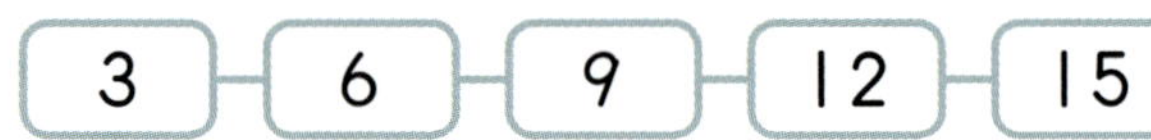

개념 ❷ 곱셈표 만들기

×	0	1	2	3	4	5	6	7	8	9
0	0	0	0	0	0	0	0	0	0	0
1	0	1	2	3	4	5	6	7	8	9
2	0	2	4	6	8	10	12	14	16	18
3	0	3	6	9	12	15	18	21	24	27
4	0	4	8	12	16	20	24	28	32	36
5	0	5	10	15	20	25	30	35	40	45
6	0	6	12	18	24	30	36	42	48	54
7	0	7	14	21	28	35	42	49	56	63
8	0	8	16	24	32	40	48	56	64	72
9	0	9	18	27	36	45	54	63	72	81

핵심 1단 곱셈구구, 0의 곱

• 1과 어떤 수의 곱은 항상 [ ]❷ 가 됩니다.

• 0과 어떤 수의 곱은 항상 [ ]❸ 입니다.

[전에 배운 내용]

• 곱셈 알아보기

2씩 5묶음 ➔ 2의 5배

➔ $2+2+2+2+2=10$

➔ $2 \times 5 = 10$

[앞으로 배울 내용]

• 일의 자리에서 올림이 있는 (두 자리 수)×(한 자리 수)

정답 ❶ 2 ❷ 어떤 수 ❸ 0

QR 코드를 찍어 보시오.
새로운 문제를 계속 풀 수 있어요.

체크

1-1 그림을 보고 ☐ 안에 알맞은 수를 써넣으시오.

(1)

$2 \times \boxed{} = \boxed{}$

(2)

$3 \times \boxed{} = \boxed{}$

(3)

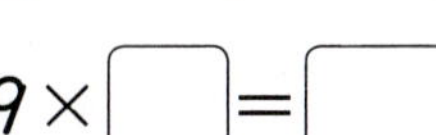

$9 \times \boxed{} = \boxed{}$

1-2 ☐ 안에 알맞은 수를 써넣으시오.

(1) $2 \times 4 = \boxed{}$

(2) $3 \times 7 = \boxed{}$

(3) $5 \times 4 = \boxed{}$

(4) $7 \times 8 = \boxed{}$

(5) $9 \times 6 = \boxed{}$

체크

2-1 ☐ 안에 알맞은 수를 써넣으시오.

(1) $1 \times 3 = \boxed{}$

(2) $1 \times 6 = \boxed{}$

(3) $5 \times 0 = \boxed{}$

(4) $9 \times 0 = \boxed{}$

(5) $0 \times 7 = \boxed{}$

2-2 빈칸에 알맞은 수를 써넣으시오.

(1)

×	1	2	3	4	5
4					

(2)

×	5	6	7	8	9
6					

(3)

×	0	1	2	3	4
1					

2. 곱셈구구
기본 유형

유형 01 2단 곱셈구구

01 빈 곳에 알맞은 수를 써넣으시오.

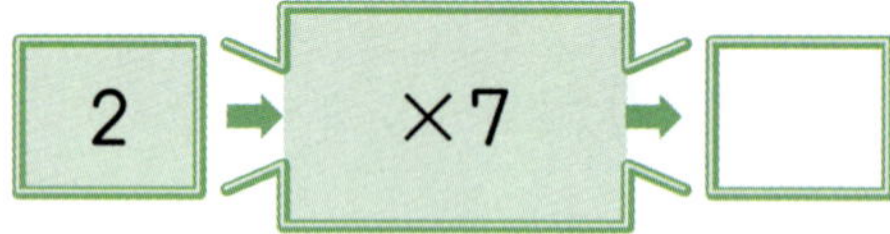

02 2단 곱셈구구의 값을 찾아 이어 보시오.

2×5 ·	· 18
2×6 ·	· 10
2×9 ·	· 12

03 2×4를 계산하는 방법을 알아보려고 합니다. ☐ 안에 알맞은 수를 써넣으시오.

(1) 2×4는 2씩 ☐ 번 더해서 계산할 수 있습니다.

$$2×4=☐+☐+☐+☐$$
$$=☐$$

(2) 2×3에 ☐ 을/를 더하는 방법도 있습니다.

$$2×3=6$$
$$2×4=☐ \;+☐$$

유형 02 5단 곱셈구구

04 빈 곳에 알맞은 수를 써넣으시오.

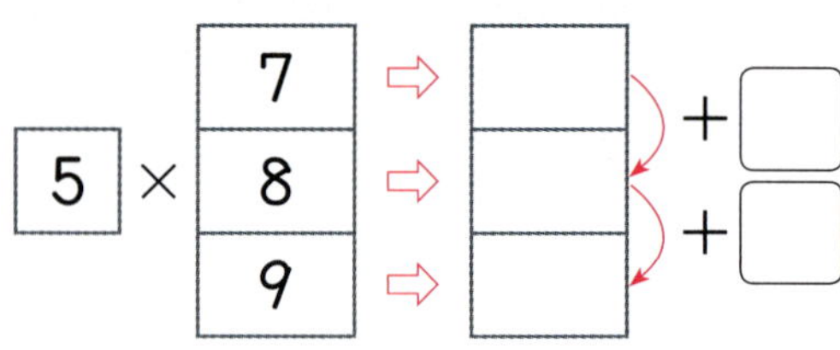

05 5개씩 묶어 보고 곱셈식으로 나타내시오.

$$5×☐=☐$$

06 5단 곱셈구구를 완성해 보시오.

⚅ ⚅	5×2=☐
⚄ ⚄ ⚄	5×☐=15
⚄ ⚄ ⚄ ⚄ ⚄	5×5=☐
⚄ ⚄ ⚄ ⚄ ⚄ ⚄ ⚄	5×☐=☐

유형 03 3단 곱셈구구

07 빈 곳에 알맞은 수를 써넣으시오.

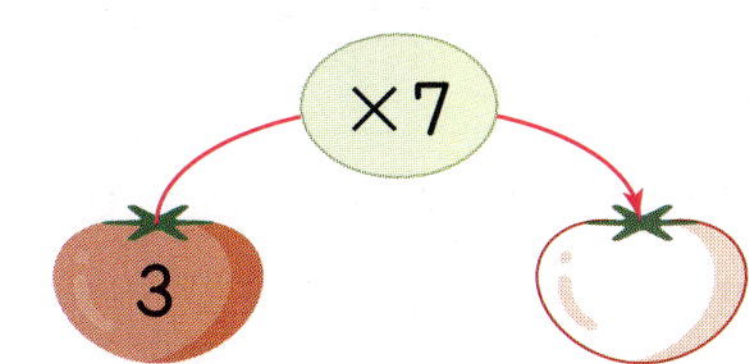

08 3단 곱셈구구의 값을 모두 찾아 ○표 하시오.

1	2	3	4	5	6	7
8	9	10	11	12	13	14
15	16	17	18	19	20	21
22	23	24	25	26	27	28

09 보기 와 같이 곱셈식을 수직선에 나타내고 ☐ 안에 알맞은 수를 써넣으시오.

보기

$$3 \times 3 = \boxed{9}$$

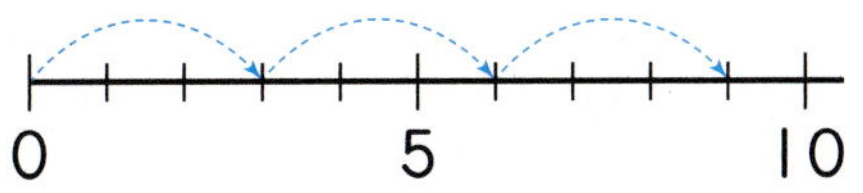

0   5   10

$$3 \times 5 = \boxed{}$$

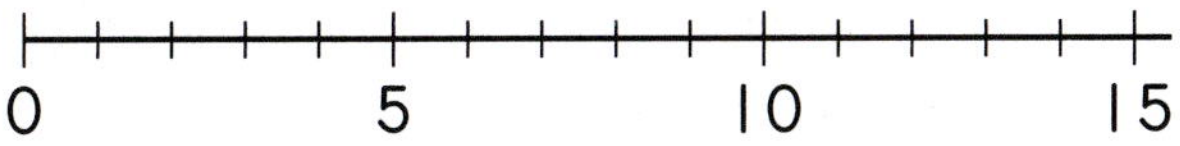

0   5   10   15

유형 04 6단 곱셈구구

10 두 수의 곱을 구하시오.

6, 3

(   )

11 곱셈식이 옳게 되도록 이어 보시오.

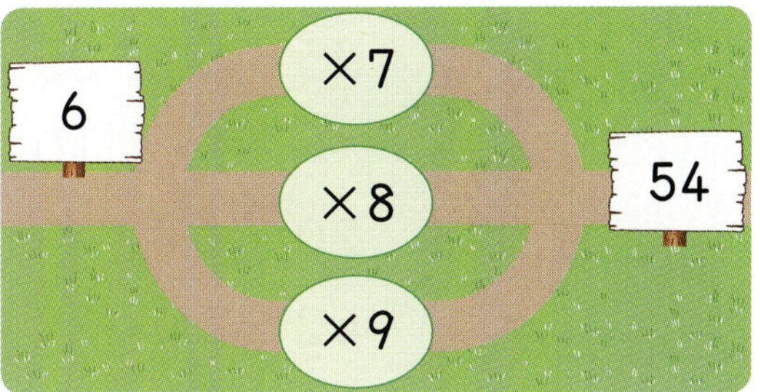

12 장수풍뎅이 한 마리의 다리는 6개입니다. 장수풍뎅이 5마리의 다리는 모두 몇 개인지 곱셈식으로 나타내시오.

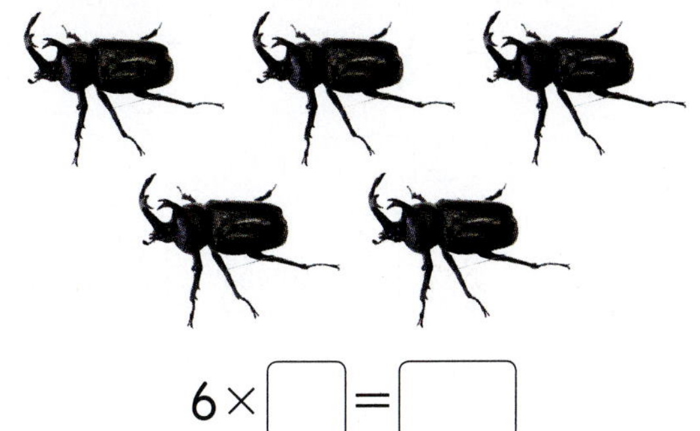

$$6 \times \boxed{} = \boxed{}$$

→ **핵심 내용** 4단 곱셈구구에서 곱은 4씩 커짐

유형 06 4단 곱셈구구

13 곱셈식을 보고 접시에 ○를 그려 보시오.

$$4 \times 3 = 12$$

14 4단 곱셈구구의 값을 모두 찾아 색칠하여 보고, 완성되는 숫자를 쓰시오.

12	25	8	35
36	9	32	10
28	20	16	4
7	42	24	27

(   )

15 4×5를 계산하는 방법을 알아보려고 합니다. ☐ 안에 알맞은 수를 써넣으시오.

(1) 4×5는 4씩 ☐ 번 더해서 계산할 수 있습니다.

$$4 \times 5 = 4 + \boxed{} + \boxed{} + \boxed{} + \boxed{}$$
$$= \boxed{}$$

(2) 4×4에 ☐ 을/를 더하는 방법도 있습니다.

$$4 \times 4 = 16$$
$$4 \times 5 = \boxed{} + \boxed{}$$

→ **핵심 내용** 8단 곱셈구구에서 곱은 8씩 커짐

유형 07 8단 곱셈구구

16 ☐ 안에 알맞은 수를 써넣으시오.

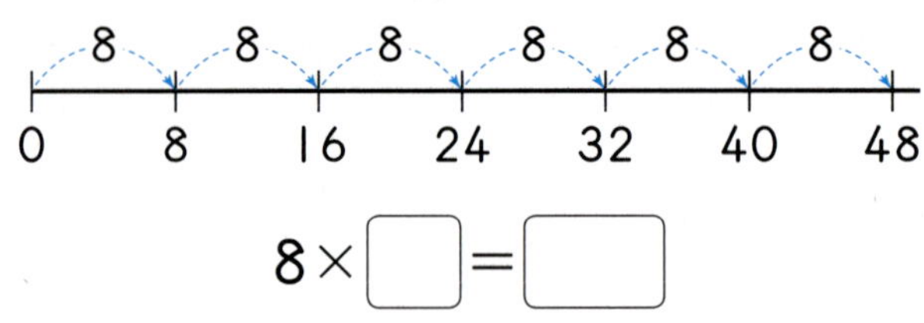

$$8 \times \boxed{} = \boxed{}$$

17 8단 곱셈구구의 값을 찾아 이어 보시오.

8×2	·		·	32
8×4	·		·	56
8×7	·		·	16

18 8단 곱셈구구의 값을 모두 찾아 ○표 하시오.

1	2	3	4	5	6	7
8	9	10	11	12	13	14
15	16	17	18	19	20	21
22	23	24	25	26	27	28
29	30	31	32	33	34	35

핵심 내용 7단 곱셈구구에서 곱은 7씩 커짐

유형 07 7단 곱셈구구

19 그림을 보고 ◯ 안에 알맞은 수를 써넣으시오.

$7 \times 1 = \square$

$7 \times 2 = \square$

$7 \times 3 = \square$

20 빈 곳에 알맞은 수를 써넣으시오.

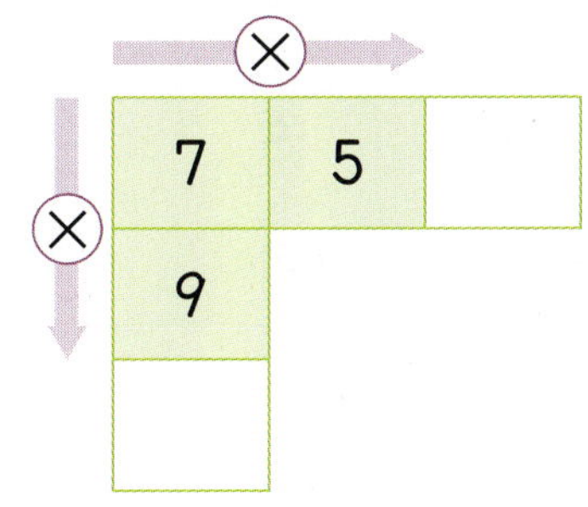

21 거북이 이동한 거리를 곱셈식으로 나타내시오.

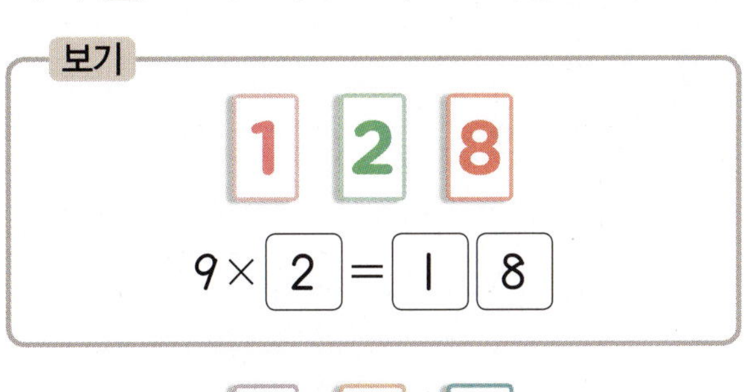

$7 \times 4 = \square$ (cm)

핵심 내용 9단 곱셈구구에서 곱은 9씩 커짐

유형 08 9단 곱셈구구

22 빈 곳에 알맞은 수를 써넣으시오.

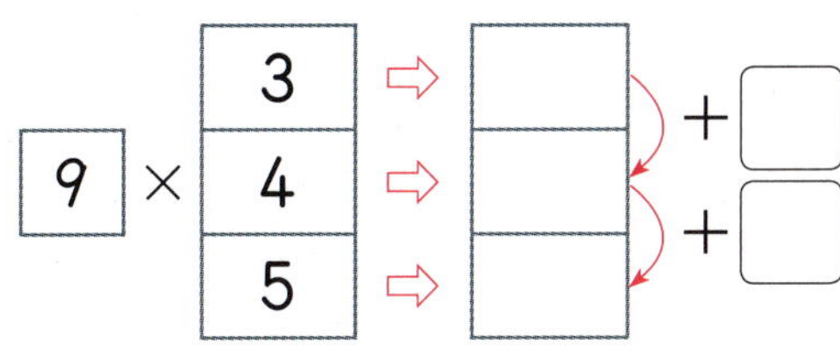

23 9단 곱셈구구의 값을 이어 보시오.

24 보기 와 같이 수 카드를 한 번씩만 사용하여 ◯ 안에 알맞은 수를 써넣으시오.

보기

1 2 8

$9 \times \boxed{2} = \boxed{1}\ \boxed{8}$

3 6 7

$9 \times \square = \square\ \square$

2단계 기본 유형

유형 09 1단 곱셈구구

25 접시에 있는 딸기는 모두 몇 개인지 곱셈식으로 나타내시오.

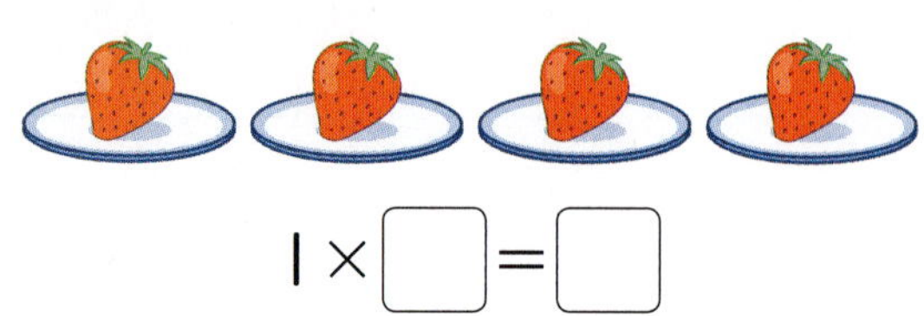

$$1 \times \boxed{} = \boxed{}$$

26 빈 곳에 알맞은 수를 써넣으시오.

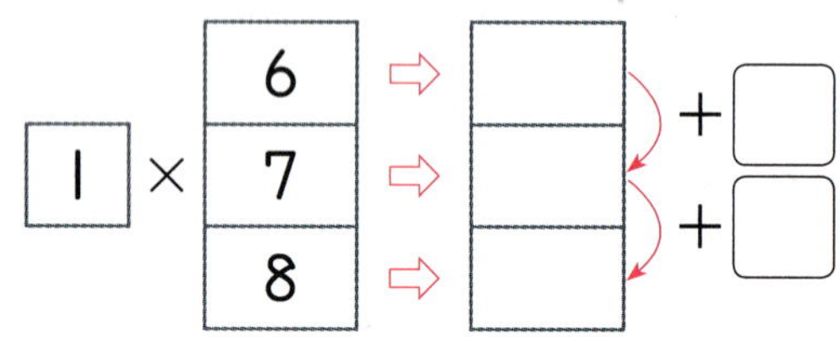

27 곱셈을 이용하여 빈 곳에 알맞은 수를 써넣으시오.

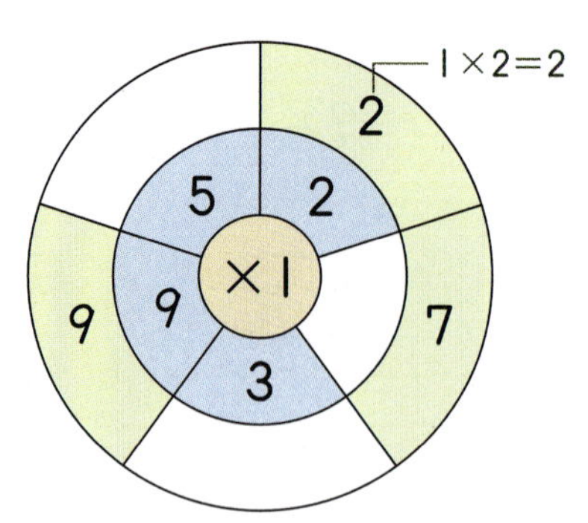

유형 10 0의 곱

28 꽃병 7개에 꽂혀 있는 꽃은 몇 송이인지 곱셈식으로 나타내시오.

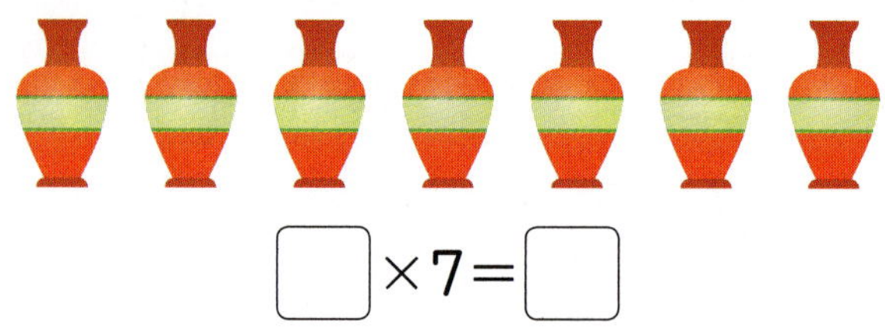

$$\boxed{} \times 7 = \boxed{}$$

29 빈 곳에 알맞은 수를 써넣으시오.

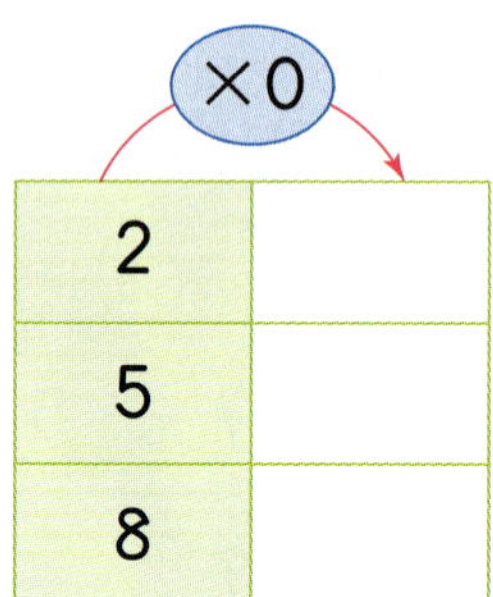

2	
5	
8	

30 두 수의 곱을 구하시오.

> 7, 0

(   )

31 계산 결과가 나머지와 <u>다른</u> 하나는 어느 것입니까?······················(   )

① 0×5　　② 7×1　　③ 9×0
④ 0×1　　⑤ 4×0

유형 11 곱셈표 만들기

32 빈칸에 알맞은 수를 써넣어 곱셈표를 완성하고 ☐ 안에 알맞은 수를 써넣으시오.

×	1	2	3	4	5	6
1	1			4		6
2		4	6		10	
3	3		9		15	
4	4	8				
5	5		15		25	
6	6	12				

(1) 4단 곱셈구구는 곱이 ☐씩 커집니다.

(2) 5단 곱셈구구에서는 곱의 일의 자리 숫자가 ☐, ☐(으)로 반복되고 있습니다.

33 곱셈표에서 ▲와 곱이 같은 곱셈구구를 찾아 ●표 하시오.

×	5	6	7	8	9
5					
6					▲
7					
8					
9					

유형 12 곱셈구구를 이용하여 문제 해결하기

34 지우개 1개의 길이는 5 cm입니다. 지우개 4개의 길이는 얼마입니까?

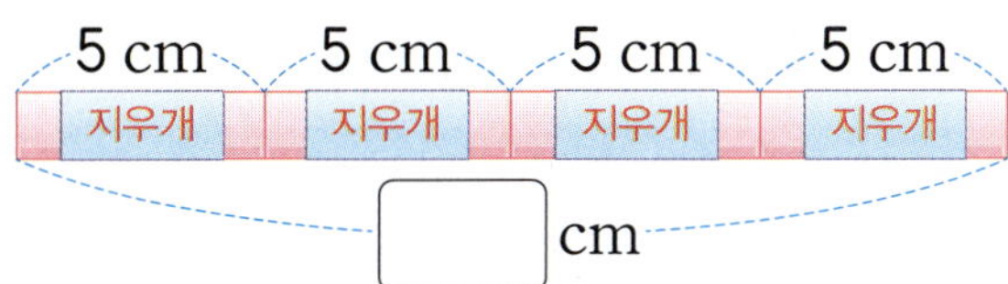

☐ cm

35 봉지 한 개에 빵이 2개씩 포장되어 있습니다. 봉지 8개에 들어 있는 빵은 모두 몇 개입니까?

2 × ☐ = ☐ (개)

36 상자 한 개에 색연필이 7자루씩 포장되어 있습니다. 상자 4개에 들어 있는 색연필은 모두 몇 자루입니까?

7 × ☐ = ☐ (자루)

37 버스 한 대에 어린이가 8명씩 타고 있습니다. 버스 9대에 타고 있는 어린이는 모두 몇 명입니까?

( )

2단계 기본 유형

잘 틀리는 유형 13 ☐ 안에 알맞은 수 구하기

38 ☐ 안에 알맞은 수를 써넣으시오.

(1) $2 \times \square = 12$ (2) $7 \times \square = 35$

(3) $8 \times \square = 64$ (4) $9 \times \square = 0$

39 빈 곳에 알맞은 수를 써넣으시오.

⊗→		
4		24
	3	27
36		

함정유형 40 ㉠과 ㉡에 알맞은 수의 합을 구하시오.

- $3 \times ㉠ = 24$
- $6 \times ㉡ = 48$

( )

KEY 3단 곱셈구구를 외워 곱이 24가 되는 때와 6단 곱셈구구를 외워 곱이 48이 되는 때를 각각 찾아봅니다.

잘 틀리는 유형 14 곱셈구구를 여러 가지 방법으로 계산하기

41 7×5를 계산하려고 합니다. ☐ 안에 알맞은 수를 써넣으시오.

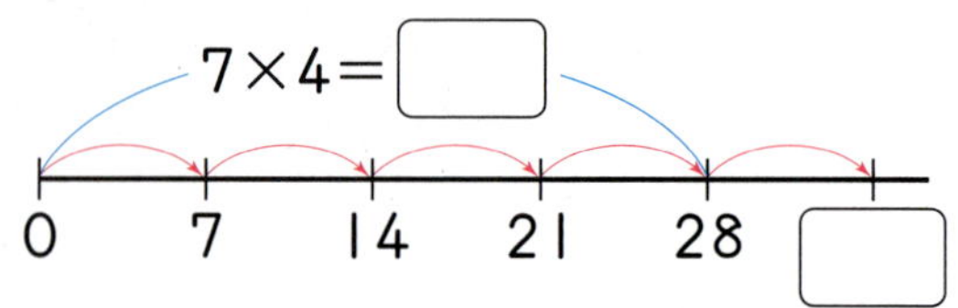

7×4에 ☐ 을/를 더해서 구할 수 있습니다.

42 8×6을 계산하려고 합니다. ☐ 안에 알맞은 수를 써넣으시오.

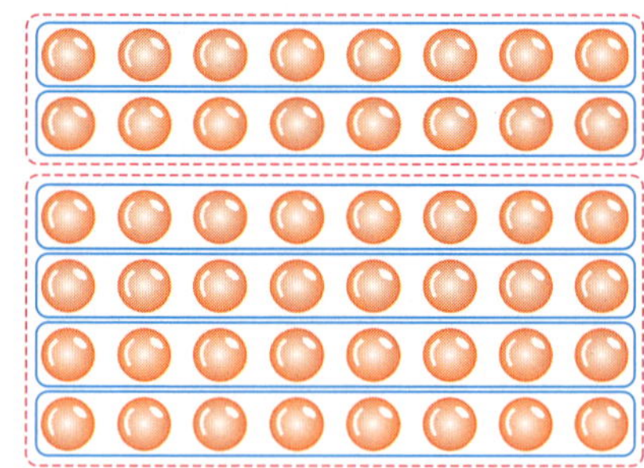

$8 \times 2 = \square$ 와/과 $8 \times 4 = \square$ 을/를 더해서 구할 수 있습니다.

함정유형 43 6×4를 계산하는 방법을 잘못 설명한 사람을 찾아 이름을 쓰시오.

> 미라: 6에 6씩 3번 더하면 돼.
> 윤호: 6×3에 6을 더하면 돼.
> 초아: 6을 4번 곱하면 돼.

( )

KEY $6 \times 4 = 6 + 6 + 6 + 6$임을 이용하여 설명한 방법으로 계산했을 때 24가 나오는지 확인합니다.

서술형 유형

1-1

지호네 농장에는 닭이 8마리 있습니다. 닭의 다리는 모두 몇 개인지 풀이 과정을 완성하고 답을 구하시오.

풀이 닭 한 마리의 다리는 ☐ 개입니다.

따라서 닭 8마리의 다리는 모두

☐ × ☐ = ☐ (개)입니다.

답 ☐ 개

1-2

은하네 농장에는 소가 9마리 있습니다. 소의 다리는 모두 몇 개인지 풀이 과정을 쓰고 답을 구하시오.

풀이

답 ____________________

2-1

3×9보다 크고 5×6보다 작은 수는 모두 몇 개인지 구하려고 합니다. 풀이 과정을 완성하고 답을 구하시오.

풀이 $3 \times 9 = $ ☐ 이고, $5 \times 6 = $ ☐ 입니다.

따라서 27보다 크고 ☐ 보다 작은

수는 ☐ , ☐ 이므로 모두 ☐ 개

입니다.

답 ☐ 개

2-2

7×7보다 크고 9×6보다 작은 수는 모두 몇 개인지 구하려고 합니다. 풀이 과정을 쓰고 답을 구하시오.

풀이

답 ____________________

3단계 유형 단원 평가

01 빈 곳에 알맞은 수를 써넣으시오.

02 5개씩 묶어 보고 곱셈식으로 나타내시오.

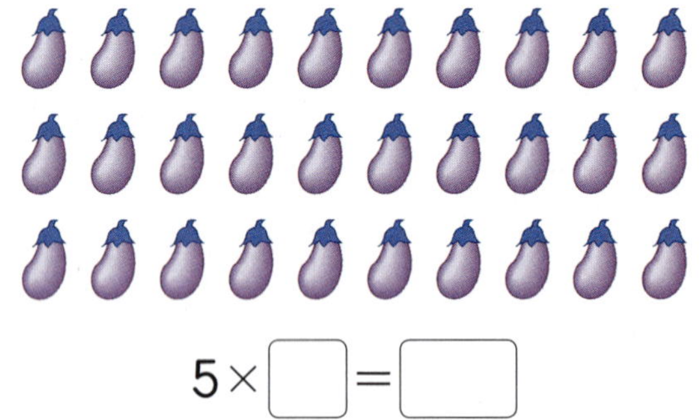

$$5 \times \boxed{} = \boxed{}$$

03 보기 와 같이 곱셈식을 수직선에 나타내고 ☐ 안에 알맞은 수를 써넣으시오.

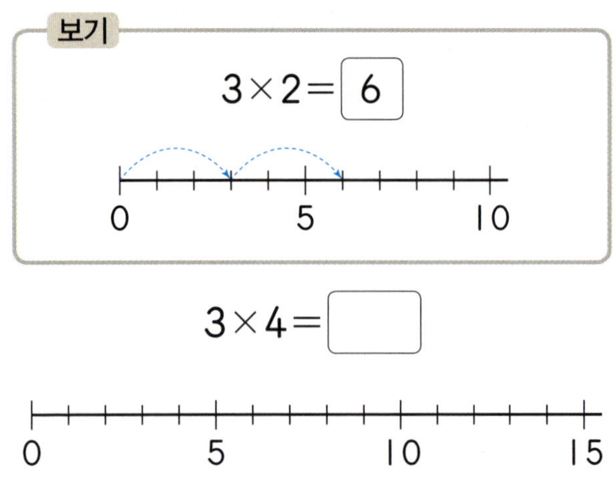

$$3 \times 4 = \boxed{}$$

04 두 수의 곱을 구하시오.

$$6, 9$$

(　　　　　　　　)

05 4×4를 계산하는 방법을 알아보려고 합니다. ☐ 안에 알맞은 수를 써넣으시오.

(1) 4×4는 4씩 $\boxed{}$ 번 더해서 계산할 수 있습니다.

$$4 \times 4 = \boxed{} + \boxed{} + \boxed{} + \boxed{}$$
$$= \boxed{}$$

(2) 4×3에 $\boxed{}$ 을/를 더하는 방법도 있습니다.

$$4 \times 3 = 12$$
$$4 \times 4 = \boxed{} + \boxed{}$$

06 8단 곱셈구구의 값을 모두 찾아 ◯표 하시오.

41	42	43	44	45	46	47
48	49	50	51	52	53	54
55	56	57	58	59	60	61
62	63	64	65	66	67	68
69	70	71	72	73	74	75

07 장난감 자동차가 이동한 거리를 곱셈식으로 나타내시오.

$7 \times 6 = \boxed{}$ (cm)

08 빈 곳에 알맞은 수를 써넣으시오.

09 보기 와 같이 수 카드를 한 번씩만 사용하여 ☐ 안에 알맞은 수를 써넣으시오.

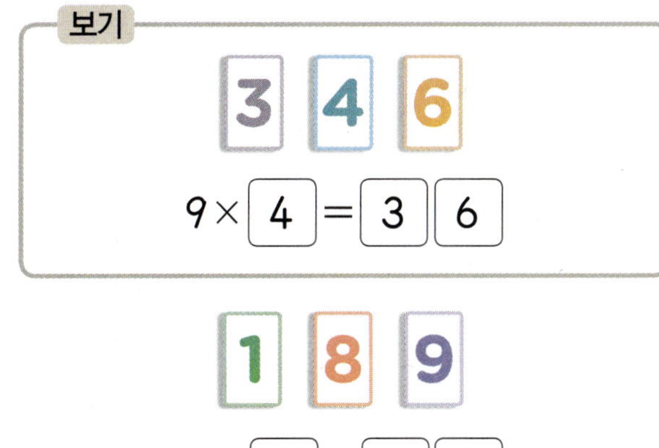

10 곱셈을 이용하여 빈 곳에 알맞은 수를 써넣으시오.

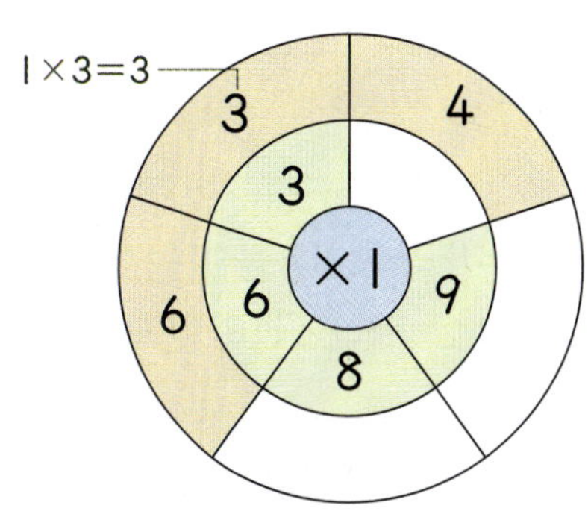

11 계산 결과가 나머지와 <u>다른</u> 하나는 어느 것입니까? ·························· (   )

① 0×7 ② 4×0
③ 1×0 ④ 0×6
⑤ 2×3

12 빈칸에 알맞은 수를 써넣어 곱셈표를 완성하시오.

×	5	6	7	8	9
3	15		21		27
4		24		32	
5	25		35		45

13 나비 한 마리의 더듬이는 2개입니다. 나비 4마리의 더듬이는 모두 몇 개입니까?

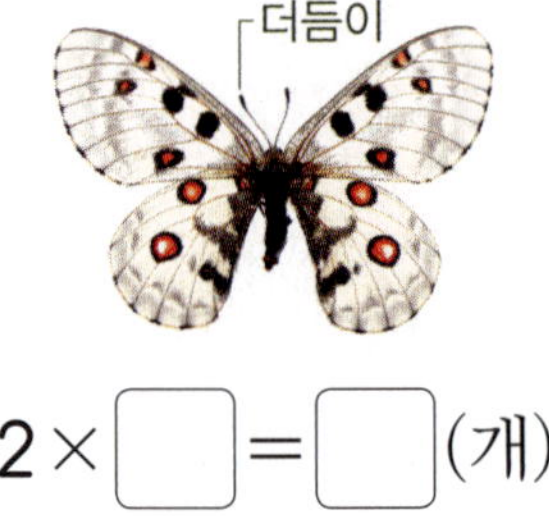

$2 \times \boxed{} = \boxed{}$ (개)

14 민준이네 반은 한 모둠에 6명씩 5모둠입니다. 민준이네 반 학생은 몇 명입니까?

(   )

15 빈 곳에 알맞은 수를 써넣으시오.

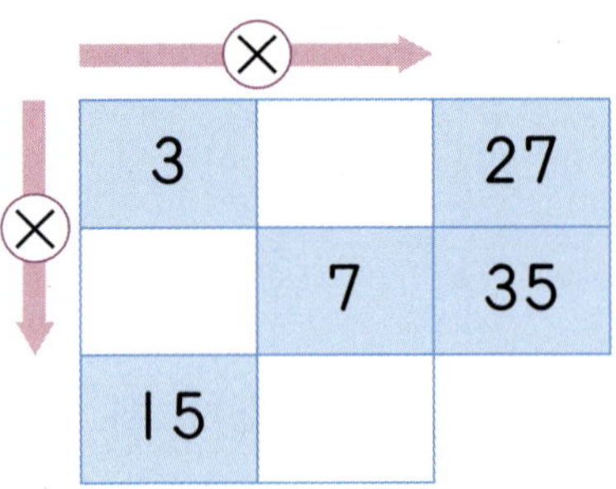

16 9×5를 계산하려고 합니다. ☐ 안에 알맞은 수를 써넣으시오.

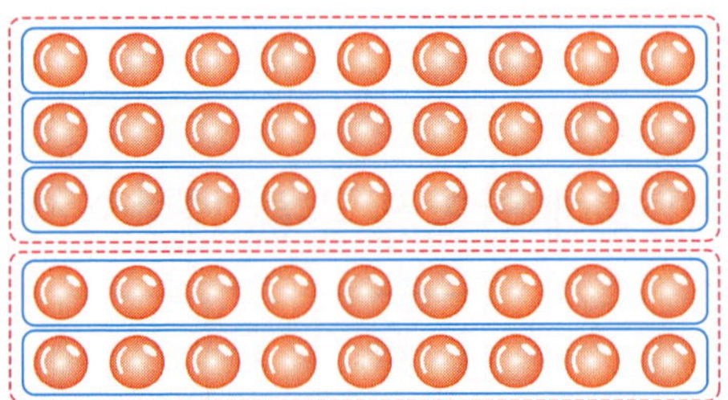

$9 \times 3 = \boxed{}$ 와/과 $9 \times 2 = \boxed{}$ 을/를 더해서 구할 수 있습니다.

17 ㉠과 ㉡에 알맞은 수의 합을 구하시오.

> - $7 \times ㉠ = 42$
> - $9 \times ㉡ = 72$

(　　　　　　　　　)

18 8×5를 계산하는 방법을 잘못 설명한 사람을 찾아 이름을 쓰시오.

> 혜윤: 8×4에 8을 더하면 돼.
> 경찬: 8×3을 2번 더하면 돼.
> 라희: 8을 5번 더하면 돼.

(　　　　　　　　　)

서술형

19 승호네 집에는 고양이가 6마리 있습니다. 고양이의 다리는 모두 몇 개인지 풀이 과정을 쓰고 답을 구하시오.

풀이

답

서술형

20 6×6보다 크고 8×5보다 작은 수는 모두 몇 개인지 구하려고 합니다. 풀이 과정을 쓰고 답을 구하시오.

풀이

답

2

곱셈구구

QR 코드를 찍어 **단원 평가** 를 풀어 보시오.

유형 01 □ 안에 들어갈 수 있는 수 구하기

0부터 9까지의 수 중에서 □ 안에 들어갈 수 있는 수 모두 구하기

$$7 \times □ < 30$$

① □ 안에 0부터 9까지의 수를 넣어 봅니다.

$7 \times 0 = □$, $7 \times 1 = □$,

$7 \times 2 = □$, $7 \times 3 = □$,

$7 \times 4 = □$, $7 \times 5 = □$, …

② 이 중에서 곱이 30보다 작은 경우를 찾아보면 □ 안에 들어갈 수 있는 수는 □, □, □, □, □ 입니다.

01 0부터 9까지의 수 중에서 □ 안에 들어갈 수 있는 수를 모두 쓰시오.

$$4 \times □ > 20$$

(   )

02 0부터 9까지의 수 중에서 □ 안에 들어갈 수 있는 가장 큰 수를 구하시오.

$$8 \times □ < 6 \times 9$$

(   )

유형 02 곱셈과 덧셈 또는 뺄셈하기

서진이 할아버지의 연세 구하기

서진이는 9살이고, 할아버지의 연세는 서진이 나이의 6배보다 6살 더 많습니다.

① 서진이 나이의 6배는 $9 \times □ = □$ 입니다.

② 따라서 서진이 할아버지의 연세는 $□ + 6 = □$ (세)입니다.

03 윤서는 8살이고, 어머니의 나이는 윤서 나이의 5배보다 3살 더 적습니다. 윤서 어머니의 나이는 몇 살인지 구하시오.

(   )

04 길이가 6 cm인 지우개가 있습니다. 우산의 길이는 지우개 길이의 6배보다 4 cm 더 깁니다. 우산의 길이는 몇 cm인지 구하시오.

(   )

QR 코드를 찍어 **동영상 특강**을 보세요.

유형 03 여러 가지 방법으로 묶어 전체 개수 구하기

모두 몇 개인지 구하기

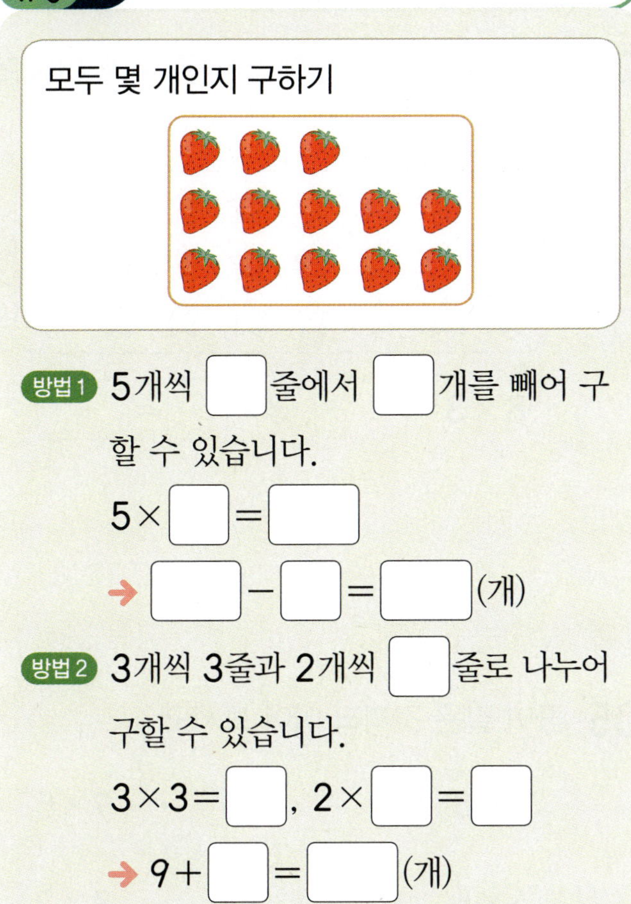

방법 1 5개씩 ☐줄에서 ☐개를 빼어 구할 수 있습니다.

$5 \times$ ☐ $=$ ☐

→ ☐ $-$ ☐ $=$ ☐ (개)

방법 2 3개씩 3줄과 2개씩 ☐줄로 나누어 구할 수 있습니다.

$3 \times 3 =$ ☐, $2 \times$ ☐ $=$ ☐

→ $9 +$ ☐ $=$ ☐ (개)

05 귤은 모두 몇 개인지 2가지 방법으로 구하시오.

방법 1

____

____

방법 2

____

____

유형 04 새 교과서에 나온 활동 유형

06 ☐ 안에 알맞은 수를 써넣어 민우와 혜리의 생각을 완성하시오.

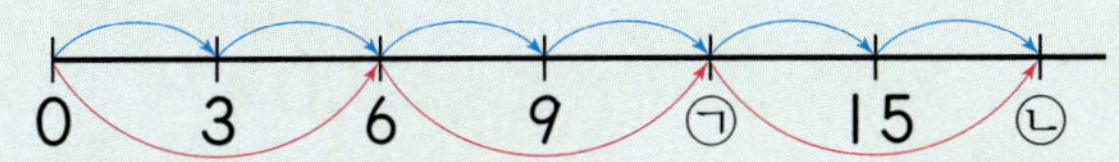

민우: ㉠에 알맞은 수는 ☐(이)야.

3단 곱셈구구로 생각해 보면

$3 \times$ ☐ $=$ ☐ 이므로 ㉠에

알맞은 수는 ☐(이)야.

혜리: ㉡에 알맞은 수는 ☐(이)야.

6단 곱셈구구로 생각해 보면

$6 \times$ ☐ $=$ ☐ 이므로 ㉡에

알맞은 수는 ☐(이)야.

07 가위바위보를 하여 이기면 9점을 얻는 놀이를 했습니다. 영민이가 얻은 점수를 구하시오.

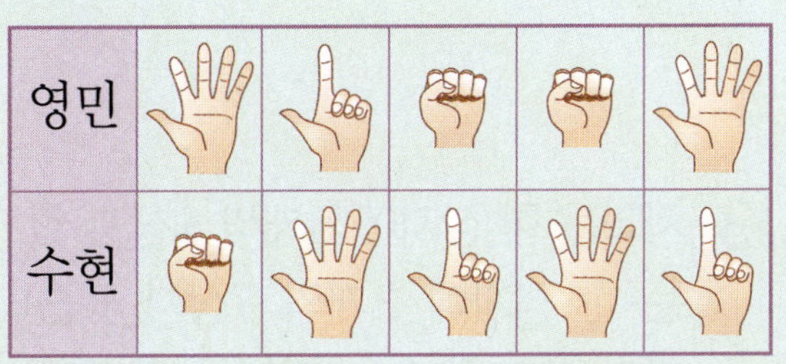

영민					
수현					

곱셈식 _______________________

답 _______________________

2
곱셈구구

다르지만  같은 유형

유형 01 곱의 크기 비교하기

01 곱의 크기를 비교하여 ◯ 안에 >, =, < 를 알맞게 써넣으시오.

$$1 \times 8 \bigcirc 0 \times 9$$

02 곱이 작은 것부터 차례로 기호를 쓰시오.

ㄱ 4×7 ㄴ 8×3 ㄷ 6×5

( )

03 사과는 한 상자에 6개씩 4상자 있고, 망고는 한 상자에 3개씩 7상자 있습니다. 사과와 망고 중 어느 것이 더 많습니까?

( )

유형 02 두 수를 바꾸어 곱하기

04 그림을 보고 ☐ 안에 알맞은 수를 써넣으시오.

$$8 \times 3 = \boxed{}, \quad 3 \times \boxed{} = \boxed{}$$

05 곱이 같은 것끼리 이어 보시오.

2×8	9×5
4×6	8×2
5×9	6×4

06 ☐ 안에 알맞은 수가 더 큰 것을 찾아 기호를 쓰시오.

ㄱ $4 \times 5 = \boxed{} \times 4$

ㄴ $3 \times 8 = 8 \times \boxed{}$

( )

QR 코드를 찍어 **동영상 특강**을 보세요.

유형 03 여러 가지 곱셈식으로 나타내기

07 그림을 보고 알맞은 곱셈식을 쓰시오.

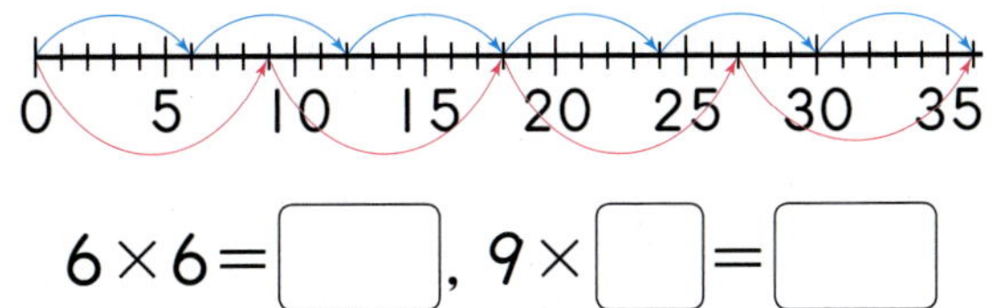

$$6 \times 6 = \boxed{}, \quad 9 \times \boxed{} = \boxed{}$$

08 사과는 모두 몇 개인지 여러 가지 곱셈식으로 나타내시오.

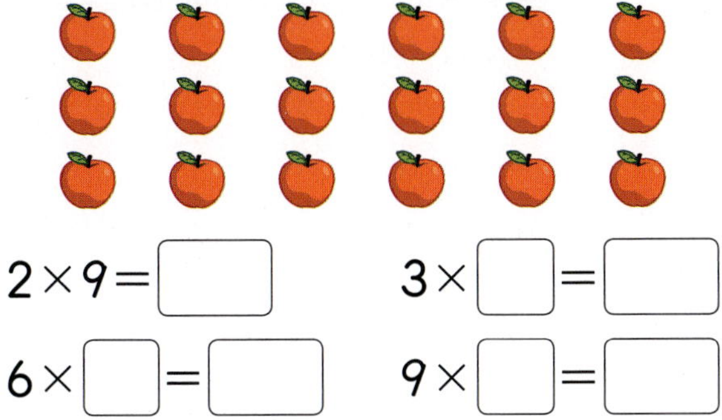

$$2 \times 9 = \boxed{} \qquad 3 \times \boxed{} = \boxed{}$$

$$6 \times \boxed{} = \boxed{} \qquad 9 \times \boxed{} = \boxed{}$$

09 ☐ 안에 알맞은 수를 써넣으시오.

(1) $3 \times 4 = 2 \times \boxed{}$

(2) $4 \times 6 = 8 \times \boxed{}$

유형 04 1단 곱셈구구와 0의 곱 활용

10 원판을 돌려 멈췄을 때 ⬤가 가리키는 수만큼 점수를 얻는 놀이를 했습니다. 다율이가 판을 5번 돌려서 얻은 점수를 알아보시오.

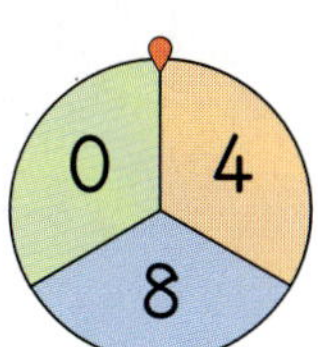

원판에 적힌 수	0	4	8
멈춘 횟수(번)	2	1	2
점수(점)			$8 \times 2 = 16$

(   )

11 달리기 경기에서 1등은 3점, 2등은 2점, 3등은 1점을 얻습니다. 진호네 반은 1등이 4명, 2등이 6명, 3등이 2명입니다. 진호네 반의 달리기 점수는 모두 몇 점입니까?

(   )

12 공 꺼내기 놀이에서 다음과 같이 공을 꺼냈습니다. 꺼낸 공의 점수는 모두 몇 점입니까?

> 0점짜리 공 2개, 1점짜리 공 3개,
> 2점짜리 공 1개, 3점짜리 공 4개

(   )

수 카드를 이용하여 가장 큰 곱 구하기

01 ❶3장의 수 카드 중에서 2장을 골라 두 수의 곱을 구하려고 합니다. / ❷가장 큰 곱은 얼마인지 구하시오.

❶ 

( )

❶ 수의 크기를 비교하여 가장 큰 수와 두 번째로 큰 수를 찾습니다.
❷ ❶에서 찾은 두 수의 곱을 구합니다.

바르게 계산한 값 구하기

02 ❷어떤 수에 6을 곱해야 하는데 잘못하여 ❶더했더니 10이 되었습니다. / ❷바르게 계산한 값을 구하시오.

( )

❶ 어떤 수를 □라 하여 잘못 계산한 식을 만들어 □에 알맞은 수를 구합니다.
❷ ❶에서 구한 어떤 수에 6을 곱한 값을 구합니다.

모르는 수 구하기

03 그림과 같은 요술 상자에 ❶7을 넣었더니 21이 나왔습니다. / ❷이 요술 상자에 4를 넣으면 얼마가 나오겠습니까?

❶ □에 알맞은 수를 구합니다.
❷ ❶에서 구한 수를 이용하여 요술 상자에 4를 넣으면 얼마가 나오는지 구합니다.

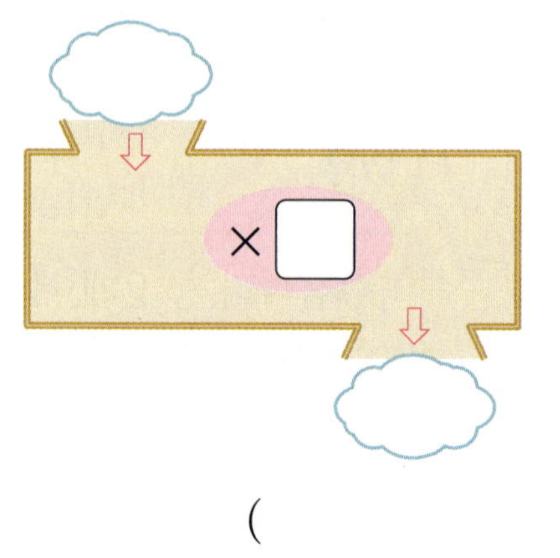

( )

공통으로 들어갈 수 있는 수 구하기

04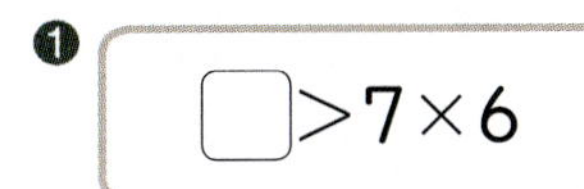 □ 안에 공통으로 들어갈 수 있는 수는 모두 몇 개인지 구하시오.

❶
$$\boxed{}>7\times6 \qquad 6\times8>\boxed{}$$

(　　　　　　　　)

❶ 곱셈을 계산하여 □의 범위를 알아봅니다.
❷ ❶에서 구한 수의 범위를 이용하여 □ 안에 공통으로 들어갈 수 있는 수는 모두 몇 개인지 구합니다.

조건을 만족하는 수

05 \조건/을 모두 만족하는 수를 구하시오.

┌ 조건 /
❶ • 9단 곱셈구구의 수입니다.
❷ • 홀수입니다.
❸ • 8×5보다 크고 7×7보다 작습니다.

(　　　　　　　　)

❶ 9단 곱셈구구의 수를 모두 구합니다.
❷ ❶에서 찾은 수 중에서 홀수를 모두 찾습니다.
❸ ❷에서 찾은 수 중에서 8×5보다 크고 7×7보다 작은 수를 찾습니다.

곱셈구구 활용

06❶ □ 안의 수는 양 끝의 ◯ 안에 있는 두 수의 곱입니다. ㉠, ㉡, ㉢에 알맞은 한 자리를 각각 구하시오.

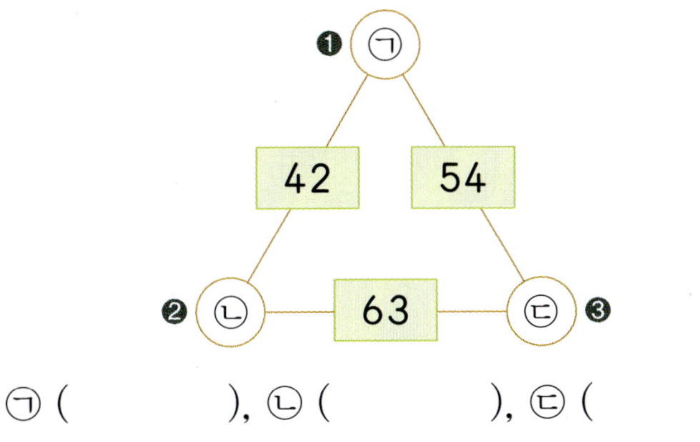

㉠ (　　　), ㉡ (　　　), ㉢ (　　　)

❶ 곱이 42, 54가 되는 곱셈구구 중 공통인 수를 찾아 ㉠에 알맞은 수를 구합니다.
❷ ❶을 이용하여 ㉡에 알맞은 수를 구합니다.
❸ ❶ 또는 ❷를 이용하여 ㉢에 알맞은 수를 구합니다.

07  다음과 같이 글자 '학'의 획수는 6획입니다. 붓으로 글자 '학'을 8번 쓰려면 몇 획을 써야 합니까?

(   )

수 카드를 이용하여 가장 큰 곱 구하기

08 3장의 수 카드 중에서 2장을 골라 두 수의 곱을 구하려고 합니다. 가장 큰 곱은 얼마인지 구하시오.

(   )

바르게 계산한 값 구하기

09 어떤 수에 8을 곱해야 하는데 잘못하여 더했더니 16이 되었습니다. 바르게 계산한 값을 구하시오.

(   )

10  같은 모양은 같은 수를 나타낸다고 할 때 ●, ▲, ■를 각각 구하시오.

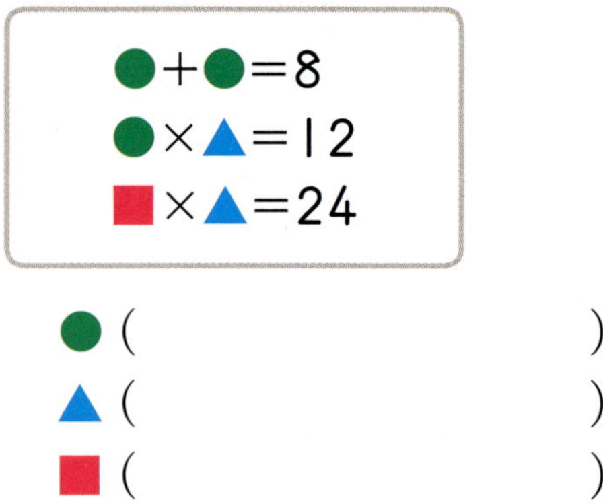

● (   )
▲ (   )
■ (   )

모르는 수 구하기

11 그림과 같은 요술 상자에 3을 넣었더니 27이 나왔습니다. 이 요술 상자에 5를 넣으면 얼마가 나오겠습니까?

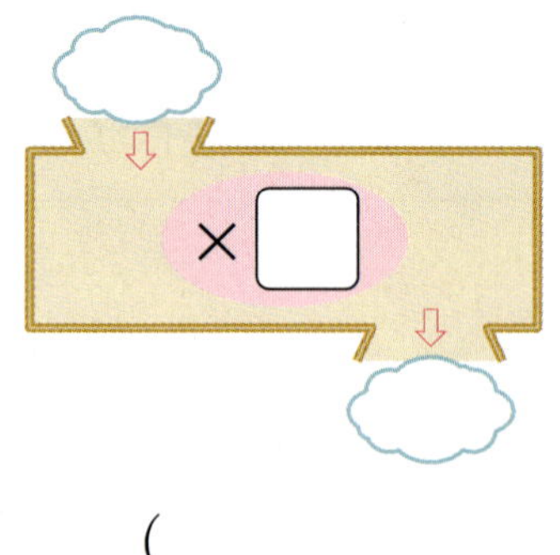

(   )

12 ㉠, ㉡, ㉢에 알맞은 수를 각각 구하시오.

×	2	4	7	㉠
6	12		42	54
㉡		32	56	㉢

㉠ (   )
㉡ (   )
㉢ (   )

13 민준이는 사탕을 80개 가지고 있었습니다. 어제는 한 명에게 4개씩 8명에게 나누어 주었고, 오늘은 한 명에게 3개씩 9명에게 나누어 주었습니다. 민준이에게 남아 있는 사탕은 몇 개입니까?

(　　　　　)

공통으로 들어갈 수 있는 수 구하기

14 □ 안에 공통으로 들어갈 수 있는 수는 모두 몇 개인지 구하시오.

$$6 \times 6 < \square \qquad \square < 5 \times 9$$

(　　　　　)

조건을 만족하는 수

15 \조건/을 모두 만족하는 수를 구하시오.

┌─ 조건 ─
- 7단 곱셈구구의 수입니다.
- 짝수입니다.
- 5×5보다 크고 4×8보다 작습니다.

(　　　　　)

16 미라네 모둠 5명이 가위바위보를 했습니다. 가위를 낸 미라와 윤호가 이겼다면 5명이 펼친 손가락은 모두 몇 개입니까?

(　　　　　)

곱셈구구 활용

17 □ 안의 수는 양 끝의 ◯ 안에 있는 두 수의 곱입니다. ◯ 안에 알맞은 한 자리 수를 써넣으시오.

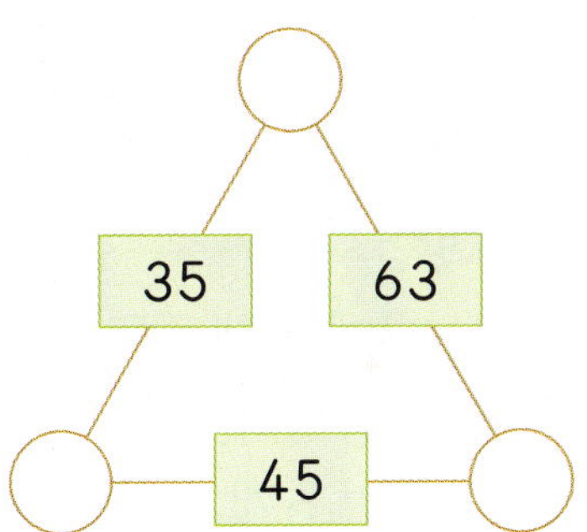

18 다음 수 카드 6장 중에서 합이 9가 되는 두 수를 곱했을 때 가장 큰 곱과 가장 작은 곱의 차는 얼마입니까?

(　　　　　)

 사고력 유형

1 주어진 곱셈구구 값의 일의 자리 숫자들을 차례로 이어 그림을 완성하시오.

1 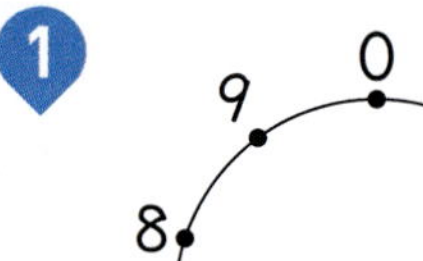

8단 곱셈구구

2

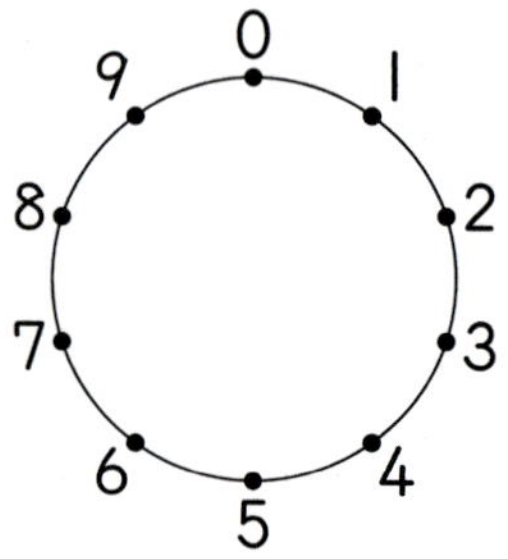

7단 곱셈구구

2 다음과 같이 그림을 그려 곱셈구구의 값을 구하시오.

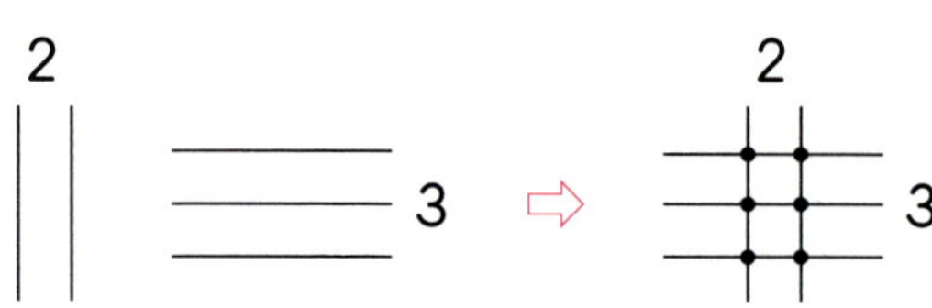

2×3에서 세로로 2줄을 긋고 포개어지도록 가로로 3줄을 긋습니다. 세로 2줄과 가로 3줄이 서로 만나는 점을 세면 6개가 나옵니다. ⇨ $2 \times 3 = 6$

1 $4 \times 3 =$ ☐

2 $5 \times 4 =$ ☐

추론

3 성냥개비로 0부터 9까지의 수를 만들었습니다. 성냥개비 한 개를 옮겨서 올바른 곱셈식으로 만드시오.

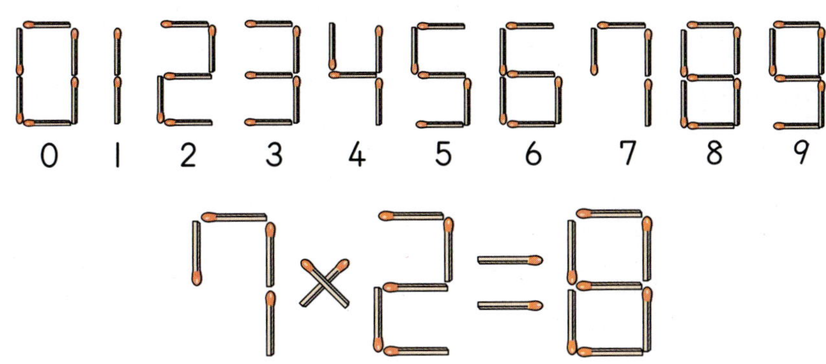

문제 해결

4 주사위를 굴려서 나온 주사위 눈의 횟수를 나타냈습니다. 주사위 눈의 수의 전체 합은 얼마인지 구하시오.

①

주사위 눈				
나온 횟수(번)	2	5	3	7

(　　　　　　　　)

②

주사위 눈				
나온 횟수(번)	8	4	1	9

(　　　　　　　　)

2 곱셈구구

도전! 최상위 유형

1 

| HME 19번 문제 수준 |

□ 안에 알맞은 수를 구하시오.

8×8은 $6 \times \boxed{}$보다 22만큼 더 큽니다.

(   )

2

| HME 20번 문제 수준 |

㉠과 ㉡은 서로 다른 한 자리 수입니다. ㉠과 ㉡의 합은 얼마입니까?

$㉠ \times ㉡ = 12, \ ㉡ - ㉠ = 4$

(   )

◇ 두 수의 곱이 12가 되는 곱셈구구를 이용하여 조건에 맞는 두 수를 구합니다.

3　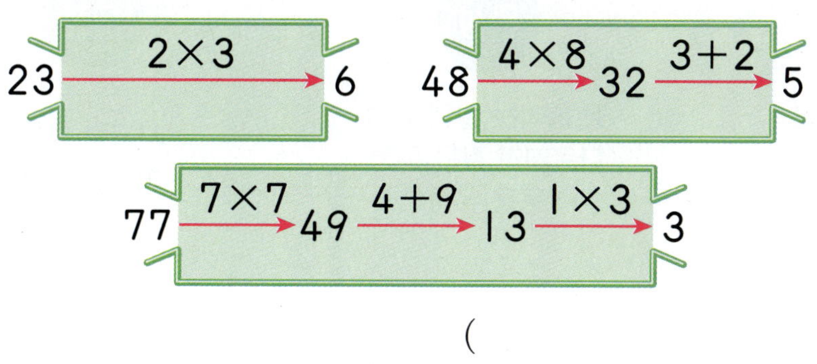

| HME 21번 문제 수준 |

다음과 같은 \규칙/으로 여섯 번째 줄까지 수가 쓰여 있는 칸에 색칠하려고 합니다. 색칠할 수 <u>없는</u> 칸은 모두 몇 칸인지 구하시오.

> \규칙/
> 주사위 **2**개를 동시에 굴려서 나온 두 눈의 수의 곱이 있는 칸에 모두 색칠합니다.

				1				
			2	3	4			
		5	6	7	8	9		
	10	11	12	13	14	15	16	
17	18	19	20	21	22	23	24	25
26	27	28	29	30	31	32	33	34	35	36

(　　　　　　　　)

4

| HME 24번 문제 수준 |

수를 넣으면 다음과 같이 곱셈, 덧셈, 곱셈, 덧셈, …의 순서로 한 자리 수가 나올 때까지 각 자리 숫자를 계산하는 상자가 있습니다. **23**은 한 번의 계산으로 **6**이 나오고, **48**은 두 번의 계산으로 **5**가 나오고, **77**은 세 번의 계산으로 **3**이 나옵니다. 상자에 두 자리 수를 넣었을 때, **2**가 나오는 수는 모두 몇 개입니까?

◇ 계산 결과가 **2**가 나오는 경우를 거꾸로 계산하여 처음 수는 모두 몇 개인지 구합니다.

$$23 \xrightarrow{2 \times 3} 6 \qquad 48 \xrightarrow{4 \times 8} 32 \xrightarrow{3 + 2} 5$$

$$77 \xrightarrow{7 \times 7} 49 \xrightarrow{4 + 9} 13 \xrightarrow{1 \times 3} 3$$

(　　　　　　　　)

3 길이 재기

기본

핵심 개념
기초 문제
기본 유형

연습

잘 틀리는 유형
서술형 유형
유형(단원) 평가

완성

잘 틀리는 실력 유형
다르지만 같은 유형
응용 유형

도전

사고력 유형
최상위 유형

핵심 개념

단계

개념에 대한 **자세한 동영상 강의**를 시청하세요.

개념 ❶ cm보다 큰 단위

- 100 cm는 **1 m**(**1 미터**)와 같습니다.

$$100\,cm = 1\,m$$

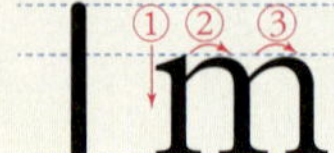

- 120 cm는 1 m보다 20 cm 더 깁니다.
  120 cm를 1 m 20 cm라고도 씁니다.

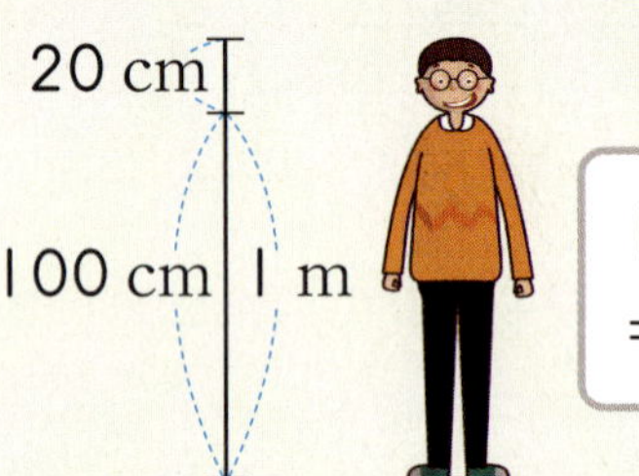

20 cm

100 cm | 1 m

120 cm
= 1 m 20 cm
└ 1 미터 20 센티미터

핵심 1 m

100 cm는 ❶ [　] m와 같습니다.

[전에 배운 내용]

- 1 cm(1 센티미터) 알아보기

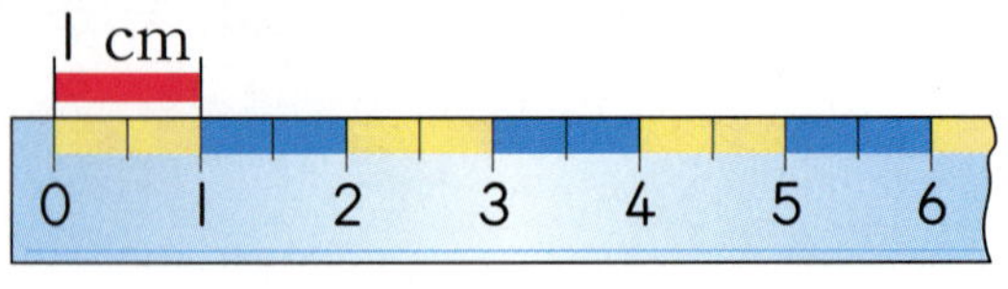

[앞으로 배울 내용]

- 1 mm(1 밀리미터) 알아보기

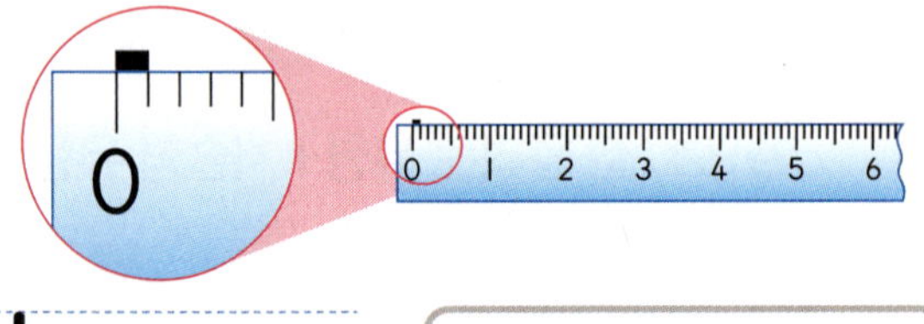

1 mm

$$1\,cm = 10\,mm$$

- 1 km(1 킬로미터) 알아보기

1 km

$$1000\,m = 1\,km$$

개념 ❷ 길이의 합과 차

- **길이의 합** — m는 m끼리, cm는 cm끼리 더합니다.

	1 m	40 cm			1 m	40 cm
+	1 m	30 cm	→	+	1 m	30 cm
		70 cm			2 m	70 cm

- **길이의 차** — m는 m끼리, cm는 cm끼리 뺍니다.

	3 m	70 cm			3 m	70 cm
−	1 m	40 cm	→	−	1 m	40 cm
		30 cm			2 m	30 cm

핵심 길이의 합과 차

m는 m끼리, cm는 ❷ [　] 끼리 계산합니다.

[전에 배운 내용]

- 어림한 길이를 말할 때는 '약 [　] cm'라고 합니다.

⇨ 약 5 cm

[앞으로 배울 내용]

- cm와 mm 단위의 길이의 합과 차

	3 cm	4 mm			5 cm	8 mm
+	2 cm	2 mm		−	3 cm	5 mm
	5 cm	6 mm			2 cm	3 mm

- km와 m 단위의 길이의 합과 차

	1 km	200 m			6 km	600 m
+	3 km	600 m		−	2 km	500 m
	4 km	800 m			4 km	100 m

정답 ❶ 1 ❷ cm

 체크

1-1 ☐ 안에 알맞은 수를 써넣으시오.

(1) $100\ cm =$ ☐ m

(2) $300\ cm =$ ☐ m

(3) $250\ cm =$ ☐ m ☐ cm

(4) $468\ cm =$ ☐ m ☐ cm

(5) $709\ cm =$ ☐ m ☐ cm

1-2 ☐ 안에 알맞은 수를 써넣으시오.

(1) $1\ m =$ ☐ cm

(2) $4\ m =$ ☐ cm

(3) $3\ m\ 60\ cm =$ ☐ cm

(4) $5\ m\ 92\ cm =$ ☐ cm

(5) $8\ m\ 3\ cm =$ ☐ cm

 체크

2-1 길이의 합을 구하시오.

(1)
$$\begin{array}{r} 1\ m\ \ 14\ cm \\ +\ 2\ m\ \ 25\ cm \\ \hline \end{array}$$

(2)
$$\begin{array}{r} 3\ m\ \ 30\ cm \\ +\ 4\ m\ \ 52\ cm \\ \hline \end{array}$$

(3)
$$\begin{array}{r} 2\ m\ \ 45\ cm \\ +\ 3\ m\ \ 46\ cm \\ \hline \end{array}$$

2-2 길이의 차를 구하시오.

(1)
$$\begin{array}{r} 3\ m\ \ 35\ cm \\ -\ 1\ m\ \ 20\ cm \\ \hline \end{array}$$

(2)
$$\begin{array}{r} 5\ m\ \ 67\ cm \\ -\ 2\ m\ \ 16\ cm \\ \hline \end{array}$$

(3)
$$\begin{array}{r} 6\ m\ \ 82\ cm \\ -\ 4\ m\ \ 55\ cm \\ \hline \end{array}$$

2단계 기본 유형

유형 01 cm보다 더 큰 단위

01 같은 길이끼리 이어 보시오.

832 cm ·   · 8 m 2 cm

830 cm ·   · 8 m 32 cm

802 cm ·   · 8 m 30 cm

02 ☐ 안에 cm와 m 중 알맞은 단위를 써넣으시오.

(1) 연필의 길이는 약 16 ☐ 입니다.

(2) 축구장 긴 쪽의 길이는 약 110 ☐ 입니다.

03 옳게 나타낸 것에는 ○표, 틀리게 나타낸 것에는 ✕표 하시오.

536 cm = 5 m 36 cm	
409 cm = 4 m 90 cm	
8 m 12 cm = 812 cm	
7 m 3 cm = 730 cm	

유형 02 자로 길이 재기

04 자동차의 길이를 재는 데 알맞은 자에 ○표 하시오.

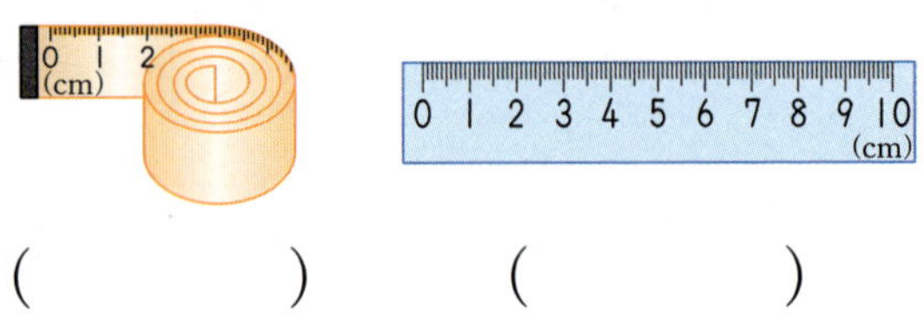

(   )   (   )

05 자의 눈금을 읽어 보시오.

☐ m ☐ cm

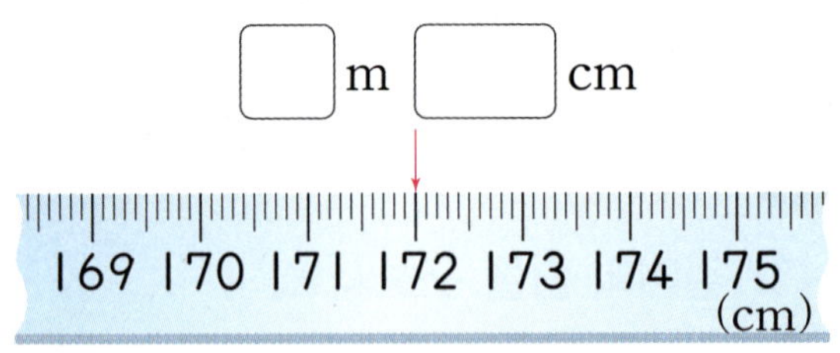

06 색 테이프의 길이를 두 가지 방법으로 나타내시오.

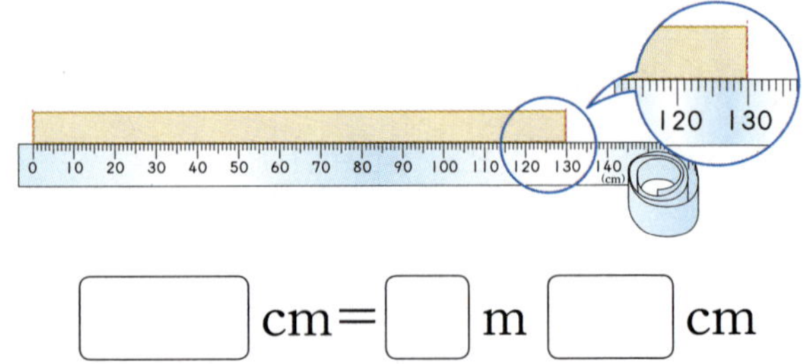

☐ cm = ☐ m ☐ cm

핵심 내용 ▸ m는 m끼리, cm는 cm끼리 더함

유형 03 받아올림이 없는 길이의 합

핵심 내용 ▸ cm끼리의 합이 100이거나 100보다 크면 100 cm를 1 m로 받아올림

유형 04 받아올림이 있는 길이의 합

07 빈 곳에 두 길이의 합은 몇 m 몇 cm인지 써넣으시오.

3 m 45 cm	1 m 23 cm

10 ☐ 안에 알맞은 수를 써넣으시오.

$$\begin{array}{r} \square \\ 3\ \text{m}\ \ 60\ \text{cm} \\ +\ 2\ \text{m}\ \ 80\ \text{cm} \\ \hline \square\ \text{m}\ \ \square\ \text{cm} \end{array}$$

08 두 색 테이프의 길이의 합은 몇 m 몇 cm입니까?

1 m 4 cm

1 m 36 cm

(　　　　　　　　)

11 길이의 합을 잘못 계산한 것입니다. 바르게 고쳐 계산하시오.

$$\begin{array}{r} 3\ \text{m}\ \ 50\ \text{cm} \\ +\ 4\ \text{m}\ \ 80\ \text{cm} \\ \hline 7\ \text{m}\ \ 30\ \text{cm} \end{array}$$

09 정호는 선을 따라 굴렁쇠를 굴렸습니다. 굴렁쇠가 굴러간 거리는 모두 몇 m 몇 cm입니까?

18 m 30 cm

20 m 50 cm

정호

(　　　　　　　　)

12 더 긴 것을 찾아 기호를 쓰시오.

> ㉠ 4 m 40 cm + 2 m 70 cm
> ㉡ 3 m 90 cm + 3 m 30 cm

(　　　　　　　　)

2단계 **기본 유형**

유형 **05** 받아내림이 없는 길이의 차

13 두 길이의 차는 몇 m 몇 cm입니까?

> 8 m 79 cm, 3 m 62 cm

(   )

14 세아는 길이가 5 m 41 cm인 색 테이프를 가지고 있고, 준호는 길이가 3 m 28 cm인 색 테이프를 가지고 있습니다. 두 사람이 가지고 있는 색 테이프의 길이의 차는 몇 m 몇 cm입니까?

세아: 5 m 41 cm

준호: 3 m 28 cm

(   )

15 길이가 1 m 45 cm인 고무줄이 있습니다. 이 고무줄을 양쪽에서 잡아당겼더니 3 m 62 cm가 되었습니다. 고무줄이 늘어난 길이는 몇 m 몇 cm입니까?

(   )

유형 **06** 받아내림이 있는 길이의 차

16 ☐ 안에 알맞은 수를 써넣으시오.

$$\begin{array}{r} 6 \text{ m } \quad 40 \text{ cm} \\ - \ 4 \text{ m } \quad 50 \text{ cm} \\ \hline \square \text{ m } \quad \square \text{ cm} \end{array}$$

17 바르게 계산한 것의 기호를 쓰시오.

> ㉠ 5 m 40 cm − 2 m 50 cm
> = 2 m 90 cm
> ㉡ 6 m 20 cm − 1 m 70 cm
> = 5 m 50 cm

(   )

18 성수는 리본 4 m 30 cm 중 선물을 포장하는 데 1 m 60 cm를 사용했습니다. 남은 리본의 길이는 몇 m 몇 cm입니까?

(   )

→ 핵심 내용 ▶ 길이를 알고 있는 몸의 일부를 이용하여 길이 어림하기

유형 07 길이 어림하기(1)

19 진호가 양팔을 벌린 길이가 약 1 m일 때 칠판 긴 쪽의 길이는 약 몇 m입니까?

약 (   )

20 길이가 1 m보다 긴 것을 찾아 기호를 쓰시오.

┌─────────────────────────────┐
│ ㉠ 지우개의 길이   ㉡ 양말의 길이 │
│ ㉢ 색연필의 길이   ㉣ 줄넘기의 길이 │
└─────────────────────────────┘

(   )

21 윤호의 두 걸음은 약 1 m입니다. 윤호가 자동차의 길이를 재었더니 8걸음과 같았다고 합니다. 자동차의 길이는 약 몇 m입니까?

약 (   )

→ 핵심 내용 ▶ 1 m를 이용하여 긴 길이 어림하기

유형 08 길이 어림하기(2)

22 길이가 1 m인 색 테이프로 긴 막대의 길이를 어림하였습니다. 막대의 길이는 약 몇 m입니까?

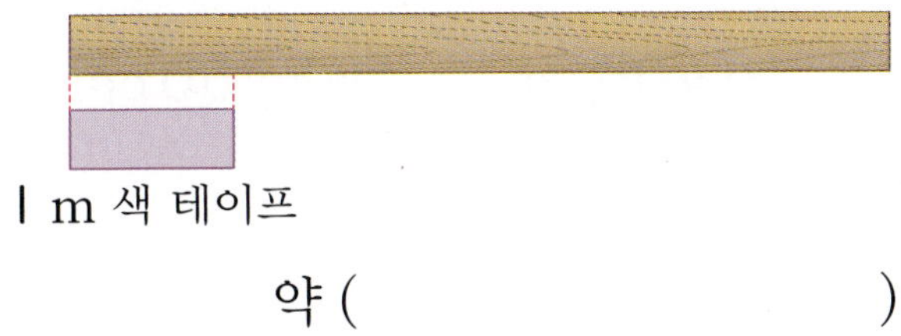

약 (   )

23 □ 안에 알맞은 길이를 보기 에서 골라 문장을 완성하시오.

┌─────────────────────────────┐
│ 보기   │
│   170 cm   10 m   50 m   │
└─────────────────────────────┘

(1) 운동장 긴 쪽의 길이는

약 [   ] 입니다.

(2) 버스의 길이는

약 [   ] 입니다.

(3) 아빠의 키는

약 [   ] 입니다.

24 길이가 5 m보다 긴 것을 모두 고르시오.
······································· (   )

① 엄마의 키
② 비행기의 길이
③ 책상의 높이
④ 15층 아파트의 높이
⑤ 축구 경기장 긴 쪽의 길이

3
길이 재기

2단계 기본 유형

잘 틀리는 유형 09 단위가 다른 길이 비교하기

25 길이를 비교하여 ○ 안에 >, =, <를 알맞게 써넣으시오.

(1) 2 m 38 cm ○ 217 cm

(2) 405 cm ○ 4 m 50 cm

26 리본의 길이는 4 m 56 cm이고 끈의 길이는 461 cm입니다. 리본과 끈 중 길이가 더 짧은 것은 무엇입니까?

( )

합성유형 27 가장 긴 길이를 찾아 기호를 쓰시오.

> ㉠ 838 cm ㉡ 8 m 40 cm
> ㉢ 809 cm ㉣ 8 m 57 cm

( )

KEY 길이를 ■ cm로 통일하거나 ■ m ▲ cm로 통일하여 길이를 비교합니다.

잘 틀리는 유형 10 단위가 다른 길이의 합과 차

28 □ 안에 알맞은 수를 써넣으시오.

(1) 250 cm+3 m 26 cm

= □ m □ m+3 m 26 cm

= □ m □ m

(2) 6 m 84 cm−242 cm

=6 m 84 cm−□ m □ m

= □ m □ m

29 두 길이의 합과 차는 몇 m 몇 cm인지 각각 구하시오.

> 4 m 32 cm   126 cm

합 ( )

차 ( )

합성유형 30 길이가 각각 3 m 60 cm, 570 cm인 두 색 테이프를 겹치지 않게 길게 이어 붙였습니다. 이어 붙인 색 테이프의 전체 길이는 몇 m 몇 cm입니까?

( )

KEY 단위를 ■ m ▲ cm로 통일한 다음 받아올림에 주의하여 길이의 합을 구합니다.

서술형 유형

1-1

㉠과 ㉡에 알맞은 수의 합은 얼마인지 풀이 과정을 완성하고 답을 구하시오.

- 245 cm=㉠ m 45 cm
- 706 cm=7 m ㉡ cm

풀이 ・245 cm=☐ m 45 cm

⇨ ㉠=☐

・706 cm=7 m ☐ cm

⇨ ㉡=☐

따라서 ㉠+㉡=☐+☐=☐입니다.

답 ☐

1-2

㉠과 ㉡에 알맞은 수의 합은 얼마인지 풀이 과정을 쓰고 답을 구하시오.

- 317 cm=㉠ m 17 cm
- 942 cm=9 m ㉡ cm

풀이

답 ___________

2-1

가장 긴 길이와 가장 짧은 길이의 차는 몇 cm인지 구하려고 합니다. 풀이 과정을 완성하고 답을 구하시오.

4 m 96 cm,　425 cm,　4 m 9 cm

풀이 425 cm=☐ m ☐ cm이므로 가장 긴 길이는 4 m 96 cm이고 가장 짧은 길이는 ☐ m ☐ cm입니다.

⇨ 4 m 96 cm−☐ m ☐ cm

=☐ cm입니다.

답 ☐ cm

2-2

가장 긴 길이와 가장 짧은 길이의 차는 몇 m 몇 cm인지 구하려고 합니다. 풀이 과정을 쓰고 답을 구하시오.

5 m 15 cm,　652 cm,　6 m 5 cm

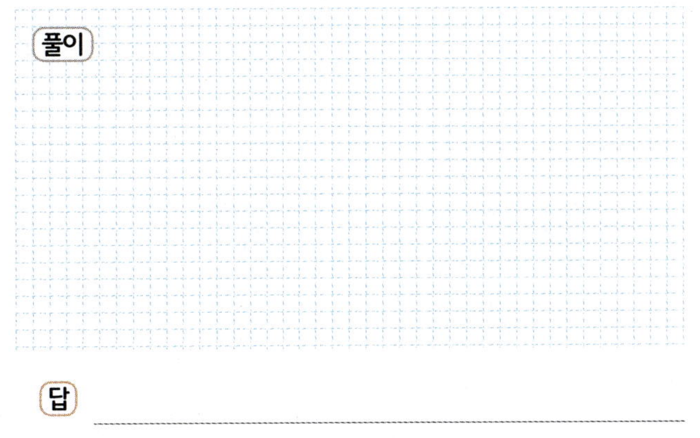

풀이

답 ___________

01 같은 길이끼리 이어 보시오.

9 m	•	•	452 cm
836 cm	•	•	900 cm
4 m 52 cm	•	•	8 m 36 cm

02 ☐ 안에 cm와 m 중 알맞은 단위를 써넣으시오.

(1) 우산의 길이는 약 80 ☐ 입니다.

(2) 시소의 길이는 약 4 ☐ 입니다.

03 자의 눈금을 읽어 보시오.

☐ m ☐ cm

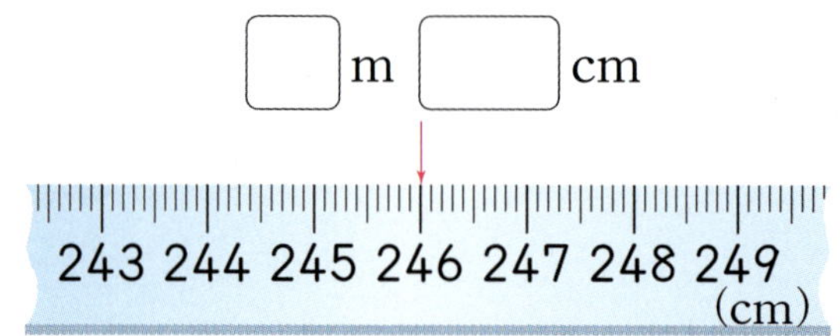

04 색 테이프의 길이를 두 가지 방법으로 나타내시오.

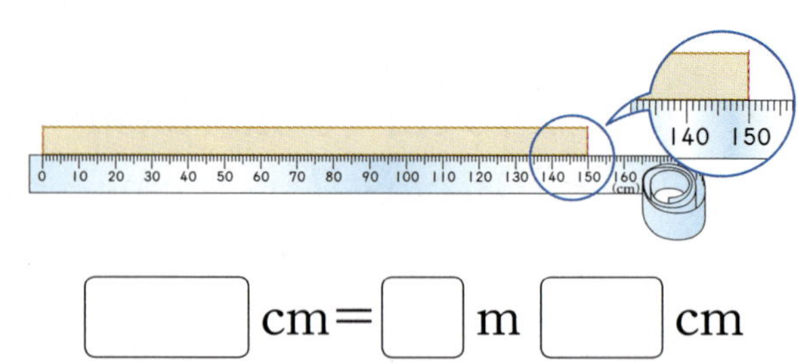

☐ cm = ☐ m ☐ cm

05 빈 곳에 두 길이의 합은 몇 m 몇 cm인지 써넣으시오.

3 m 22 cm	3 m 57 cm

06 ㉠에서 ㉡을 거쳐 ㉢까지 가는 거리는 몇 m 몇 cm입니까?

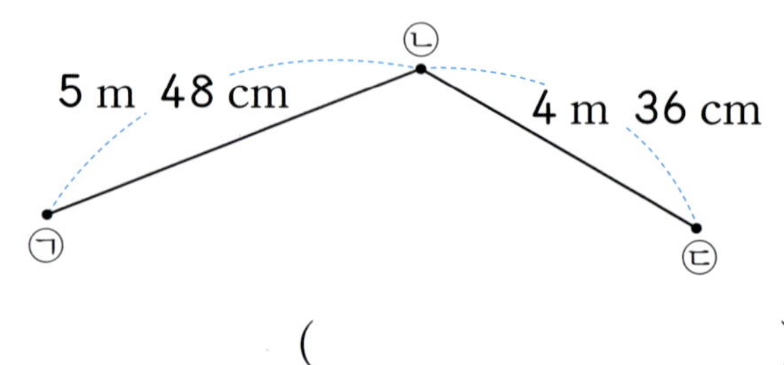

(   )

07 길이의 합을 <u>잘못</u> 계산한 것입니다. 바르게 고쳐 계산하시오.

$$
\begin{array}{r}
6\ \text{m}\ \ 90\ \text{cm} \\
+\ 1\ \text{m}\ \ 50\ \text{cm} \\
\hline
7\ \text{m}\ \ 40\ \text{cm}
\end{array}
$$

08 지헌이는 길이가 6 m 54 cm인 막대를 가지고 있고, 주희는 길이가 4 m 18 cm인 막대를 가지고 있습니다. 두 사람이 가지고 있는 막대의 길이의 차는 몇 m 몇 cm입니까?

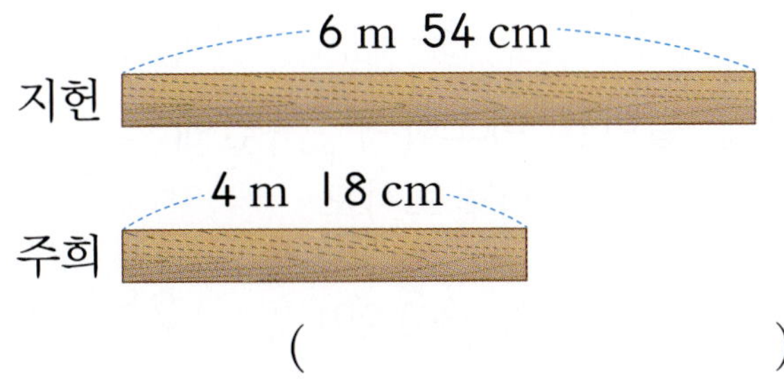

(   )

09 길이가 2 m 36 cm인 고무줄이 있습니다. 이 고무줄을 양쪽에서 잡아당겼더니 4 m 80 cm가 되었습니다. 고무줄이 늘어난 길이는 몇 m 몇 cm입니까?

(   )

10 바르게 계산한 것의 기호를 쓰시오.

> ㉠ 4 m 30 cm − 2 m 60 cm
> = 2 m 70 cm
> ㉡ 7 m 20 cm − 3 m 50 cm
> = 3 m 70 cm

(   )

11 길이가 I m보다 긴 것을 모두 찾아 기호를 쓰시오.

> ㉠ 어머니의 키
> ㉡ 운동화의 길이
> ㉢ 가로수의 높이
> ㉣ 아이스크림의 길이

(   )

12 다율이의 7뼘은 약 I m입니다. 다율이가 철봉의 길이를 재었더니 21뼘과 같았다고 합니다. 철봉의 길이는 약 몇 m입니까?

약 (   )

13 관복은 옛날에 나라의 일을 하는 관리들이 궁궐에 들어갈 때 입던 옷이라고 합니다. 주어진 색 테이프의 길이가 I m일 때 관복에서 ㉠의 길이는 약 몇 m입니까?

약 (   )

14 ☐ 안에 알맞은 길이를 **보기**에서 골라 문장을 완성하시오.

> **보기**
> 3 m   I7 cm   30 m

(1) I0층인 아파트의 높이는
　　　　약 ☐ 입니다.

(2) 젓가락의 길이는
　　　　약 ☐ 입니다.

(3) 기린의 키는
　　　　약 ☐ 입니다.

15 길이를 비교하여 ◯ 안에 >, =, <를 알맞게 써넣으시오.

2 m 45 cm ◯ 250 cm

16 두 길이의 합과 차는 몇 m 몇 cm인지 각각 구하시오.

> 5 m 64 cm   306 cm

합 (   )

차 (   )

17 가장 긴 길이를 찾아 기호를 쓰시오.

> ㉠ 7 m 56 cm   ㉡ 709 cm
> ㉢ 7 m 87 cm   ㉣ 742 cm

(   )

18 파란색 리본의 길이는 640 cm이고, 초록색 리본의 길이는 12 m 60 cm입니다. 두 리본의 길이의 차는 몇 m 몇 cm입니까?

(   )

19 ㉠과 ㉡에 알맞은 수의 합은 얼마인지 풀이 과정을 쓰고 답을 구하시오.

> ・674 cm=㉠ m 74 cm
> ・508 cm=5 m ㉡ cm

풀이

답

20 가장 긴 길이와 가장 짧은 길이의 차는 몇 m 몇 cm인지 구하려고 합니다. 풀이 과정을 쓰고 답을 구하시오.

> 3 m 45 cm, 138 cm, 2 m 75 cm

풀이

답

QR 코드를 찍어 **단원 평가** 를 풀어 보세요.

유형 01 수 카드로 가장 긴 길이 만들기

수 카드를 한 번씩만 사용하여 가장 긴 길이 만들기

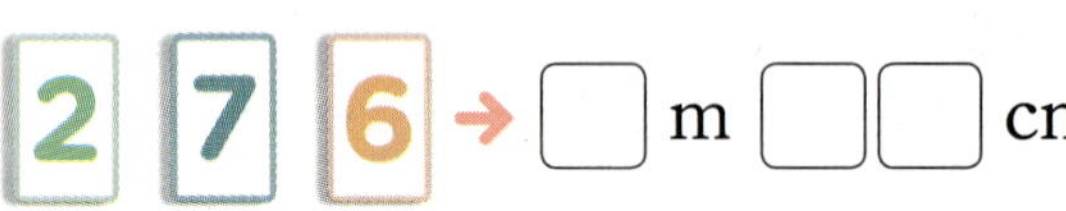

$\boxed{2}\ \boxed{7}\ \boxed{6}$ → $\boxed{}$ m $\boxed{}\boxed{}$ cm

가장 큰 수를 m 단위에 쓰고 남은 두 수로 가장 큰 두 자리 수를 만들어 cm 단위에 씁니다.

→ $\boxed{7} > \boxed{6} > \boxed{2}$ 이므로

$\boxed{}$ m $\boxed{}\boxed{}$ cm입니다.

01 수 카드 3장을 한 번씩만 사용하여 가장 긴 길이를 만드시오.

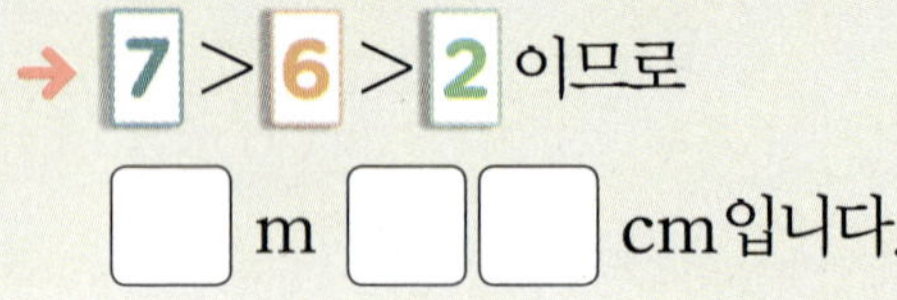

⇨ $\boxed{}$ m $\boxed{}\boxed{}$ cm

02 수 카드 3장을 한 번씩만 사용하여 가장 긴 길이를 만드시오.

$\boxed{3}\ \boxed{0}\ \boxed{9}$

⇨ $\boxed{}$ m $\boxed{}\boxed{}$ cm

유형 02 가깝게 어림한 사람 찾기

2 m에 더 가깝게 어림한 사람 찾기

- 지원: 2 m 8 cm
- 서야: 1 m 90 cm

① 실제 길이와 어림한 길이의 차를 구하면 지원이는 2 m 8 cm − 2 m = $\boxed{}$ cm 이고, 서야는

2 m − 1 m 90 cm = $\boxed{}$ cm입니다.

② 따라서 8 < 10이므로 더 가깝게 어림한 사람은 $\boxed{}$ 입니다.

03 길이가 3 m인 철사를 안나와 현준이가 다음과 같이 어림하였습니다. 3 m에 더 가깝게 어림한 사람은 누구입니까?

- 안나: 3 m 12 cm
- 현준: 2 m 80 cm

(   )

04 길이가 2 m 50 cm인 색 테이프를 세 사람이 어림하였습니다. 2 m 50 cm에 가장 가깝게 어림한 사람은 누구입니까?

윤서	지한	리안
2 m 25 cm	2 m 60 cm	2 m 45 cm

(   )

QR 코드를 찍어 **동영상 특강**을 보세요.

유형 03 이어 붙인 색 테이프의 길이 구하기

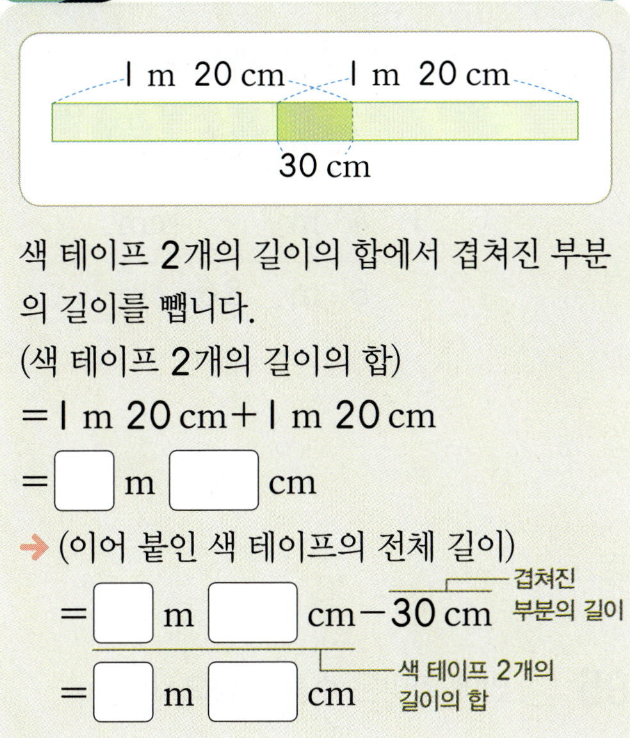

색 테이프 **2**개의 길이의 합에서 겹쳐진 부분의 길이를 뺍니다.

(색 테이프 2개의 길이의 합)

= 1 m 20 cm + 1 m 20 cm

= ☐ m ☐ cm

→ (이어 붙인 색 테이프의 전체 길이)

= ☐ m ☐ cm − 30 cm ┐ 겹쳐진 부분의 길이

= ☐ m ☐ cm ┘ 색 테이프 2개의 길이의 합

05 그림을 보고 이어 붙인 색 테이프의 전체 길이는 몇 m 몇 cm인지 구하시오.

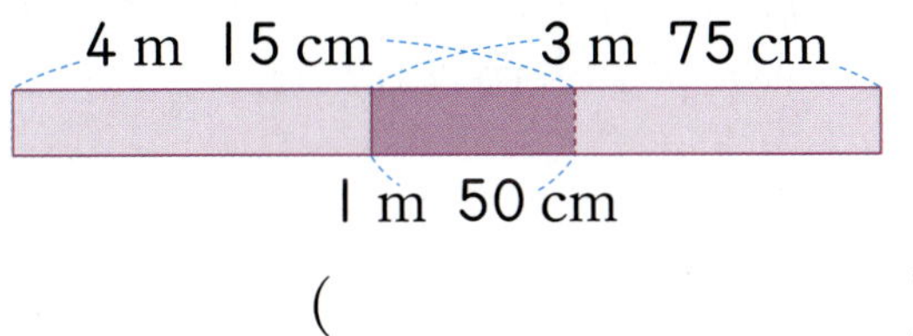

(   )

06 그림을 보고 이어 붙인 색 테이프의 전체 길이는 몇 m 몇 cm인지 구하시오.

(   )

유형 04 새 교과서에 나온 활동 유형

07 수 카드를 한 번씩만 사용하여 9 m 58 cm 와 2 m 25 cm의 차보다 긴 길이를 만드시오.

☐ m ☐☐ cm

08 보기 를 보고 가로등과 가로등 사이의 거리는 약 몇 m인지 구하시오.

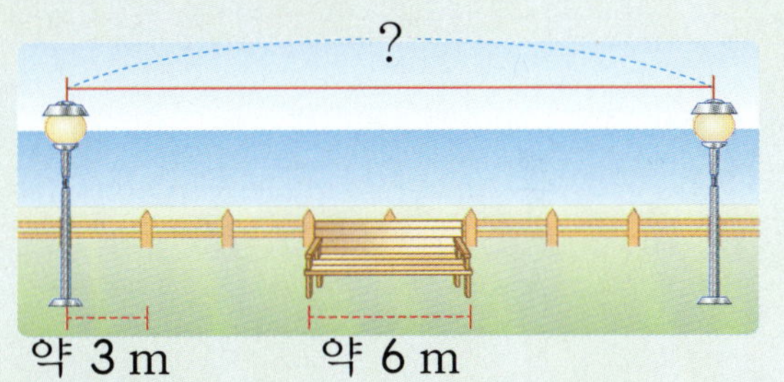

보기
• 벤치의 길이는 약 6 m입니다.
• 울타리 한 칸의 길이는 약 3 m입니다.

약 (   )

3
길이 재기

다르지만  같은 유형

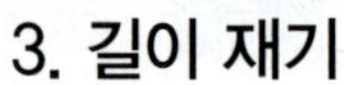

유형 01 길이의 차를 구하여 크기 비교하기

01 길이의 차를 계산하여 ○ 안에 >, =, < 를 알맞게 써넣으시오.

$$\begin{array}{r} 5\ m\ 60\ cm \\ -\ 1\ m\ 40\ cm \\ \hline \end{array} \bigcirc \begin{array}{r} 6\ m\ 20\ cm \\ -\ 2\ m\ 80\ cm \\ \hline \end{array}$$

02 긴 길이부터 차례로 기호를 쓰시오.

> ㉠ 7 m 62 cm − 5 m 50 cm
> ㉡ 6 m 84 cm − 4 m 70 cm
> ㉢ 5 m 94 cm − 3 m 20 cm

( )

03 예지와 한나 중에서 남은 노끈의 길이가 더 짧은 사람은 누구입니까?

> • 예지: 난 6 m 60 cm 중에서 3 m 22 cm를 사용했어.
> • 한나: 난 7 m 84 cm 중에서 4 m 54 cm를 사용했어.

( )

유형 02 ☐ 안에 들어갈 수 있는 수 구하기

04 ☐ 안에 알맞은 수를 써넣으시오.

$$\begin{array}{r} \boxed{}\ m\quad 65\ cm \\ +\ 4\ m\ \boxed{}\ cm \\ \hline 6\ m\quad 86\ cm \end{array}$$

05 ☐ 안에 알맞은 수를 써넣으시오.

$$\begin{array}{r} 7\ m\ \boxed{}\ cm \\ -\ \boxed{}\ m\quad 42\ cm \\ \hline 1\ m\quad 45\ cm \end{array}$$

06 ㉠과 ㉡에 알맞은 수의 합을 구하시오.

> ㉠ m 54 cm − 2 m ㉡ cm
> = 1 m 18 cm

( )

QR 코드를 찍어 **동영상 특강**을 보세요.

유형 03 여러 길이의 합 구하기

07 삼각형의 세 변의 길이의 합은 몇 m 몇 cm입니까?

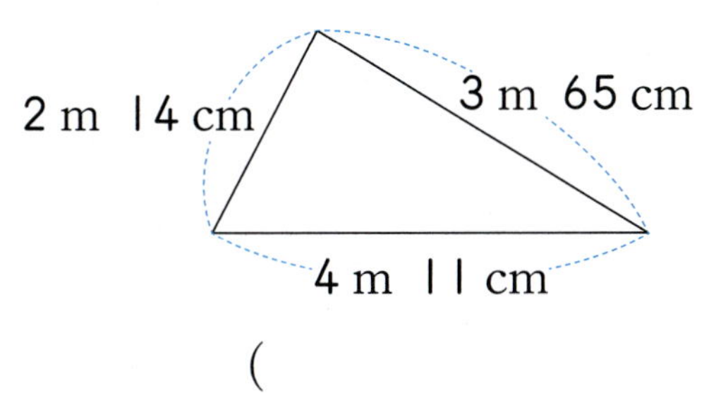

(　　　　　　　　)

08 사각형의 네 변의 길이의 합은 몇 m 몇 cm입니까?

(　　　　　　　　)

09 진영이는 놀이공원에서 범퍼카를 타고 1바퀴의 길이가 16 m 24 cm인 트랙을 3바퀴 돌았습니다. 진영이가 범퍼카를 타고 돈 길이는 모두 몇 m 몇 cm입니까?

(　　　　　　　　)

유형 04 몸을 이용하여 길이 어림하기

10 진주의 한 뼘의 길이는 15 cm입니다. 진주가 텔레비전 긴 쪽의 길이를 뼘으로 재었더니 약 6번이었습니다. 텔레비전 긴 쪽의 길이는 약 몇 cm입니까?

약 (　　　　　　　　)

11 다음은 은수의 한 걸음의 길이입니다. 은수의 걸음으로 학교 복도의 길이를 재었더니 약 20걸음이었습니다. 학교 복도의 길이는 약 몇 m입니까?

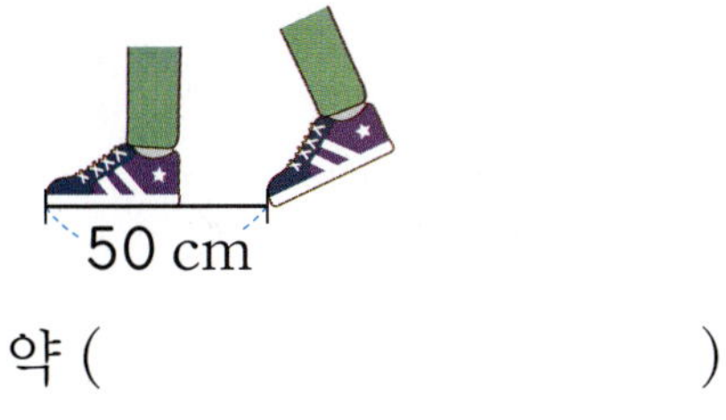

약 (　　　　　　　　)

12 진호가 양팔을 벌린 길이는 1 m 20 cm입니다. 두 깃발 사이의 거리는 약 몇 m입니까?

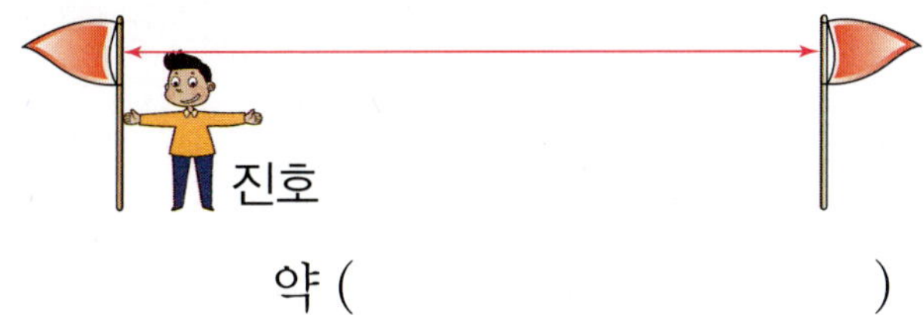

약 (　　　　　　　　)

길이의 합과 차 활용

01 [1]파란색 리본의 길이는 228 cm이고, 초록색 리본의 길이는 파란색 리본의 길이보다 1 m 34 cm 더 깁니다. / [2]두 리본의 길이의 합은 몇 m 몇 cm인지 구하시오.

(   )

[1] 초록색 리본의 길이를 구합니다.
[2] 두 리본의 길이의 합을 구합니다.

두 도막으로 자른 길이의 차 구하기

02 [1]길이가 4 m인 막대를 두 도막으로 잘랐더니 한 도막의 길이가 1 m 40 cm였습니다. / [2]자른 두 도막의 길이의 차는 몇 m 몇 cm인지 구하시오.

(   )

[1] 다른 한 도막의 길이를 구합니다.
[2] 자른 두 도막의 길이의 차를 구합니다.

상자에 붙이는 테이프의 길이 구하기

03 그림과 같이 [1]상자의 모든 면에 종이테이프를 딱 맞게 붙이려고 합니다. / [2]필요한 종이테이프의 길이는 모두 몇 m 몇 cm인지 구하시오. (단, 종이테이프의 두께는 생각하지 않습니다.)

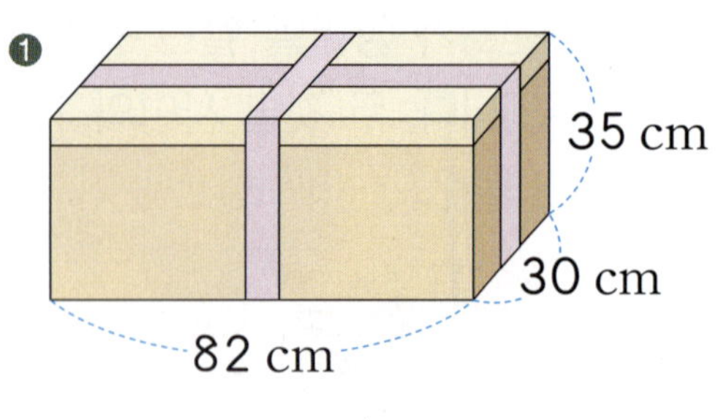

(   )

[1] 상자에 붙이는 데 필요한 종이테이프는 82 cm, 30 cm, 35 cm가 각각 몇 번인지 알아봅니다.
[2] 필요한 종이테이프의 길이는 모두 몇 m 몇 cm인지 구합니다.

사용하기 전 길이 구하기

04 원영이가 가지고 있던 테이프 중에서 **❶**2 m 45 cm 를 썼더니 320 cm가 남았습니다. / **❷**처음에 원영이가 가지고 있던 테이프의 길이는 몇 m 몇 cm인지 구하시오.

(   )

❶ 처음에 가지고 있던 테이프의 길이를 □라 하여 뺄셈식으로 나타냅니다.
❷ 처음에 원영이가 가지고 있던 테이프의 길이를 구합니다.

겹쳐진 부분의 길이 구하기

05 **❶**각각의 길이가 3 m 24 cm인 리본 4개를 똑같은 길이만큼 2개씩 겹쳐서 길게 이어 붙였습니다. / **❷**이어 붙인 리본의 전체 길이가 12 m 69 cm라면 / **❸**리본을 몇 cm씩 겹쳐서 이어 붙인 것입니까?

(   )

❶ 리본 4개의 길이의 합을 구합니다.
❷ 겹쳐진 부분의 길이의 합을 구합니다.
❸ 리본을 몇 cm씩 겹쳐서 이어 붙인 것인지 구합니다.

가장 긴(짧은) 길이 만들기 활용

06 수 카드 6장을 한 번씩만 사용하여 **❶**가장 긴 길이와 / **❷**가장 짧은 길이를 만들고 / **❸**그 차를 구하시오.

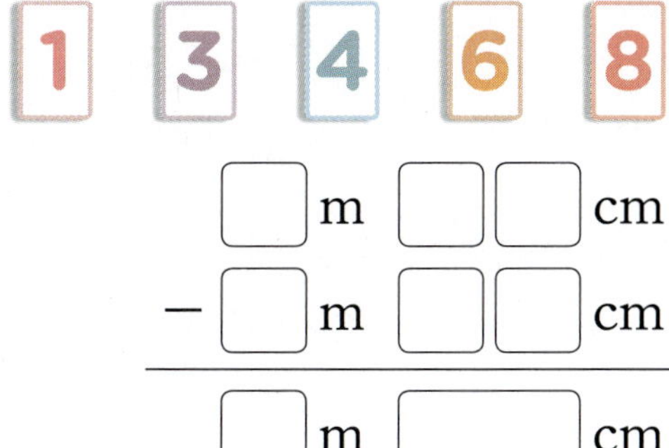

❶ 수 카드 중 3장을 이용하여 가장 긴 길이를 만듭니다.
❷ 수 카드 중 3장을 이용하여 가장 짧은 길이를 만듭니다.
❸ ❶, ❷에서 만든 길이의 차를 구합니다.

07 독도와 관련된 다음 글을 읽고 서도의 높이는 몇 m 몇 cm인지 구하시오.

> 독도는 동도와 서도 및 그 주변에 흩어져 있는 바위섬 89개로 이루어져 있습니다. 동도의 높이는 98 m 60 cm이고 서도는 동도보다 6990 cm 더 높습니다.

(   )

08 ☐ 안에 알맞은 수를 써넣으시오.

$$248\,\text{cm} + \boxed{}\,\text{m}\,\boxed{}\,\text{cm} = 6\,\text{m}\,75\,\text{cm}$$

길이의 합과 차 활용

09 빨간색 리본의 길이는 556 cm이고, 연두색 리본의 길이는 빨간색 리본의 길이보다 2 m 19 cm 더 짧습니다. 두 리본의 길이의 합은 몇 m 몇 cm입니까?

(   )

두 도막으로 자른 길이의 차 구하기

10 길이가 5 m인 막대를 두 도막으로 잘랐더니 한 도막의 길이가 1 m 30 cm였습니다. 자른 두 도막의 길이의 차는 몇 m 몇 cm인지 구하시오.

(   )

상자에 붙이는 테이프의 길이 구하기

11 다음 그림과 같이 상자의 모든 면에 종이테이프를 딱 맞게 붙이려고 합니다. 필요한 종이테이프의 길이는 모두 몇 m 몇 cm인지 구하시오. (단, 종이테이프의 두께는 생각하지 않습니다.)

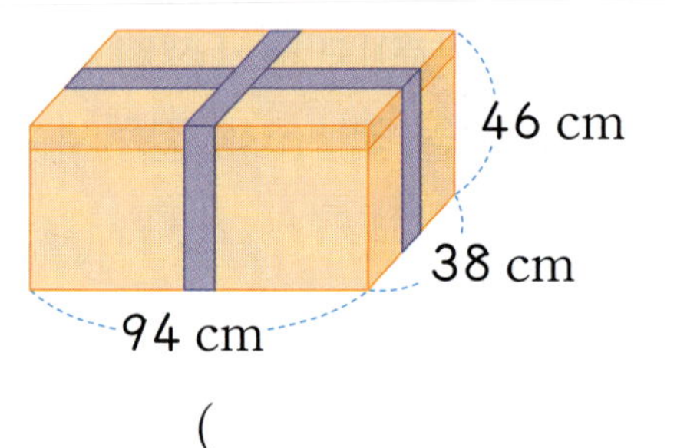

(   )

12 ㉮에서 ㉱까지 갈 때 ㉯와 ㉰ 중 어디를 거쳐서 가는 길이 더 가깝습니까?

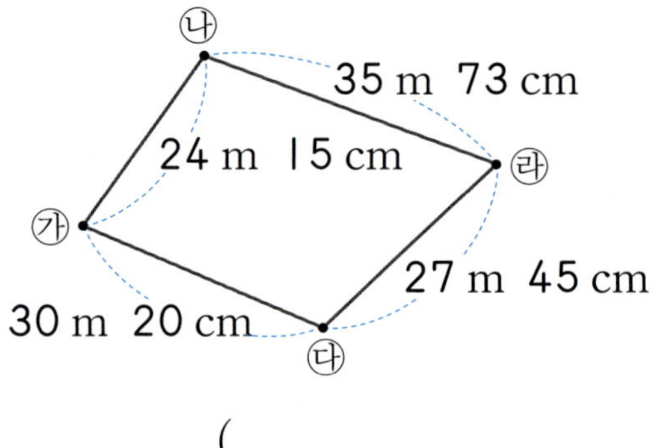

(   )

사용하기 전 길이 구하기

13 
연경이가 가지고 있던 테이프 중에서 308 cm를 썼더니 1 m 59 cm가 남았습니다. 처음에 연경이가 가지고 있던 테이프의 길이는 몇 m 몇 cm인지 구하시오.

(   )

겹쳐진 부분의 길이 구하기

14
각각의 길이가 2 m 13 cm인 리본 5개를 똑같은 길이만큼 2개씩 겹쳐서 길게 이어 붙였습니다. 이어 붙인 리본의 전체 길이가 10 m 33 cm라면 리본을 몇 cm씩 겹쳐서 이어 붙인 것입니까?

(   )

15
길이가 똑같은 색 테이프 3개가 있습니다. 겹쳐진 부분의 길이가 10 cm가 되도록 2개씩 겹쳐서 길게 이어 붙였습니다. 이어 붙인 색 테이프의 전체 길이가 3 m 10 cm라면 색 테이프 한 개의 길이는 몇 m 몇 cm입니까?

(   )

가장 긴(짧은) 길이 만들기 활용

16 
수 카드 6장을 한 번씩만 사용하여 가장 긴 길이와 가장 짧은 길이를 만들고 그 합을 구하시오.

☐ m ☐☐ cm
+ ☐ m ☐☐ cm
─────────────
☐ m ☐ cm

17 
승협이와 승준이 형제는 달리기 연습을 하였습니다. 승협이는 A에서 출발하여 나를 거쳐 가까지 뛰어 갔다가 같은 길로 A로 돌아왔고, 승준이는 A에서 출발하여 다를 거쳐 라까지 뛰어 갔다가 같은 길로 A로 돌아왔습니다. 누가 몇 m 몇 cm 더 많이 달렸습니까?

(   ), (   )

사고력 유형

추론

1 지태의 키를 잘못된 줄자로 재었더니 다음과 같이 235 cm 였습니다. 지태의 실제 키는 몇 m 몇 cm입니까?

동영상

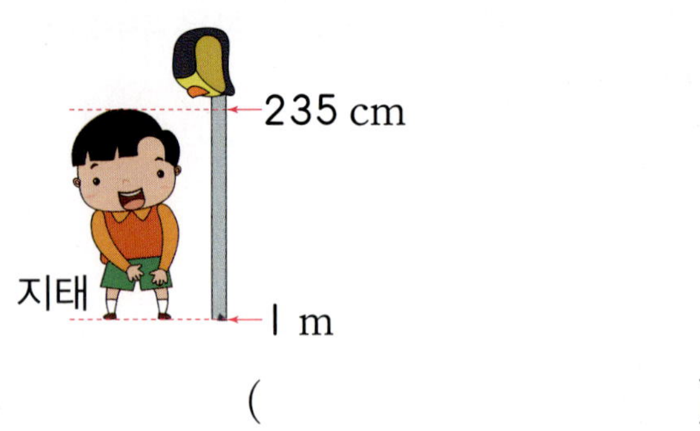

(   )

창의·융합

2 길이를 알고 있는 두 막대를 이용하여 다른 길이를 잴 수 있습니다. 물음에 답하시오.

동영상

1 길이가 각각 1 m, 4 m인 두 막대를 이용하여 한 번에 잴 수 <u>없는</u> 길이를 찾아 쓰시오.

2 m	3 m	4 m	5 m

(   )

2 길이가 각각 1 m, 5 m, 8 m인 세 막대를 이용하여 한 번에 잴 수 있는 길이는 모두 몇 가지입니까?

10 m	11 m	12 m	14 m

(   )

3 다음과 같이 두 막대의 길이의 합과 차를 알면 두 막대의 길이를 각각 구할 수 있습니다. 물음에 답하시오.

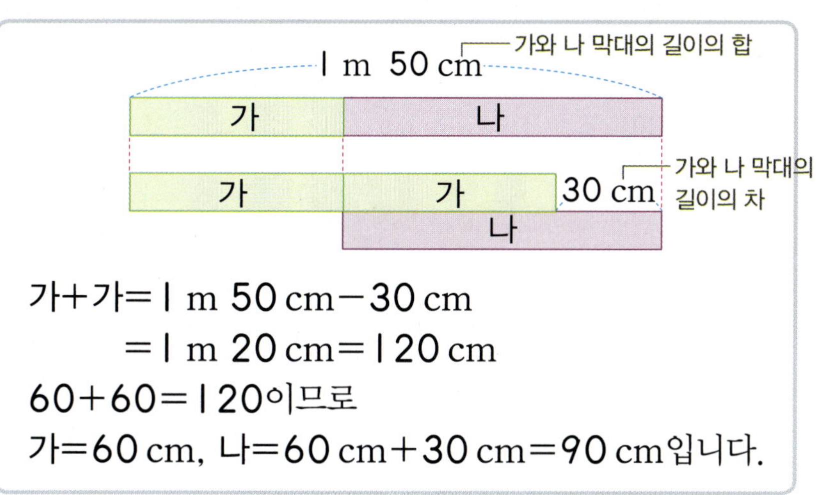

가＋가＝1 m 50 cm－30 cm
　　　　＝1 m 20 cm＝120 cm
60＋60＝120이므로
가＝60 cm, 나＝60 cm＋30 cm＝90 cm입니다.

1 그림을 보고 막대 가와 막대 나의 길이는 각각 몇 cm인지 구하시오.

가 (　　　　　　　　　)
나 (　　　　　　　　　)

2 막대 가와 막대 나의 길이의 합은 1 m 55 cm이고 막대 나의 길이는 막대 가의 길이보다 15 cm 더 깁니다. 막대 가와 막대 나의 길이는 각각 몇 cm인지 구하시오.

가 (　　　　　　　　　)
나 (　　　　　　　　　)

1

| HME 17번 문제 수준 |

삼각형의 세 변의 길이의 합은 몇 cm입니까?

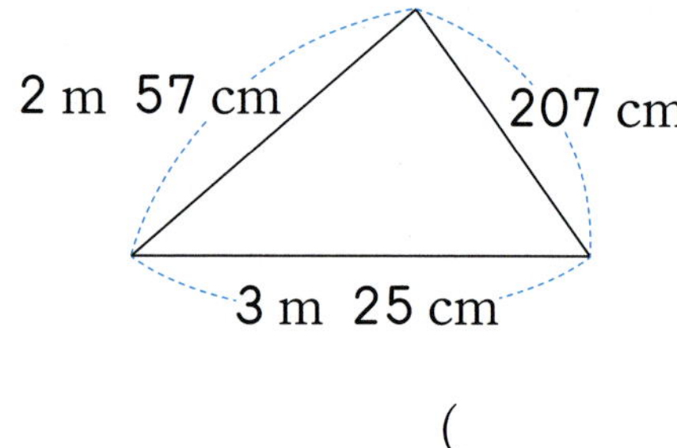

(　　　　　　　　　)

m는 m끼리, cm는 cm끼리 더합니다.

2

| HME 20번 문제 수준 |

어떤 고무줄을 가장 많이 늘이면 처음 길이의 반만큼 더 늘어 납니다. 이 고무줄을 가장 많이 늘였을 때의 전체 길이가 9 m라고 할 때, 고무줄의 처음 길이를 cm로 나타내시오.

(　　　　　　　　　)

3

| HME 21번 문제 수준 |

그림과 같이 길이가 1 m 25 cm인 색 테이프 3개를 14 cm 씩 겹쳐지게 이어 붙였습니다. 이어 붙인 색 테이프의 전체 길이는 몇 m 몇 cm입니까?

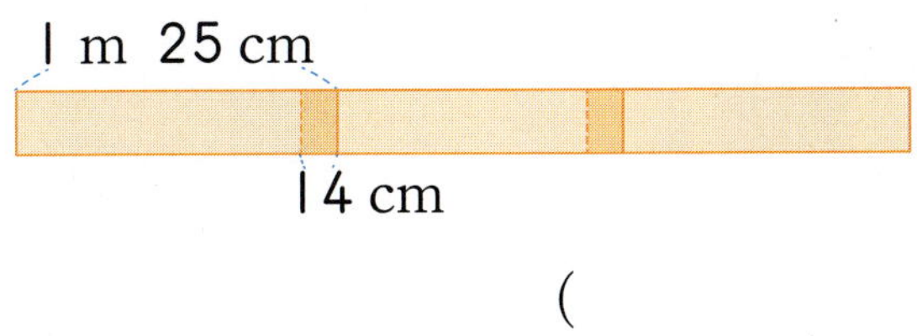

(　　　　　　　　　)

4

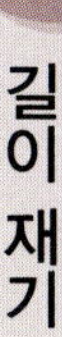

| HME 22번 문제 수준 |

막대 가, 나, 다, 라가 다음과 같이 있습니다. 다 막대는 가 막대보다 24 cm 더 깁니다. 또한 ㉡은 ㉠보다 8 cm 더 짧고, ㉢은 ㉡보다 5 cm 더 짧습니다. 막대 4개의 길이의 합이 4 m 87 cm일 때, 나 막대의 길이는 몇 m 몇 cm입니까?

◇ 가 막대를 기준으로 나머지 막대는 가 막대보다 몇 cm 더 긴지 알아봅니다.

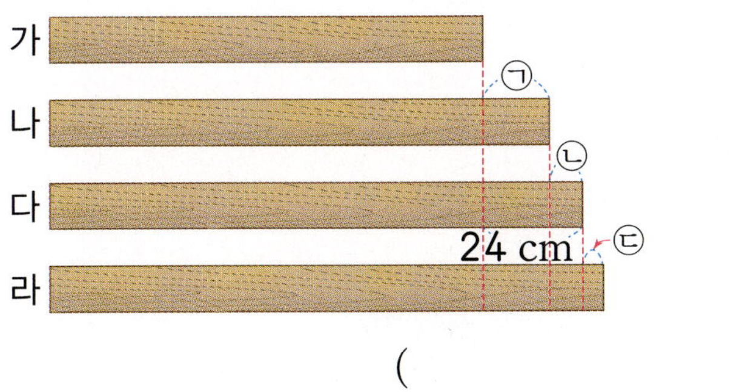

(　　　　　　　　　)

4

시각과 시간

기본

핵심 개념
기초 문제
기본 유형

연습

잘 틀리는 유형
서술형 유형
유형(단원) 평가

완성

잘 틀리는 실력 유형
다르지만 같은 유형
응용 유형

도전

사고력 유형
최상위 유형

학습 계획표

계획표대로 공부했으면 ○표, 못했으면 △표 하세요.

내용	쪽수	날짜	확인
❶단계 핵심 개념+기초 문제	90~91쪽	월 일	
❷단계 기본 유형	92~95쪽	월 일	
❷단계 잘 틀리는 유형+서술형 유형	96~97쪽	월 일	
❸단계 유형(단원) 평가	98~101쪽	월 일	
잘 틀리는 실력 유형	102~103쪽	월 일	
다르지만 같은 유형	104~105쪽	월 일	
응용 유형	106~109쪽	월 일	
사고력 유형	110~111쪽	월 일	
최상위 유형	112~113쪽	월 일	

1단계 핵심 개념

개념에 대한 **자세한 동영상 강의**를 시청하세요.

개념 ① 시각 읽기

긴바늘이 가리키는 수	1	2	3	4	5	6
분	5	10	15	20	25	30
긴바늘이 가리키는 수	7	8	9	10	11	12
분	35	40	45	50	55	0

2시 50분
=3시 10분 전

핵심 시각 읽기

짧은바늘: 2와 3 사이 ➡ 2시
긴바늘: 10 ➡ ❶ [   ]분
2시 ❷ [   ]분

[전에 배운 내용]

• 몇 시, 몇 시 30분 알아보기

1시

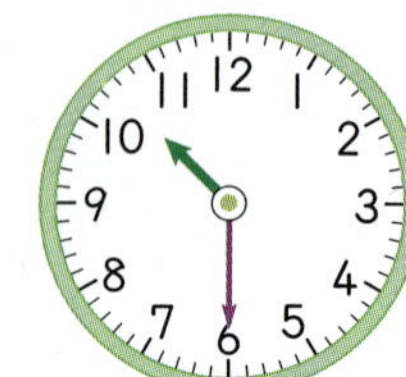

10시 30분

[앞으로 배울 내용]

• 1초 알아보기

초바늘이 작은 눈금 한 칸을 가는 동안 걸리는 시간을 1초라고 합니다.
➡ 4시 50분 15초

개념 ② 1시간, 하루의 시간, 달력

• **1시간** ➡ 60분=1시간
시계의 긴바늘이 한 바퀴 도는 데 걸리는 시간

• **하루의 시간** ➡ 1일=24시간
오전: 전날 밤 12시부터 낮 12시까지
오후: 낮 12시부터 밤 12시까지

• **달력** ➡ 1주일= 7일, 1년=12개월

핵심 1시간, 1일, 1주일, 1년

1시간= ❸ [   ]분, 1일= ❹ [   ]시간,
1주일= ❺ [   ]일, 1년= ❻ [   ]개월

[전에 배운 내용]

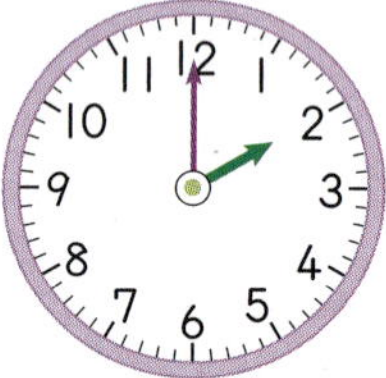 ⇨ 

긴바늘이 한 바퀴 움직일 때 짧은바늘이 2에서 3으로 1칸을 움직입니다.

[앞으로 배울 내용]

• 분과 초 사이의 관계

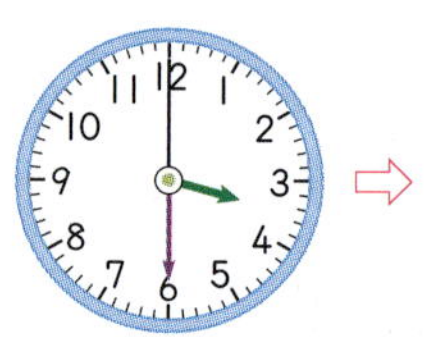 ⇨  ⇨ 

초바늘이 시계를 한 바퀴 도는 데 걸리는 시간은 60초입니다. ➡ 1분=60초

정답 ❶ 50 ❷ 50 ❸ 60 ❹ 24 ❺ 7 ❻ 12

기초 문제

QR 코드를 찍어 보세요.
새로운 문제를 계속 풀 수 있어요.

체크

1-1 몇 시 몇 분인지 쓰시오.

(1) 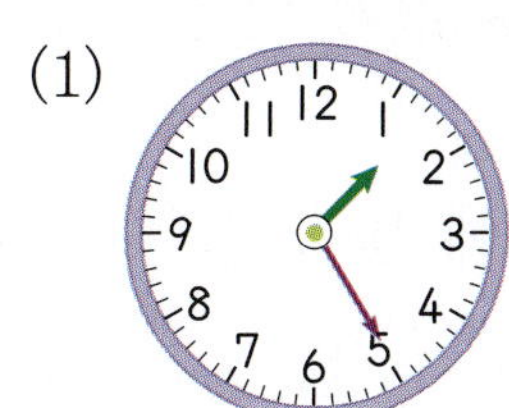 　시 　분

(2) 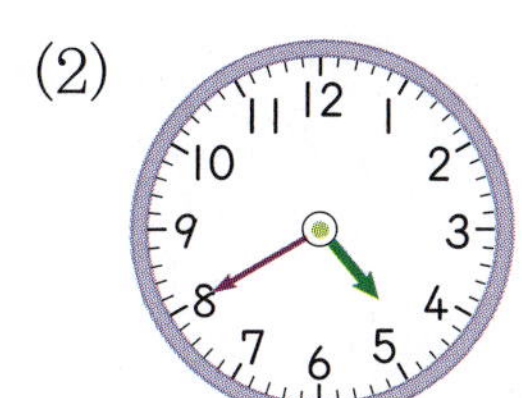 　시 　분

(3) 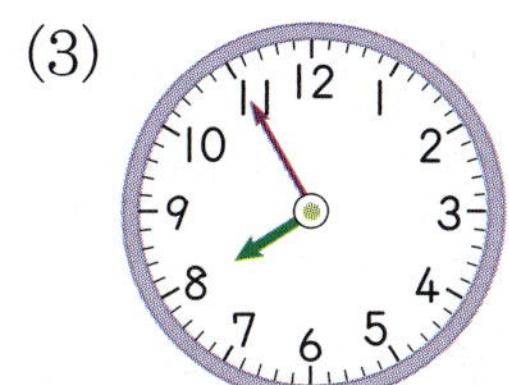 　시 　분

1-2 시각에 맞게 긴바늘을 그려 넣으시오.

(1) 2시 20분 

(2) 5시 35분 

(3) 9시 50분 

체크

2-1 ☐ 안에 알맞은 수를 써넣으시오.

(1) 1시간 10분＝ 　분

(2) 1시간 40분＝ 　분

(3) 2시간 20분＝ 　분

(4) 90분＝ 　시간 　분

(5) 160분＝ 　시간 　분

2-2 ☐ 안에 알맞은 수를 써넣으시오.

(1) 1일 2시간＝ 　시간

(2) 30시간＝ 　일 　시간

(3) 2주일＝ 　일

(4) 1년 5개월＝ 　개월

(5) 20개월＝ 　년 　개월

2단계 기본 유형

유형 01 몇 시 몇 분 읽기(1)

01 시계를 보고 몇 시 몇 분인지 쓰시오.

(1) 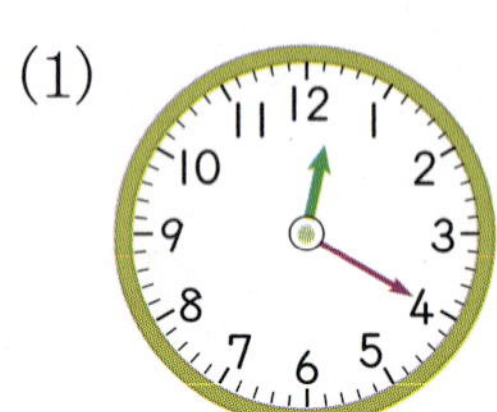 ☐ 시 ☐ 분

(2)  `9:55` ☐ 시 ☐ 분

02 유정이가 학교에 도착한 시각입니다. 유정이가 학교에 도착한 시각은 몇 시 몇 분입니까?

( )

03 다음에서 설명하는 시각은 몇 시 몇 분입니까?

- 짧은바늘이 1과 2 사이를 가리키고 있습니다.
- 긴바늘이 8을 가리키고 있습니다.

( )

유형 02 몇 시 몇 분 읽기(2)

04 시계를 보고 빈칸에 몇 분을 나타내는지 써넣으시오.

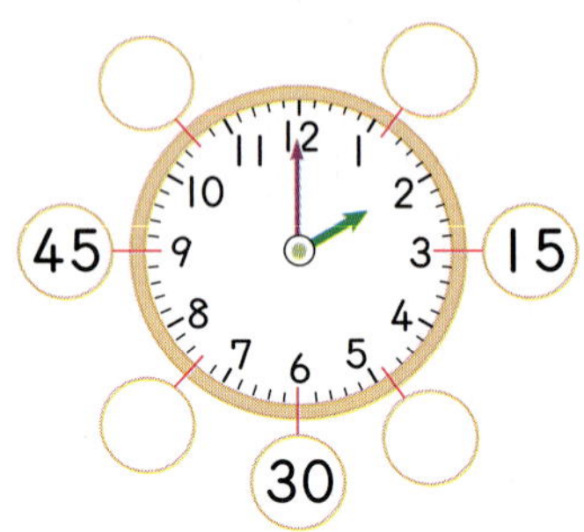

05 같은 시각을 나타낸 것끼리 이어 보시오.

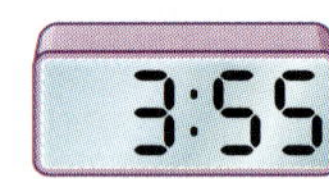 `3:55`  `7:42`

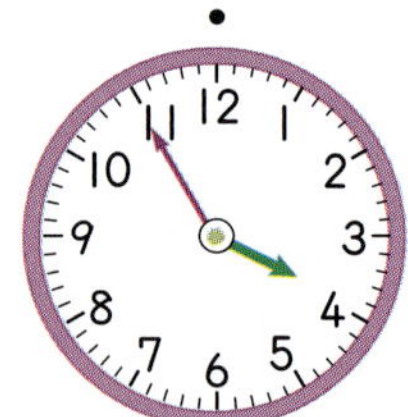 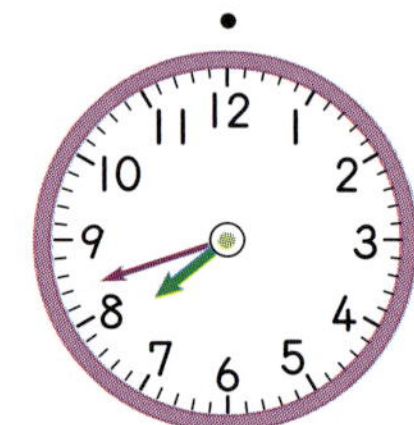

06 10시 29분을 시계에 나타내려고 합니다. ☐ 안에 알맞은 수를 써넣으시오.

짧은바늘이 ☐ 와/과 ☐ 사이를 가리키고, 긴바늘이 6에서 작은 눈금 ☐ 칸 덜 간 곳을 가리키게 그립니다.

→ 핵심 내용 ■시가 되기 ▲분 전의 시각
⇨ ■시 ▲분 전

유형 03 여러 가지 방법으로 시각 읽기

07 시각을 읽어 보시오.

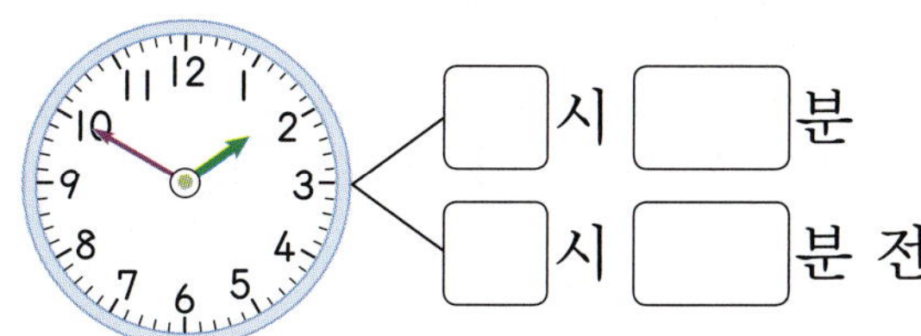

☐시 ☐분
☐시 ☐분 전

08 ☐ 안에 알맞은 수를 써넣으시오.

(1) 2시 55분은 ☐시 ☐분 전입니다.

(2) 7시 50분은 ☐시 ☐분 전입니다.

09 시계에 시각을 나타내시오.

│2시 5분 전

→ 핵심 내용 │시간=60분

유형 04 │시간 알아보기

10 피아노를 치는 데 걸린 시간을 시간 띠에 색칠하고 구하시오.

시작한 시각   끝난 시각

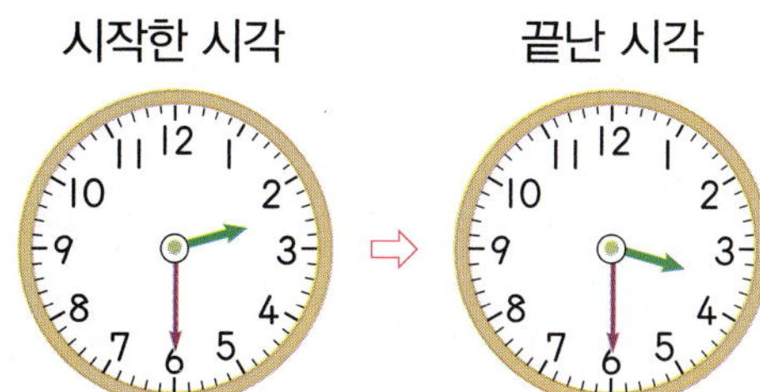

2시 │0분 20분 30분 40분 50분 3시 │0분 20분 30분 40분 50분 4시

피아노를 치는 데 걸린 시간은

☐시간=☐분입니다.

11 피자 만들기를 60분 동안 했습니다. 피자 만들기를 시작한 시각을 보고 끝난 시각을 나타내시오.

시작한 시각   끝난 시각

12 하나는 │시간 동안 딸기 따기 체험을 하기로 했습니다. 시계를 보고 몇 분을 더 해야 하는지 구하시오.

시작한 시각   지금 시각

(   )

2단계 기본 유형

유형 05 걸린 시간 알아보기

13 숙제를 하는 데 걸린 시간을 시간 띠에 색칠하고 구하시오.

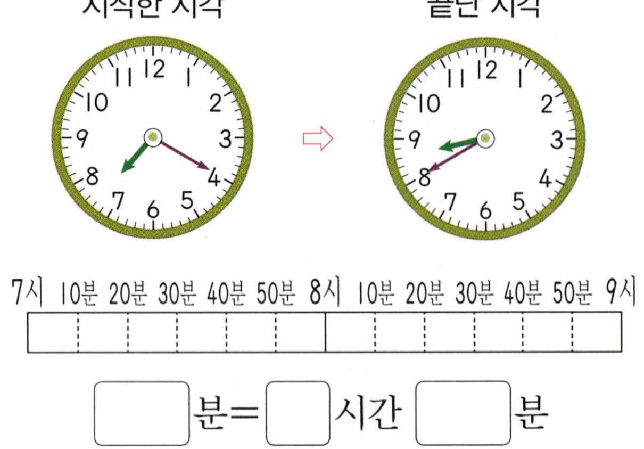

$$\boxed{}\ 분 = \boxed{}\ 시간\ \boxed{}\ 분$$

14 체험 학습 시간표를 보고 1시간이 넘는 활동을 모두 고르시오. ·······(   )

시간	활동
10:00~10:40	자기 소개하기
10:40~12:00	족욕 체험
12:00~1:30	친환경 요리 체험
1:30~2:10	동물 먹이 주기
2:10~3:00	손편지 쓰기

① 자기 소개하기

② 족욕 체험

③ 친환경 요리 체험

④ 동물 먹이 주기

⑤ 손편지 쓰기

유형 06 하루의 시간 알아보기

15 보기 에서 알맞은 말을 골라 (   ) 안에 알맞게 써넣으시오.

보기
오전   오후

(1) 아침 8시   (   )

(2) 저녁 9시   (   )

(3) 낮 2시   (   )

(4) 새벽 1시   (   )

16 시계를 보고 공부한 시간은 몇 시간인지 시간 띠에 색칠하고 구하시오.

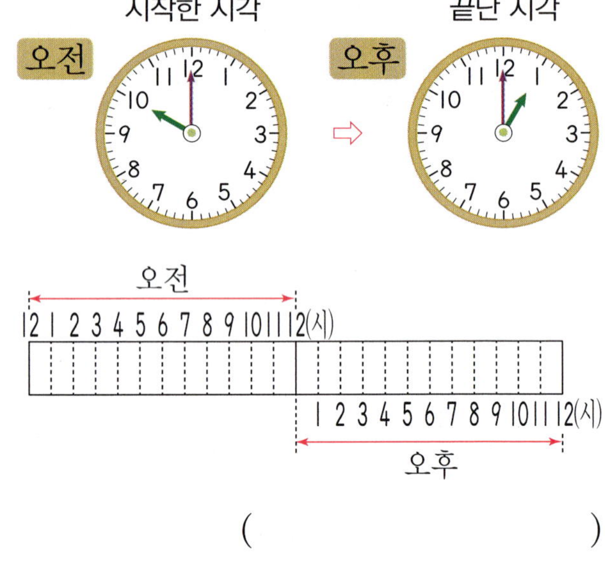

(   )

17 다음 중 틀린 것은 어느 것입니까?
·····································(   )

① 1일 4시간=28시간

② 1일 10시간=34시간

③ 2일 2시간=50시간

④ 30시간=1일 3시간

⑤ 35시간=1일 11시간

핵심 내용 ▶ 1주일=7일

유형 07 달력 알아보기

[18~21] 어느 해 4월 달력을 보고 물음에 답하시오.

		4월				
일	월	화	수	목	금	토
		1	2	3	4	5
6	7	8	9	10	11	12
13	14	15	16	17	18	19
20	21	22	23	24	25	26
27	28	29	30			

18 월요일은 몇 번 있습니까?

( )

19 4월 5일 식목일은 무슨 요일입니까?

( )

20 현욱이의 생일은 4월 셋째 화요일입니다. 현욱이의 생일은 몇 월 며칠입니까?

( )

21 4월 19일부터 2주일 후는 몇 월 며칠이고 무슨 요일입니까?

( ), ( )

핵심 내용 ▶ 1년=12개월

유형 08 1년 알아보기

22 표를 보고 물음에 답하시오.

월	1	2	3	4	5	6
날수(일)	31	28 (29)	31			30
월	7	8	9	10	11	12
날수(일)	31		30	31		

(1) 표를 완성해 보시오.

(2) 날수가 30일인 월을 모두 쓰시오.

( )

23 ☐ 안에 알맞은 수를 써넣으시오.

(1) 2년 3개월 = ☐ 개월

(2) 33개월 = ☐ 년 ☐ 개월

24 은서는 3년 2개월 동안 태권도 학원을 다녔습니다. 은서가 태권도 학원을 다닌 기간은 몇 개월입니까?

( )

4

시각과 시간

잘 틀리는 유형 09 □분 후의 시각 구하기

25 오른쪽 시계가 나타내는 시각에서 30분이 지난 시각은 몇 시 몇 분입니까?

(　　　　　　　　)

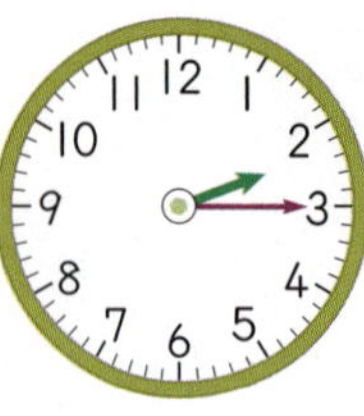

26 솔비네 학교는 오전 9시 10분에 1교시 수업을 시작하여 40분 동안 수업을 하고 10분 동안 쉽니다. 2교시 수업이 시작하는 시각은 몇 시입니까?

(　　　　　　　　)

함정 유형

27 핸드볼 경기는 전반전, 휴식, 후반전 순서로 진행됩니다. 핸드볼 경기 전반전이 2시 25분에 시작되었습니다. 후반전이 시작되는 시각은 몇 시 몇 분입니까?

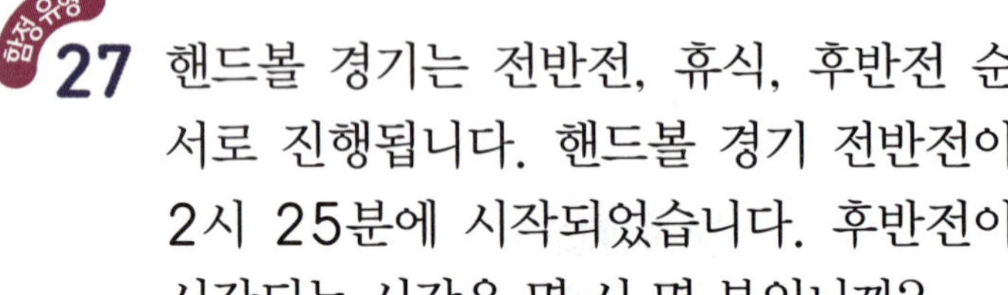

전반전 경기 시간	30분
휴식 시간	10분
후반전 경기 시간	30분

(　　　　　　　　)

KEY 전반전이 끝나는 시각, 휴식 시간이 끝나는 시각을 차례로 알아봅니다.

잘 틀리는 유형 10 같은 요일이 몇 번 있는지 구하기

28 어느 해 12월 달력입니다. 12월의 금요일인 날짜를 모두 쓰시오.

12월

일	월	화	수	목	금	토
		1	2	3	4	5
6	7	8	9	10	11	12
13	14	15	16	17	18	19
20	21	22	23	24	25	26
27	28	29	30	31		

(　　　　　　　　)

29 어느 해 6월 달력의 일부분입니다. 6월에 수요일이 몇 번 있습니까?

6월

일	월	화	수	목	금	토
			1	2	3	4

(　　　　　　　　)

함정 유형

30 어느 해 7월 달력의 일부분입니다. 현욱이는 매주 금요일에 수영장에 갑니다. 현욱이가 7월 한 달 동안 수영장에 가는 날은 모두 며칠입니까?

7월

일	월	화	수	목	금	토
1	2	3	4	5	6	7

(　　　　　　　　)

KEY 같은 요일은 7일마다 반복된다는 것을 이용하여 금요일인 날짜를 모두 알아봅니다.

4

시각과 시간

1-1

은진이는 오른쪽 시각을 3시 10분이라고 잘못 읽었습니다. 은진이가 시각을 잘못 읽은 이유를 완성하고 시각을 바르게 읽어 보시오.

이유 시계의 짧은바늘이 2와 3 사이를 가리키고 있으므로 3시가 아니라 ☐시로 읽어야 합니다.
긴바늘이 가리키는 10을 10분이 아니라 ☐분으로 읽어야 합니다.

답 ☐시 ☐분

2-1

민희는 오후 3시 50분에 집에서 출발하여 오후 5시 20분에 공원에 도착했습니다. 민희가 공원에 가는 데 걸린 시간은 몇 시간 몇 분인지 풀이 과정을 완성하고 답을 구하시오.

풀이 3시 50분에서 ☐시간 후는 4시 50분이고, ☐분 후는 5시이고, ☐분 후는 5시 20분입니다.
따라서 민희가 공원에 가는 데 걸린 시간은 ☐시간 ☐분입니다.

답 ☐시간 ☐분

1-2

경배는 시각을 8시 11분이라고 잘못 읽었습니다. 경배가 시각을 잘못 읽은 이유를 쓰고 시각을 바르게 읽어 보시오.

이유

답 ____________________

2-2

재영이는 오전 9시 30분에 산 입구에서 출발하여 오전 11시 20분에 산 정상에 도착했습니다. 재영이가 산 정상에 가는 데 걸린 시간은 몇 시간 몇 분인지 풀이 과정을 쓰고 답을 구하시오.

풀이

답 ____________________

3단계 유형 평가 (단원)

점수

01 시계를 보고 몇 시 몇 분인지 쓰시오.

(1) 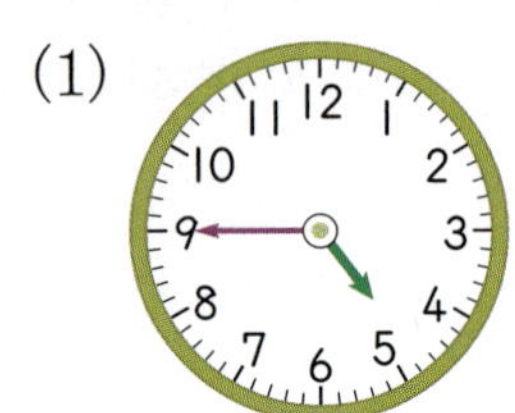
☐ 시 ☐ 분

(2) **3:20**
☐ 시 ☐ 분

02 다음에서 설명하는 시각은 몇 시 몇 분입니까?

- 짧은바늘이 11과 12 사이를 가리키고 있습니다.
- 긴바늘이 3을 가리키고 있습니다.

( )

03 같은 시각을 나타낸 것끼리 이어 보시오.

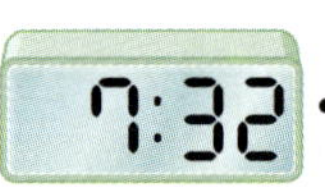
7:32 ·

8:27 ·

04 2시 47분을 시계에 나타내려고 합니다. ☐ 안에 알맞은 수를 써넣으시오.

짧은바늘이 ☐와/과 ☐ 사이를 가리키고, 긴바늘이 9에서 작은 눈금 ☐칸 더 간 곳을 가리키게 그립니다.

05 ☐ 안에 알맞은 수를 써넣으시오.

(1) 3시 50분은 ☐시 ☐분 전입니다.

(2) 9시 5분 전은 ☐시 ☐분입니다.

06 시계에 시각을 나타내시오.

1시 10분 전

07 독서를 60분 동안 했습니다. 독서를 시작한 시각을 보고 끝난 시각을 나타내시오.

시작한 시각　　　　끝난 시각

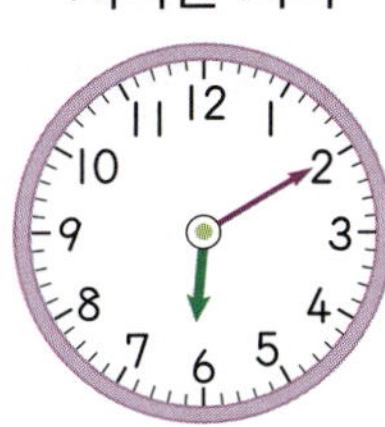 

08 유미는 1시간 동안 대청소를 하기로 했습니다. 시계를 보고 몇 분을 더 해야 하는지 구하시오.

시작한 시각　　　　지금 시각

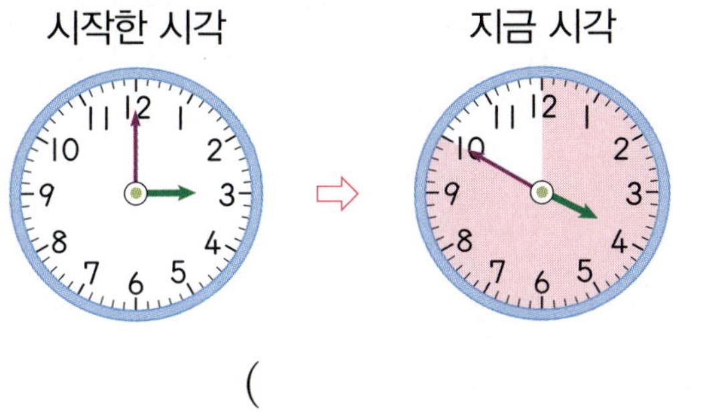

(　　　　　　　)

09 다음은 수정이네 가족의 경주 여행 일정표입니다. 일정표를 보고 1시간이 넘지 <u>않는</u> 일정을 찾아 기호를 쓰시오.

시간	할 일
9:30~11:30	경주로 이동
11:30~12:00	첨성대 구경하기
12:00~1:30	점심 식사
1:30~3:00	불국사 구경하기

㉠ 경주로 이동	㉡ 첨성대 구경하기
㉢ 점심 식사	㉣ 불국사 구경하기

(　　　　　　　)

10 시계를 보고 학교에 있었던 시간은 몇 시간인지 시간 띠에 색칠하고 구하시오.

등교한 시각　　　　하교한 시각

오전　　　　　　　　오후

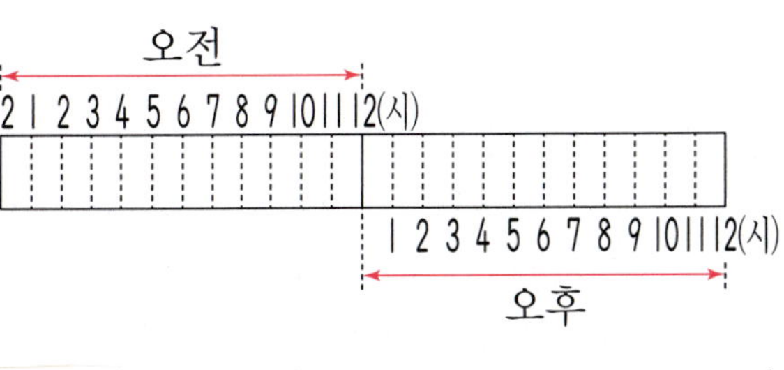

(　　　　　　　)

시각과 시간

4

3단계 유형 단원 평가

11 다음 중 틀린 것은 어느 것입니까?
·······················(   )

① 1일 5시간＝25시간
② 1일 15시간＝39시간
③ 2일 8시간＝56시간
④ 40시간＝1일 16시간
⑤ 50시간＝2일 2시간

[12~13] 어느 해 10월 달력을 보고 물음에 답하시오.

			10월			
일	월	화	수	목	금	토
	1	2	3	4	5	6
7	8	9	10	11	12	13
14	15	16	17	18	19	20
21	22	23	24	25	26	27
28	29	30	31			

12 화요일은 몇 번 있습니까?
(   )

13 다솔이의 생일은 10월 넷째 수요일입니다. 다솔이의 생일은 몇 월 며칠입니까?
(   )

14 준희는 2년 10개월 동안 바둑 학원을 다녔습니다. 준희가 바둑 학원을 다닌 기간은 몇 개월입니까?
(   )

15 서준이네 학교는 오전 9시 20분에 1교시 수업을 시작하여 40분 동안 수업을 하고 10분 동안 쉽니다. 2교시 수업이 시작하는 시각은 몇 시 몇 분입니까?
(   )

16 어느 해 5월 달력의 일부분입니다. 5월에 일요일이 몇 번 있습니까?

			5월			
일	월	화	수	목	금	토
		1	2	3	4	5

(   )

17 축구 경기는 전반전, 휴식, 후반전 순서로 진행됩니다. 축구 경기 전반전이 4시 30분에 시작되었습니다. 후반전이 시작되는 시각은 몇 시 몇 분입니까?

전반전 경기 시간	45분
휴식 시간	15분
후반전 경기 시간	45분

(   )

18 어느 해 11월 달력의 일부분입니다. 민재는 매주 수요일에 도서관에 갑니다. 민재가 11월 한 달 동안 도서관에 가는 날은 모두 며칠입니까?

			11월			
일	월	화	수	목	금	토
		1	2	3	4	5

(   )

서술형
19 준서는 시각을 7시 5분이라고 잘못 읽었습니다. 준서가 시각을 잘못 읽은 이유를 쓰고 시각을 바르게 읽어 보시오.

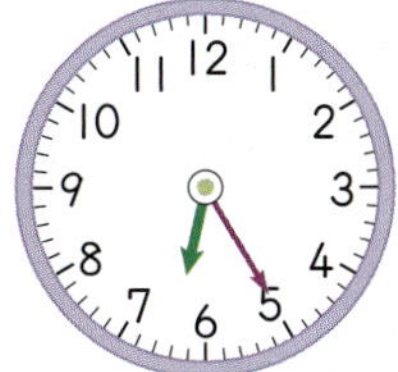

이유

답

서술형
20 혜인이는 오전 8시 40분에 집에서 출발하여 오전 10시 20분에 할아버지 댁에 도착했습니다. 혜인이가 할아버지 댁에 가는 데 걸린 시간은 몇 시간 몇 분인지 풀이 과정을 쓰고 답을 구하시오.

풀이

답

QR 코드를 찍어 **단원 평가** 를 풀어 보세요.

4

시각과 시간

잘 틀리는 실력 유형

유형 01 거울에 비친 시계의 시각 읽기

거울에 비친 시계가 나타내는 시각 구하기

① 시계의 짧은바늘은 [ ]와/과 [ ] 사이를 가리킵니다.

② 시계의 긴바늘은 [ ]을/를 가리킵니다.

③ 따라서 이 시계가 나타내는 시각은 [ ]시 [ ]분입니다.

01 오른쪽은 거울에 비친 시계입니다. 이 시계가 나타내는 시각은 몇 시 몇 분입니까?

( )

02 오른쪽은 거울에 비친 시계입니다. 이 시계가 나타내는 시각은 몇 시 몇 분입니까?

( )

유형 02 ■시간 ▲분 전의 시각 구하기

오른쪽 시계가 영화를 2시간 20분 동안 보고 끝난 시각일 때 영화가 시작한 시각 구하기

① 영화가 끝난 시각은 [ ]시 [ ]분입니다.

② 이 시각에서 2시간 전은 [ ]시 [ ]분이고, 20분 전은 [ ]시 [ ]분입니다.

③ 따라서 영화가 시작한 시각은 [ ]시 [ ]분입니다.

03 오른쪽 시계는 연극을 1시간 40분 동안 보고 끝난 시각입니다. 연극이 시작한 시각은 몇 시 몇 분입니까?

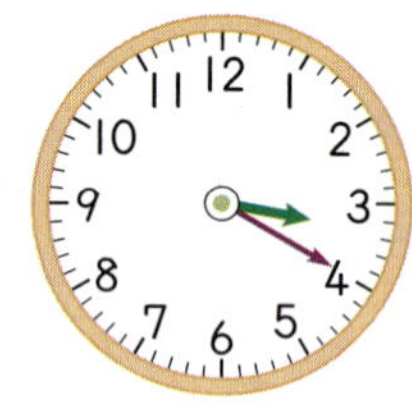

( )

04 오른쪽 시계는 수호가 2시간 30분 동안 야구 연습을 하고 끝난 시각입니다. 야구 연습을 시작한 시각은 몇 시 몇 분입니까?

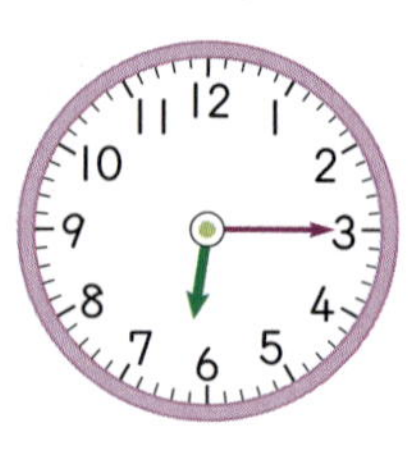

( )

QR 코드를 찍어 **동영상 특강**을 보세요.

유형 03 기간 구하기

> 6월 20일부터 7월 25일까지의 기간 구하기

① 6월은 [ ]일까지 있으므로 20일부터 [ ]일까지는 [ ]일입니다.

② 7월 1일부터 7월 25일까지는 [ ]일입니다.

③ 따라서 6월 20일부터 7월 25일까지는 [ ]일입니다.

05 민지네 학교에서는 9월 25일부터 10월 17일까지 미술 작품 전시회를 합니다. 전시회를 하는 기간은 며칠입니까?

(　　　　　　　　)

06 예원이네 학교 여름 방학은 7월 15일부터 8월 20일까지입니다. 여름 방학 기간은 며칠입니까?

(　　　　　　　　)

유형 04 새 교과서에 나온 활동 유형

07 수빈이가 읽은 시각이 맞으면 ➡, 틀리면 ⬇로 가서 만나는 과일의 이름을 쓰시오.

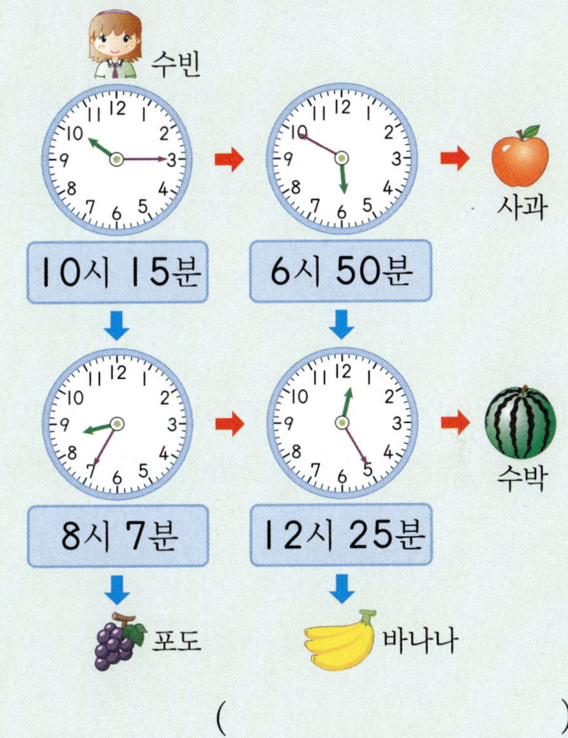

(　　　　　　　　)

08 재훈이는 한 가지 수업에 30분씩 4가지 수업을 받았습니다. 수업을 받는 데 걸린 시간을 구하고 수업이 끝난 시각을 나타내시오. (단, 수업 사이에 쉬는 시간은 없습니다.)

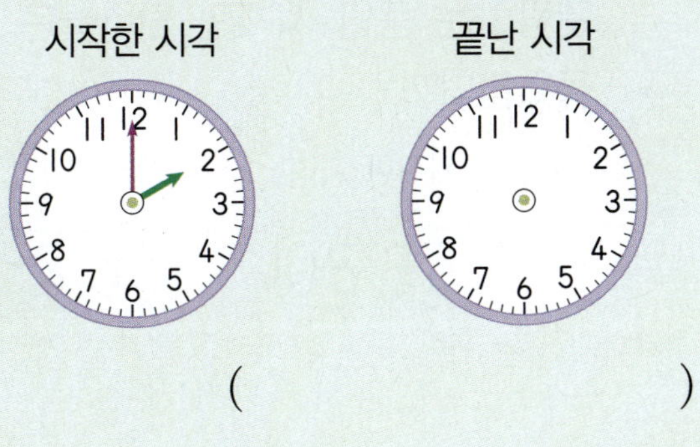

(　　　　　　　　)

다르지만 같은 유형

유형 01 긴바늘이 돌았을 때의 시각 구하기

01 시계의 짧은바늘이 1에서 3까지 가는 동안에 긴바늘은 몇 바퀴 돕니까?

(   )

02 영화가 시작한 시각은 4시 35분입니다. 시계의 긴바늘이 2바퀴 돌았을 때 영화가 끝났습니다. 영화가 끝난 시각은 몇 시 몇 분입니까?

(   )

03 다음은 효진이가 미술관 관람을 시작한 시각과 끝난 시각입니다. 효진이가 미술관을 관람하는 동안 시계의 긴바늘은 몇 바퀴 돌았습니까?

시작한 시각 ⇨ 끝난 시각

3:20 ⇨ 6:20

(   )

유형 02 다른 시각 찾기

04 나타내는 시각이 <u>다른</u> 하나에 ◯표 하시오.

7시 55분   8시 5분 전

(   ) (   ) (   )

05 나타내는 시각이 <u>다른</u> 하나를 찾아 기호를 쓰시오.

㉠ 11시 50분   ㉡ 11시 10분 전
㉢   ㉣ 11:50

(   )

06 <u>다른</u> 시각을 말하고 있는 사람은 누구입니까?

다은: 지금 시각은 3시에서 5분이 지난 시각이야.
주아: 맞아. 지금은 3시 5분 전이야.
수정: 그럼, 시계의 짧은바늘이 3과 4 사이를 가리키고 긴바늘이 1을 가리키겠네?

(   )

QR 코드를 찍어 **동영상 특강**을 보세요.

유형 03 **다음 날까지의 시간 구하기**

07 오늘 오전 9시부터 내일 오전 9시까지는 모두 몇 시간입니까?

( )

08 지한이는 어제 오전 10시에 영어 캠프에 가서 오늘 오후 1시에 집에 돌아왔습니다. 지한이가 영어 캠프에 다녀오는 데 걸린 시간을 구하시오.

( )

09 미현이네 가족이 경주 여행을 다녀오는 데 걸린 시간을 구하시오.

( )

유형 04 **달력을 보고 알아보기**

10 어느 해 8월 달력의 일부분입니다. 윤수는 매주 화요일과 목요일에 수영을 합니다. 8월에 수영을 하는 날은 모두 며칠입니까?

8월						
일	월	화	수	목	금	토
		1	2	3	4	5

( )

11 어느 해 3월 달력의 일부분입니다. 3월의 마지막 날은 무슨 요일입니까?

3월						
일	월	화	수	목	금	토
				1	2	3
4	5	6	7	8	9	10

( )

12 오늘은 11월 24일 월요일이고, 오늘부터 25일 후는 서아의 생일입니다. 서아의 생일은 무슨 요일입니까?

( )

하루의 시간 활용하기

01 유라의 ❶하루 활동 시간은 다음과 같고 / ❷나머지 시간은 잠을 잡니다. 유라는 하루에 몇 시간을 잡니까?

> • 학교: 6시간 • 식사: 2시간
> • 숙제: 2시간 • 자유 시간: 6시간

( )

❶ 하루 활동 시간의 합을 구합니다.
❷ 하루는 24시간임을 이용하여 잠자는 시간을 구합니다.

빠른 시각 찾기

02 오늘 아침에 소영, 준수, 유희가 일어난 시각입니다. ❷가장 일찍 일어난 사람은 누구인지 쓰시오.

( )

❶ 준수와 유희가 일어난 시각을 알아봅니다.
❷ 가장 일찍 일어난 사람을 찾습니다.

걸린 시간 비교하기

03 도일이와 주희가 어느 날 오후에 물놀이를 시작한 시각과 끝난 시각입니다. ❷누가 물놀이를 몇 분 더 오래 했습니까?

❶	시작한 시각	끝난 시각
도일	2:30	3:55
주희	2:15	3:50

( ), ( )

❶ 도일이와 주희가 물놀이를 한 시간을 각각 구합니다.
❷ 누가 물놀이를 몇 분 더 오래 했는지 구합니다.

4

시각과 시간

고장난 시계의 시각 구하기

04 ❶ㅣ시간에 ㅣ분씩 빨라지는 시계가 있습니다. 오늘 오전 8시에 이 시계의 시각을 정확하게 맞추었습니다. / ❷내일 오전 8시에 이 시계가 가리키는 시각을 구하시오.

(오전 , 오후) ☐ 시 ☐ 분

❶ 오늘 오전 8시부터 내일 오전 8시까지 빨라지는 시간을 구합니다.
❷ 내일 오전 8시에 시계가 가리키는 시각을 구합니다.

■일 전의 날짜와 요일 구하기

05 오늘은 9월 ㅣ0일 수요일입니다. ❶오늘부터 ㅣ5일 전은 몇 월 며칠이고 / ❷무슨 요일입니까?

(   ), (   )

❶ 8월은 며칠까지 있는지 확인하여 9월 ㅣ0일에서 ㅣ5일 전은 몇 월 며칠인지 알아봅니다.
❷ ㅣ5일 전은 며칠 전의 요일과 같은지 확인하여 ㅣ5일 전은 무슨 요일인지 알아봅니다.

■분 후의 시각 구하기 활용

06 영준이는 점심 시간이 시작될 때 어머니와 만나기로 하였습니다. 다음 글을 읽고 ❷영준이가 어머니와 만나기로 한 시각은 몇 시 몇 분인지 구하시오.

❶
- ㅣ교시 수업 시작 시각은 8시 40분입니다.
- 수업 시간은 40분씩입니다.
- 수업 시간 사이에는 쉬는 시간이 ㅣ0분씩 있습니다.
- 점심 시간은 4교시가 끝난 다음 바로 시작됩니다.

(   )

❶ ㅣ교시, 2교시, 3교시, 4교시 수업 시간을 차례대로 알아봅니다.
❷ 영준이가 어머니와 만나기로 한 시각을 구합니다.

07  시계에 시각을 나타내시오.

9시 8분 전

10 오늘 밤에 지헌, 시율, 규리가 잠자리에 든 시각입니다. 가장 일찍 잠자리에 든 사람은 누구인지 쓰시오.

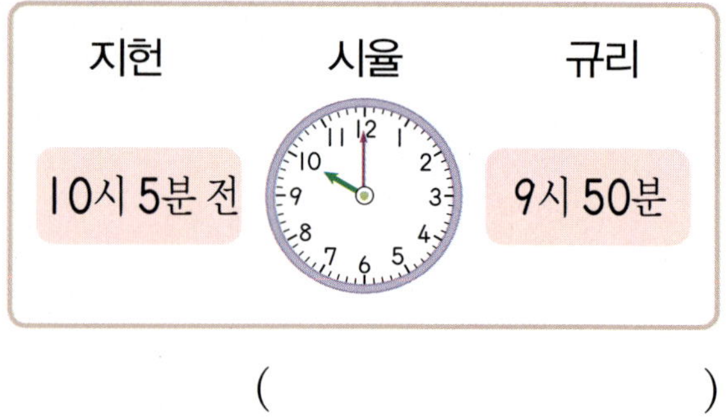

( )

08 소율이의 하루 활동 시간은 다음과 같고 나머지 시간은 잠을 잡니다. 소율이는 하루에 몇 시간을 잡니까?

- 학교: **6**시간
- 숙제: **1**시간
- 식사: **3**시간
- 자유 시간: **4**시간

( )

11 영미의 생일은 4월 8일이고, 영미 어머니의 생신은 5월 4일입니다. 어느 해 영미의 생일이 목요일이었다면 같은 해 영미 어머니의 생신은 무슨 요일입니까?

( )

09 어느 날 영국 런던과 대한민국 서울의 현재 시각을 나타낸 것입니다. 서울의 시각은 런던의 시각보다 몇 시간 빠릅니까?

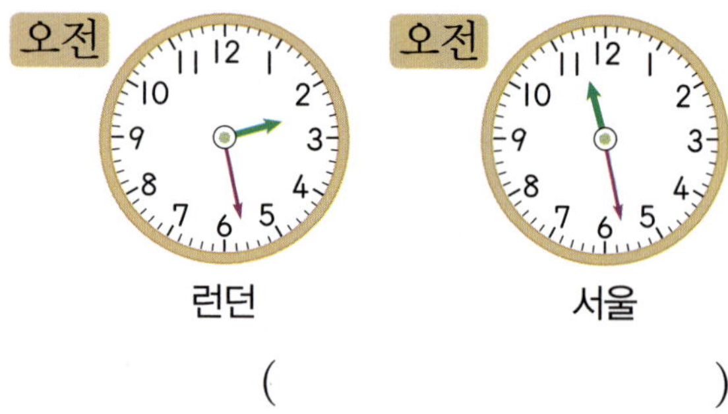

( )

12 승우와 정석이가 어느 날 오전에 운동을 시작한 시각과 끝난 시각입니다. 누가 운동을 몇 분 더 오래 했습니까?

	시작한 시각	끝난 시각
승우	9:25	11:00
정석	10:00	11:15

( ), ( )

13 어느 해 8월 달력의 일부분입니다. 같은 해 9월 5일은 무슨 요일입니까?

		8월				
일	월	화	수	목	금	토
						1
4	5	6	7			

( )

14 1시간에 1분씩 늦어지는 시계가 있습니다. 오늘 오전 9시에 이 시계의 시각을 정확하게 맞추었습니다. 오늘 오후 7시에 이 시계가 가리키는 시각을 구하시오.

(오전 , 오후) ☐ 시 ☐ 분

15 어느 날 낮의 길이가 밤의 길이보다 4시간 더 길다면 이날 밤의 길이는 몇 시간입니까?

( )

16 오늘은 10월 15일 목요일입니다. 오늘부터 25일 전은 몇 월 며칠이고 무슨 요일입니까?

( ), ( )

17 다음 글을 읽고 4교시가 끝나는 시각을 구하시오.

- 1교시 수업 시작 시각은 8시 50분입니다.
- 수업 시간은 40분씩입니다.
- 수업 시간 사이에는 쉬는 시간이 10분씩 있습니다.

( )

18 정우네 가족이 집에서 출발하여 동물원까지 가는 데 2시간 30분이 걸렸습니다. 동물원에 도착한 시각이 다음과 같을 때, 집에서 출발한 시각을 구하시오.

(오전 , 오후) ☐ 시 ☐ 분

사고력 **유형**

추론

1 수가 빠진 시계가 나타내는 시각을 쓰시오.

 ❶

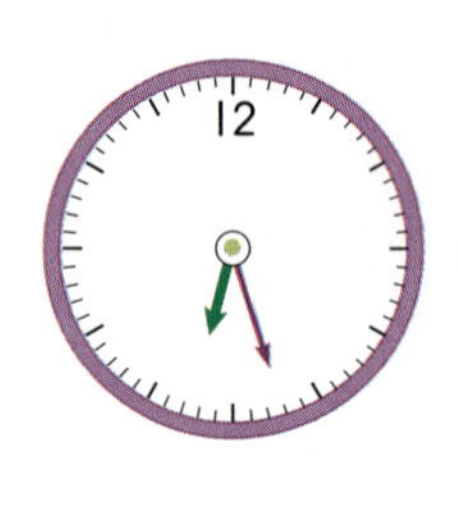 ❷

(   )   (   )

문제 해결

2 오후의 시각을 다음과 같이 나타낼 수 있습니다.

오후 1시	13시	오후 5시	17시	오후 9시	21시
오후 2시	14시	오후 6시	18시	오후 10시	22시
오후 3시	15시	오후 7시	19시	오후 11시	23시
오후 4시	16시	오후 8시	20시	밤 12시	24시

다음은 서울역을 출발하여 부산역까지 가는 기차가 각 역에 도착하는 시각을 나타낸 것입니다. 기차가 주어진 역에 도착하는 시각을 '오후'를 써서 나타내시오.

❶ 대전역   오후 (   )

❷ 부산역   오후 (   )

문제 해결

3 대한민국 서울의 시각이 오전 10시일 때 중국 베이징의 시각은 같은 날 오전 9시입니다. 물음에 답하시오.

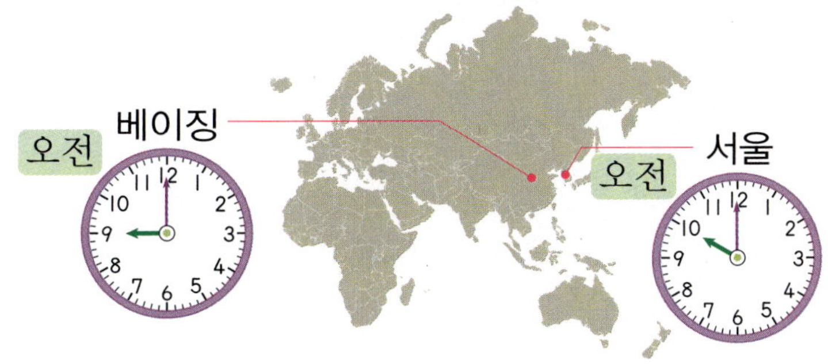

1 대한민국 서울의 시각이 다음과 같을 때 중국 베이징의 시각을 나타내시오.

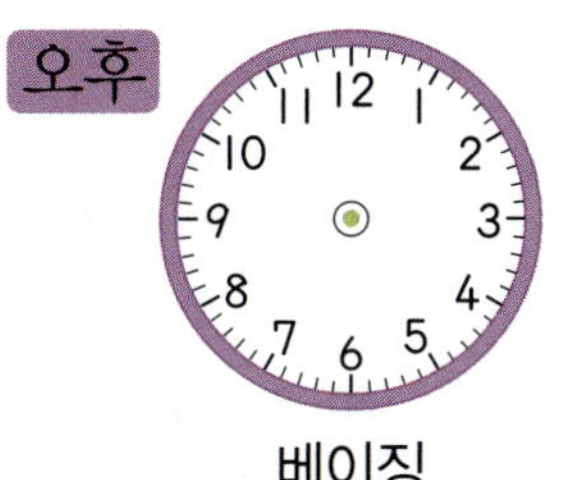

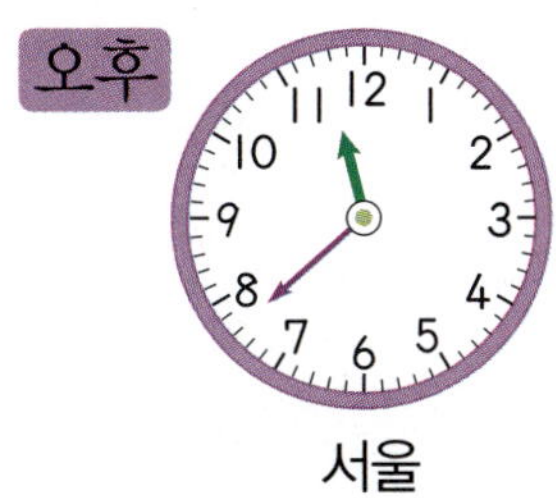

베이징   서울

2 중국 베이징의 시각이 다음과 같을 때 대한민국 서울의 시각을 나타내시오.

베이징   서울

도전! 최상위 유형

1 

| HME 18번 문제 수준 |

어느 해 3월의 첫째 목요일은 4일입니다. 같은 해 5월의 첫째 토요일은 며칠인지 구하시오.

(   )

2

| HME 20번 문제 수준 |

다음 \조건/에 따라 가 역과 다 역에서 기차가 출발합니다. 가 역과 다 역에서 출발한 기차가 나 역에서 두 번째로 만나는 시각을 구하시오. (단, 기차는 각각 일정한 빠르기로 달립니다.)

다 가 역과 다 역에서 출발한 기차가 각각 나 역에 도착한 시각을 알아봅니다.

\조건/

- 나 역은 가 역과 다 역 사이에 있습니다.
- 기차가 가 역에서 출발하여 나 역에 도착하는 데 30분이 걸리고, 오전 6시에 처음 출발하여 4분마다 출발합니다.
- 기차가 다 역에서 출발하여 나 역에 도착하는 데 20분이 걸리고, 오전 6시에 처음 출발하여 6분마다 출발합니다.

(오전 , 오후) ☐ 시 ☐ 분

3

| HME 20번 문제 수준 |

1시간에 ㉠분씩 느려지는 시계가 있습니다. 오늘 오전 10시에 이 시계의 시각을 정확하게 맞추었습니다. 6시간 후 이 시계가 가리키는 시각은 오후 3시 30분이었습니다. ㉠은 얼마인지 구하시오.

(　　　　　　　)

4

| HME 22번 문제 수준 |

전자시계에서 숫자는 다음과 같이 표시됩니다.

어떤 전자시계가 고장 나서 '시'는 ➖ 부분이 표시되지 않고, '분'은 ❙ 부분이 표시되지 않습니다. 예를 들어 전자시계에서 오후 4시 50분은 `4:50`과 같이 표시되어야 하는데 고장 난 전자시계는 `11:33`과 같이 표시됩니다. 오늘 오후 1시부터 오늘 오후 10시까지 고장 난 전자시계에 다음과 같이 표시된 경우는 모두 몇 번입니까?

(　　　　　　　)

➖ 부분이 표시되지 않을 때 전자시계의 숫자와 ❙ 부분이 표시되지 않을 때 전자시계의 숫자를 먼저 알아봅니다.

5

표와 그래프

기본

핵심 개념
기초 문제
기본 유형

연습

잘 틀리는 유형
서술형 유형
유형(단원) 평가

완성

잘 틀리는 실력 유형
다르지만 같은 유형
응용 유형

도전

사고력 유형
최상위 유형

학습 계획표

계획표대로 공부했으면 ○표, 못했으면 △표 하세요.

내용	쪽수	날짜	확인
❶단계 핵심 개념＋기초 문제	116~117쪽	월 일	
❷단계 기본 유형	118~121쪽	월 일	
❷단계 잘 틀리는 유형＋서술형 유형	122~123쪽	월 일	
❸단계 유형(단원) 평가	124~127쪽	월 일	
잘 틀리는 실력 유형	128~129쪽	월 일	
다르지만 같은 유형	130~131쪽	월 일	
응용 유형	132~135쪽	월 일	
사고력 유형	136~137쪽	월 일	
최상위 유형	138~139쪽	월 일	

핵심 개념

1 단계

개념에 대한 **자세한 동영상 강의**를 시청하세요.

개념 ❶ 표와 그래프로 나타내기

좋아하는 과일별 학생 수

과일	바나나	사과	포도	합계
학생 수(명)	2	3	1	6

좋아하는 과일별 학생 수

3		○	
2	○	○	
1	○	○	○
학생 수(명) \ 과일	바나나	사과	포도

핵심 표로 나타내기, 그래프로 나타내기

그래프로 나타낼 때에는 ○, ×, / 중 하나를 선택하여 한 칸에 ❶ ☐ 개씩 표시합니다.

[전에 배운 내용]

• 분류: 기준에 따라 나누는 것

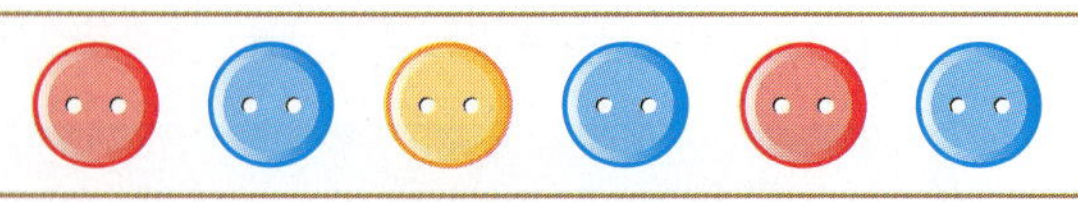

색깔	빨간색	노란색	파란색
단추 수(개)	2	1	3

[앞으로 배울 내용]

• 막대그래프

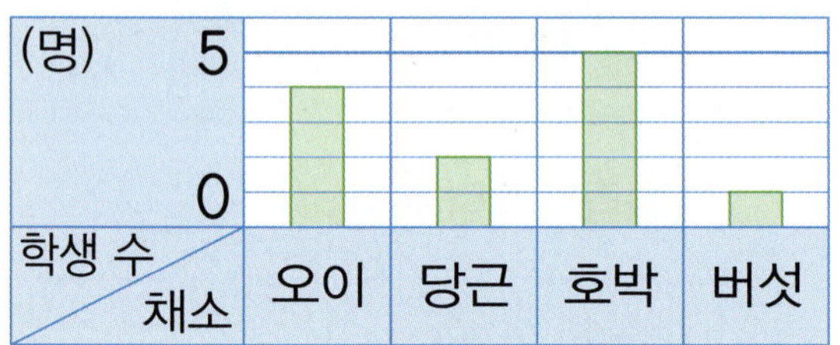

개념 ❷ 표와 그래프의 내용 알아보기

• **개념 ❶** 의 표를 보고 내용 알아보기

⎾ 바나나를 좋아하는 학생 수: 2명
⎿ 조사한 전체 학생 수: 6명

• **개념 ❶** 의 그래프를 보고 내용 알아보기

⎾ 가장 많은 학생들이 좋아하는 과일: 사과
⎿ 가장 적은 학생들이 좋아하는 과일: 포도

핵심 표와 그래프로 나타내면 편리한 점

• 표로 나타내면 과일별 좋아하는 학생 수와
❷ ☐ 학생 수를 쉽게 알 수 있습니다.

• 그래프로 나타내면 가장 많은 학생들이 좋아하는 과일을 쉽게 알 수 있습니다.

[전에 배운 내용]

• **개념 ❶** 에서 분류한 결과 보고 말하기

① 빨간색 단추는 2개입니다.
③ 파란색 단추가 가장 많습니다.

[앞으로 배울 내용]

• **개념 ❶** 의 막대그래프의 내용

① 오이를 좋아하는 학생은 4명입니다.
② 가장 많은 학생들이 좋아하는 채소는 호박입니다.
③ 가장 적은 학생들이 좋아하는 채소는 버섯입니다.

정답 ❶ 1 | ❷ 전체

기초 문제

QR 코드를 찍어 보세요.
새로운 문제를 계속 풀 수 있어요.

체크

1-1 선경이네 모둠 학생들이 좋아하는 음식을 조사한 자료를 보고 표를 완성하시오.

선경이네 모둠 학생들이 좋아하는 음식

김밥	치킨		김밥	피자
선경	혜선	지현	경민	정미
치킨	피자	김밥	짜장면	치킨
문성	상은	소연	영주	기홍

선경이네 모둠 학생들이 좋아하는 음식별 학생 수

음식	김밥	치킨	피자	짜장면	합계
학생 수 (명)	3				

1-2 승기네 반 학생들이 좋아하는 음료수를 조사한 표를 보고 그래프를 완성하시오.

승기네 반 학생들이 좋아하는 음료수별 학생 수

음료수	주스	콜라	우유	사이다	합계
학생 수 (명)	4	3	1	2	10

승기네 반 학생들이 좋아하는 음료수별 학생 수

학생 수(명) / 음료수	주스	콜라	우유	사이다
4	○			
3	○			
2	○			
1	○			

체크

2-1 위 **1-1**의 자료와 표를 보고 ☐ 안에 알맞은 수나 말을 써넣으시오.

(1) 상은이가 좋아하는 음식은 ☐ 입니다.

(2) 짜장면을 좋아하는 학생은 ☐ 명입니다.

(3) 조사한 전체 학생 수는 ☐ 명입니다.

2-2 위 **1-2**의 표와 그래프를 보고 ☐ 안에 알맞은 수나 말을 써넣으시오.

(1) 사이다를 좋아하는 학생은 ☐ 명입니다.

(2) 가장 많은 학생들이 좋아하는 음료수는 ☐ 입니다.

(3) 가장 적은 학생들이 좋아하는 음료수는 ☐ 입니다.

2단계 기본 유형

핵심 내용 ▸ 조사한 자료를 기준을 정하여 분류한 다음 분류한 수를 세어 표에 쓰기

유형 01 자료를 분류하여 표로 나타내기

[01~03] 윤아네 반 학생들이 좋아하는 곤충을 조사하였습니다. 물음에 답하시오.

윤아네 반 학생들이 좋아하는 곤충

┌매미	┌나비		┌잠자리
윤아	채은	현서	진우
정혁	규민 ─장수풍뎅이	서영	은지
동빈	소윤	민우	민지
현아	지은	태형	민경

01 잠자리를 좋아하는 학생은 몇 명입니까?

(   )

02 윤아네 반 학생은 모두 몇 명입니까?

(   )

교과서 유형
03 자료를 보고 표로 나타내시오.

윤아네 반 학생들이 좋아하는 곤충별 학생 수

곤충	매미	나비	잠자리	장수 풍뎅이	합계
학생 수 (명)					

핵심 내용 ▸ 무엇을 조사할지 정하기 ⇨ 조사할 방법 정하기 ⇨ 자료 조사하기 ⇨ 표로 나타내기

유형 02 자료를 조사하여 표로 나타내기

04 상엽이네 반 학생들이 좋아하는 계절을 한 사람씩 말했습니다. 조사한 자료를 보고 표로 나타내시오.

상엽이네 반 학생들이 좋아하는 계절별 학생 수

계절	봄	여름	가을	겨울	합계
학생 수(명)					

익힘책 유형
05 자료를 조사하여 표로 나타내는 순서대로 기호를 쓰시오.

> ㉠ 무엇을 조사할지 정하기
> ㉡ 자료를 조사하기
> ㉢ 표로 나타내기
> ㉣ 조사할 방법 정하기

㉠ ⇨ [   ] ⇨ [   ] ⇨ [   ]

5

표와 그래프

핵심 내용 ▶ 가로와 세로에 어떤 것을 나타낼지 정하기 ⇨ 가로와 세로를 각각 몇 칸으로 할지 정하기 ⇨ 그래프에 ○, ×, / 중 하나를 선택하여 자료를 나타내기 ⇨ 그래프의 제목 쓰기

유형 03 자료를 분류하여 그래프로 나타내기

[06~07] 한솔이네 반 학생들이 좋아하는 생선을 조사하여 표로 나타냈습니다. 물음에 답하시오.

한솔이네 반 학생들이 좋아하는 생선별 학생 수

생선	연어	참치	갈치	고등어	꽁치	합계
학생 수(명)	3	4	6	4	2	19

06 표를 보고 ○를 이용하여 그래프로 나타내시오.

한솔이네 반 학생들이 좋아하는 생선별 학생 수

6					
5					
4					
3					
2					
1					
학생 수(명) / 생선	연어	참치	갈치	고등어	꽁치

07 ○, ×, / 중 하나를 이용하여 그래프로 나타내시오.

한솔이네 반 학생들이 좋아하는 생선별 학생 수

꽁치						
고등어						
갈치						
참치						
연어						
생선 / 학생 수(명)	1	2	3	4	5	6

유형 04 표의 내용 알아보기

핵심 내용 ▶ 항목별 수 비교

[08~10] 준서네 반과 은지네 반 학생들이 가고 싶은 체험 학습 장소를 조사하여 표로 나타냈습니다. 물음에 답하시오.

준서네 반 학생들이 가고 싶은 체험 학습 장소별 학생 수

장소	과학관	놀이공원	수영장	박물관	합계
학생 수(명)	8	5	6	3	22

은지네 반 학생들이 가고 싶은 체험 학습 장소별 학생 수

장소	과학관	놀이공원	수영장	박물관	합계
학생 수(명)	4	8	7	5	24

08 준서네 반과 은지네 반에서 수영장에 가고 싶은 학생은 각각 몇 명입니까?

준서네 반 (   )

은지네 반 (   )

09 준서네 반에서 가장 많은 학생들이 가고 싶은 장소는 어디입니까?

(   )

10 은지네 반에서 가장 많은 학생들이 가고 싶은 장소는 어디입니까?

(   )

2단계 기본 유형

핵심 내용 ○의 개수 비교

핵심 내용 자료: 누가 어떤 것을 좋아하는지
표: 자료별 수, 자료의 전체 수
그래프: 가장 많은 것과 가장 적은 것

유형 05 그래프의 내용 알아보기

[11~14] 민우네 모둠 학생들이 1주일 동안 읽은 책 수를 조사하여 그래프로 나타냈습니다. 물음에 답하시오.

민우네 모둠 학생들이 1주일 동안 읽은 책 수

책 수(권) \ 이름	민우	하경	도형	희수	태희
6		○			
5		○		○	
4	○	○		○	
3	○	○	○	○	
2	○	○	○	○	○
1	○	○	○	○	○

11 1주일 동안 책을 가장 많이 읽은 학생은 누구입니까?

(   )

교과서 유형

12 책을 4권보다 많이 읽은 학생을 모두 쓰시오.

(   )

13 책을 많이 읽은 사람부터 차례로 쓰시오.

(   )

14 희수보다 책을 더 적게 읽은 학생은 몇 명입니까?

(   )

유형 06 자료, 표, 그래프의 편리한 점

[15~17] 은주네 모둠 학생들이 필요한 학용품을 조사하여 표와 그래프로 나타냈습니다. 자료, 표, 그래프 중 다음을 알아보는 데 편리한 것에 ○표 하시오.

은주네 모둠 학생들이 필요한 학용품

자료

은주네 모둠 학생들이 필요한 학용품별 학생 수

학용품	지우개	자	테이프	풀	합계
학생 수(명)	3	1	2	4	10

표

은주네 모둠 학생들이 필요한 학용품별 학생 수

학생 수(명) \ 학용품	지우개	자	테이프	풀
4				○
3	○			○
2	○		○	○
1	○	○	○	○

그래프

15 은주가 필요한 학용품

(자료 , 표 , 그래프)

16 은주네 반 전체 학생 수

(자료 , 표 , 그래프)

17 가장 적은 학생들이 필요한 학용품

(자료 , 표 , 그래프)

핵심 내용 → 표: 항목별 수 세기
그래프: 항목별 수만큼 ○, ×, / 그리기

유형 07 **표와 그래프로 나타내기**

[18~19] 경서네 반 학생들이 즐겨 보는 TV프로그램을 조사하였습니다. 물음에 답하시오.

경서네 반 학생들이 즐겨 보는 TV프로그램

이름	TV프로그램	이름	TV프로그램
경서	예능	영우	음악
수정	음악	혁수	드라마
미라	예능	예찬	예능
우진	뉴스	유빈	뉴스
규형	예능	나연	음악
성모	드라마	채은	예능
재석	드라마	준성	음악

18 조사한 자료를 보고 표로 나타내시오.

경서네 반 학생들이 즐겨 보는 TV프로그램별 학생 수

TV프로그램					합계
학생 수(명)					

19 표를 보고 ×를 이용하여 그래프로 나타내시오.

경서네 반 학생들이 즐겨 보는 TV프로그램별 학생 수

20 어느 해 1월의 날씨를 조사하였습니다. 자료를 보고 표와 그래프로 나타내시오.

1월

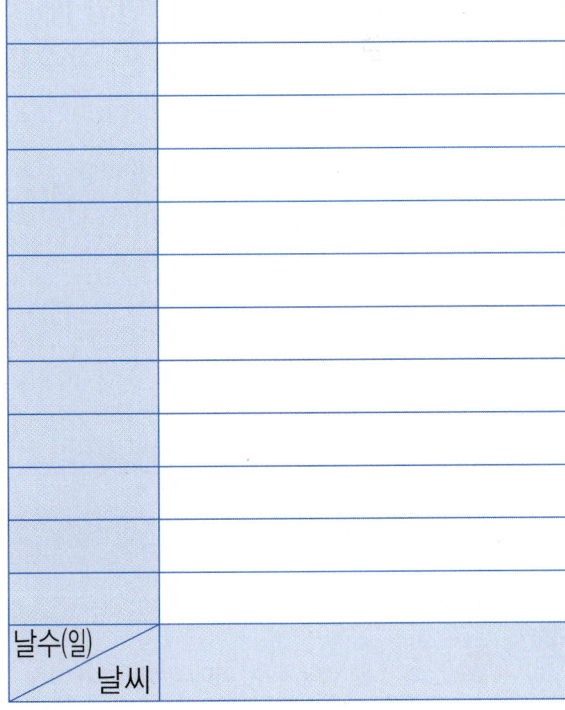

1월의 날씨별 날수

날씨			합계
날수(일)			

1월의 날씨별 날수

날수(일) / 날씨	

5 표와 그래프

2단계 기본유형

잘 틀리는 유형 08 여러 가지 자료를 보고 표로 나타내기

21 다음 모양을 만드는 데 사용한 조각 수를 표로 나타내시오.

모양을 만드는 데 사용한 조각 수

조각	△	◇	▱	⬡	합계
조각 수(개)					

심화유형 22 동수는 가족과 함께 동전 던지기를 한 후 그림 면일 때 ○표, 숫자 면일 때 ×표 하였습니다. 그림 면이 나온 횟수를 세어 표로 나타내시오.

가족 \ 순서	1	2	3	4	5
동수	○	○	×	×	×
어머니	×	○	○	○	×
아버지	○	○	○	○	○

그림 면이 나온 횟수

가족	동수	어머니	아버지	합계
횟수(번)				

KEY ○의 수를 세어 동수, 어머니, 아버지가 그림 면이 나온 횟수를 알아봅니다.

잘 틀리는 유형 09 그래프에서 항목의 차 구하기

23 창현이네 반 학생들이 좋아하는 운동을 조사하여 그래프로 나타냈습니다. 축구를 좋아하는 학생은 야구를 좋아하는 학생보다 몇 명 더 많습니까?

창현이네 반 학생들이 좋아하는 운동별 학생 수

학생 수(명) \ 운동	축구	야구	농구	피구
5				○
4	○			○
3	○		○	○
2	○		○	○
1	○	○	○	○

( )

심화유형 24 채린이네 반 학생들이 배우는 악기를 조사하여 그래프로 나타냈습니다. 가장 많은 학생들이 배우는 악기는 가장 적은 학생들이 배우는 악기보다 몇 명 더 많습니까?

채린이네 반 학생들이 배우는 악기별 학생 수

악기 \ 학생 수(명)	1	2	3	4	5	6
기타	○	○	○	○		
피아노	○	○	○	○	○	○
드럼	○	○				
플루트	○	○	○			

( )

KEY 먼저 가장 많은 학생들이 배우는 악기와 가장 적은 학생들이 배우는 악기를 알아봅니다.

1-1

표를 보고 그래프로 나타낼 때 그래프를 완성할 수 없는 이유를 완성해 보시오.

기르는 동물별 학생 수

동물	고양이	햄스터	강아지	합계
학생 수(명)	3	2	6	11

기르는 동물별 학생 수

3			
2			
1	○		
학생 수(명) / 동물	고양이	햄스터	강아지

이유　강아지를 기르는 학생 수 ☐ 명을 나타낼 수 없기 때문입니다.

1-2

위 **1-1**의 표를 보고 그래프로 나타냈습니다. 그래프가 잘못된 이유를 설명하시오.

기르는 동물별 학생 수

강아지	○	○	○	○	○	○
햄스터	○	○				
고양이		○	○	○		
동물 / 학생 수(명)	1	2	3	4	5	6

이유

2-1

범수네 반 학생들이 좋아하는 간식을 조사하여 표로 나타냈습니다. 피자를 좋아하는 학생은 몇 명인지 풀이 과정을 완성하고 답을 구하시오.

범수네 반 학생들이 좋아하는 간식별 학생 수

간식	빵	피자	김밥	떡볶이	합계
학생 수(명)	3		4	7	20

풀이　빵, 김밥, 떡볶이를 좋아하는 학생은 모두 $3+4+7=$ ☐ (명)입니다.

따라서 피자를 좋아하는 학생은 $20-$ ☐ $=$ ☐ (명)입니다.

답　☐ 명

2-2

연아네 반 학생들이 좋아하는 아이스크림을 조사하여 표로 나타냈습니다. 딸기 맛 아이스크림을 좋아하는 학생은 몇 명인지 풀이 과정을 쓰고 답을 구하시오.

연아네 반 학생들이 좋아하는 아이스크림 맛별 학생 수

맛	딸기	초콜릿	녹차	바닐라	합계
학생 수(명)		8	3	4	25

풀이

답

점수

[01~03] 범진이네 반 학생들이 좋아하는 꽃을 조사하였습니다. 물음에 답하시오.

범진이네 반 학생들이 좋아하는 꽃

장미	국화		백합	
범진	경석	하진	혜주	주혁
상진	윤서	미화	진수(튤립)	창희
태경	도준	호민	연지	정연

01 국화를 좋아하는 학생은 몇 명입니까?

( )

02 범진이네 반 학생은 모두 몇 명입니까?

( )

03 자료를 보고 표로 나타내시오.

범진이네 반 학생들이 좋아하는 꽃별 학생 수

꽃	장미	국화	백합	튤립	합계
학생 수(명)					

04 민아네 반 학생들이 좋아하는 반려동물을 종이에 적어서 칠판에 붙였습니다. 조사한 자료를 보고 표로 나타내시오.

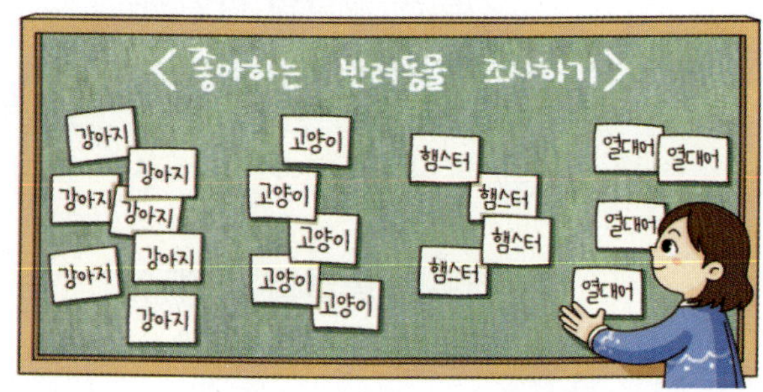

민아네 반 학생들이 좋아하는 반려동물별 학생 수

반려동물	강아지	고양이	햄스터	열대어	합계
학생 수(명)					

05 소연이네 반 학생들의 혈액형을 조사하여 표로 나타냈습니다. 표를 보고 ○를 이용하여 그래프로 나타내시오.

소연이네 반 학생들의 혈액형별 학생 수

혈액형	A형	B형	O형	AB형	합계
학생 수(명)	6	3	4	5	18

소연이네 반 학생들의 혈액형별 학생 수

6				
5				
4				
3				
2				
1				
학생 수(명) / 혈액형	A형	B형	O형	AB형

[06~08] **수지네 반과 민호네 반의 요일별 지각생 수를 조사하여 표로 나타냈습니다. 물음에 답하시오.**

수지네 반의 요일별 지각생 수

요일	월	화	수	목	금	합계
학생 수(명)	2	1	3	0	2	8

민호네 반의 요일별 지각생 수

요일	월	화	수	목	금	합계
학생 수(명)	3	1	2	4	5	15

06 수지네 반과 민호네 반에서 수요일에 지각한 학생은 각각 몇 명입니까?

수지네 반 (　　　　　　　　　　)

민호네 반 (　　　　　　　　　　)

07 수지네 반에서 가장 많이 지각한 날은 무슨 요일입니까?

(　　　　　　　　　　)

08 민호네 반에서 가장 많이 지각한 날은 무슨 요일입니까?

(　　　　　　　　　　)

[09~11] **9월부터 12월까지의 날씨 중 비가 온 날을 조사하여 그래프로 나타냈습니다. 물음에 답하시오.**

월별 비 온 날수

6			×	
5	×		×	
4	×	×	×	
3	×	×	×	×
2	×	×	×	×
1	×	×	×	×
비 온 날수(일) \ 월	9월	10월	11월	12월

09 비 온 날수가 가장 많은 달은 몇 월입니까?

(　　　　　　　　　　)

10 비 온 날수가 5일보다 적은 달을 모두 쓰시오.

(　　　　　　　　　　)

11 비 온 날수가 많은 달부터 차례로 쓰시오.

(　　　　　　　　　　)

[12~14] 진영이네 반 학생들이 좋아하는 사탕을 조사하였습니다. 물음에 답하시오.

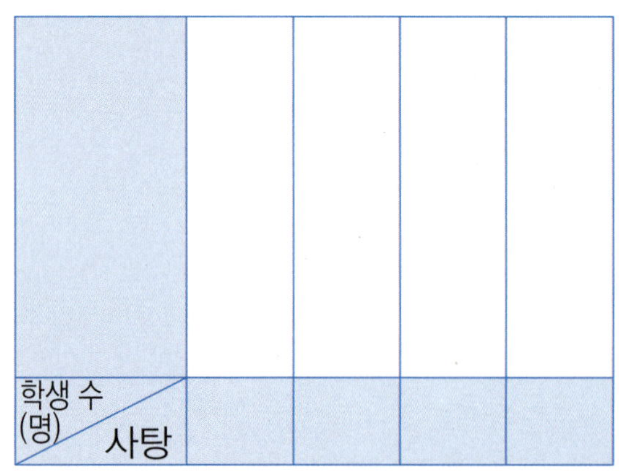

12 조사한 자료를 보고 표로 나타내시오.

진영이네 반 학생들이 좋아하는 사탕별 학생 수

사탕				합계
학생 수(명)				

13 표를 보고 ○를 이용하여 그래프로 나타내시오.

진영이네 반 학생들이 좋아하는 사탕별 학생 수

학생 수(명) / 사탕				

14 각 사탕별 좋아하는 학생 수를 쉽게 알 수 있는 것에 ○표 하시오.

(자료 , 표 , 그래프)

15 다음 모양을 만드는 데 사용한 조각 수를 표로 나타내시오.

모양을 만드는 데 사용한 조각 수

조각	△	▱	▰	⬡	합계
조각 수(개)					

16 민서네 모둠 학생들이 어른이 되어서 하고 싶은 일을 조사하여 그래프로 나타냈습니다. 과학자가 되고 싶은 학생은 운동선수가 되고 싶은 학생보다 몇 명 더 많습니까?

민서네 모둠 학생들이 어른이 되어서 하고 싶은 일별 학생 수

학생 수(명) / 하고 싶은 일	화가	과학자	의사	운동선수
4		○		
3	○	○		
2	○	○		○
1	○	○	○	○

(   )

함정유형 17 진아는 친구와 함께 동전 던지기를 한 후 그림 면일 때 ○표, 숫자 면일 때 ×표 하였습니다. 그림 면이 나온 횟수를 세어 표로 나타내시오.

이름＼순서	1	2	3	4	5	6
진아	×	○	×	○	○	×
혜미	×	×	×	×	○	○
경민	○	○	○	×	×	○

그림 면이 나온 횟수

이름	진아	혜미	경민	합계
횟수(번)				

함정유형 18 지민이네 반 학생들이 가고 싶은 나라를 조사하여 그래프로 나타냈습니다. 가장 많은 학생들이 가고 싶은 나라는 가장 적은 학생들이 가고 싶은 나라보다 몇 명 더 많습니까?

지민이네 반 학생들이 가고 싶은 나라별 학생 수

캐나다	○	○	○			
영국	○	○	○	○	○	○
프랑스	○	○	○	○	○	
필리핀	○	○	○	○		
나라＼학생 수(명)	1	2	3	4	5	6

(　　　　　　　　)

서술형 19 표를 보고 그래프로 나타낼 때 그래프를 완성할 수 <u>없는</u> 이유를 쓰시오.

좋아하는 동물별 학생 수

동물	기린	판다	호랑이	코끼리	합계
학생 수(명)	2	5	3	1	11

좋아하는 동물별 학생 수

3				
2				
1	○			
학생 수(명)＼동물	기린	판다	호랑이	코끼리

이유

서술형 20 수현이네 반 학생들이 가을 운동회 때 먹고 싶은 도시락을 조사하여 표로 나타냈습니다. 주먹밥을 먹고 싶은 학생은 몇 명인지 풀이 과정을 쓰고 답을 구하시오.

수현이네 반 학생들이 먹고 싶은 도시락별 학생 수

도시락	김밥	샌드위치	유부초밥	주먹밥	합계
학생 수(명)	5	4	2		15

풀이

답

QR 코드를 찍어 **단원 평가** 를 풀어 보세요.

잘 틀리는 실력 유형

유형 01 표와 그래프 완성하기

좋아하는 책의 종류별 학생 수

종류	만화책	동화책	위인전	과학책	합계
학생 수(명)	3		3		

좋아하는 책의 종류별 학생 수

3				
2			○	
1		○		○
학생 수(명) / 종류	만화책	동화책	위인전	과학책

① 표와 그래프를 보면 만화책을 좋아하는 학생은 ☐ 명, 동화책을 좋아하는 학생은 ☐ 명, 위인전을 좋아하는 학생은 ☐ 명, 과학책을 좋아하는 학생은 ☐ 명입니다.

② 합계: 3+☐+3+☐=☐(명)

01 표와 그래프를 각각 완성하시오.

좋아하는 과일별 학생 수

과일	사과	배	귤	포도	합계
학생 수(명)		4		3	

좋아하는 과일별 학생 수

4				
3	○			
2	○		○	
1	○		○	
학생 수(명) / 과일	사과	배	귤	포도

유형 02 그래프에서 비어 있는 항목의 수

민경이네 반 학생은 17명입니다.

민경이네 반 학생들이 사는 마을별 학생 수

별빛	/	/	/	/	/
금빛	/	/			
달빛					
은빛	/	/	/		
햇빛	/	/	/	/	
마을 / 학생 수(명)	1	2	3	4	5

① 햇빛, 은빛, 금빛, 별빛 마을에 사는 학생 수의 합은

4+3+☐+☐=☐(명)입니다.

② 따라서 달빛 마을에 사는 학생 수는

17−☐=☐(명)입니다.

02 진호네 반 학생 20명이 좋아하는 색깔을 조사하여 그래프로 나타냈습니다. 초록을 좋아하는 학생은 몇 명입니까?

진호네 반 학생들이 좋아하는 색깔별 학생 수

6		○			
5		○	○		
4		○	○		
3	○	○	○		
2	○	○	○		○
1	○	○	○		○
학생 수(명) / 색깔	빨강	분홍	노랑	초록	파랑

(   )

QR 코드를 찍어 **동영상 특강**을 보세요.

● 정답 및 풀이 **42**쪽

유형 03 표를 보고 자료 구하기

배우고 있는 운동

이름	운동	이름	운동	이름	운동
은우	수영	서연		채원	태권도
지원	태권도	하은	태권도	예준	줄넘기

배우고 있는 운동별 학생 수

운동	수영	태권도	줄넘기	합계
학생 수(명)	1	3	2	6

① 자료에서 운동별 배우고 있는 학생 수는

　수영: ☐명, 태권도: ☐명,

　줄넘기: ☐명입니다.

② 따라서 표와 비교해 보면 서연이가 배우고

　있는 운동은 ☐입니다.

03 세호네 모둠 학생들의 혈액형을 조사하여 표로 나타냈습니다. 승아의 혈액형은 무엇입니까?

세호네 모둠 학생들의 혈액형

이름	혈액형	이름	혈액형	이름	혈액형
세호	A형	채은	O형	소율	A형
준희	B형	다은	AB형	서준	B형
승아		예원	A형	연아	B형

세호네 모둠 학생들의 혈액형별 학생 수

혈액형	A형	B형	O형	AB형	합계
학생 수(명)	3	3	2	1	9

(　　　　　　　　　　)

유형 04 새 교과서에 나온 활동 유형

[04~05] 아영이네 학교 개교 기념일 급식 메뉴를 정하려고 합니다. 아영이네 반 학생들이 좋아하는 급식 메뉴를 조사하여 표로 나타냈습니다. 물음에 답하시오.

아영이네 반 학생들이 좋아하는 급식 메뉴별 학생 수

메뉴	갈비탕	비빔밥	불고기	돈가스	합계
학생 수(명)	5	3	4	6	18

04 표를 보고 ○를 이용하여 그래프로 나타내시오.

아영이네 반 학생들이 좋아하는 급식 메뉴별 학생 수

학생 수(명) \ 메뉴	갈비탕	비빔밥	불고기	돈가스
6				
5				
4				
3				
2				
1				

05 그래프를 보고 아영이네 반 학생들의 의견을 선생님께 전해 보시오.

선생님, 저희 반 학생들이 가장 많이 좋아하는 ☐은/는 꼭 넣어 주세요. 하나 더 준비해 주실 수 있다면 두 번째로 많이 좋아하는 ☐도 주시면 감사하겠습니다.

유형 01 표에서 항목의 합과 차 구하기

[01~02] 주희네 반 학생들이 1주일 동안 읽은 책 수를 조사하여 표로 나타냈습니다. 물음에 답하시오.

주희네 반 학생들이 1주일 동안 읽은 책 수별 학생 수

책 수	3권	5권	8권	10권	합계
학생 수(명)	5	8	6	4	23

01 3권을 읽은 학생과 8권을 읽은 학생 수의 합은 몇 명입니까?

( )

02 5권을 읽은 학생과 10권을 읽은 학생 수의 차는 몇 명입니까?

( )

03 정원이네 반 학생들이 좋아하는 운동을 조사하여 표로 나타냈습니다. 가장 많은 학생들이 좋아하는 운동과 가장 적은 학생들이 좋아하는 운동의 학생 수의 차를 구하시오.

정원이네 반 학생들이 좋아하는 운동별 학생 수

운동	축구	농구	야구	탁구	합계
학생 수(명)	9	4	8	2	23

( )

유형 02 그래프에서 두 번째 항목 찾기

04 해주네 반 학생들이 좋아하는 음료수를 조사하여 그래프로 나타냈습니다. 두 번째로 많은 학생들이 좋아하는 음료수는 무엇입니까?

해주네 반 학생들이 좋아하는 음료수별 학생 수

학생 수(명) / 음료수	주스	콜라	우유	식혜
6				○
5	○			○
4	○	○		○
3	○	○	○	○
2	○	○	○	○
1	○	○	○	○

( )

05 남주네 반 학생들이 좋아하는 과자를 조사하여 그래프로 나타냈습니다. 두 번째로 적은 학생들이 좋아하는 과자는 무슨 맛입니까?

남주네 반 학생들이 좋아하는 과자 맛별 학생 수

학생 수(명) / 맛	초콜릿	감자	새우	옥수수
6	○			
5	○			
4	○		○	
3	○	○	○	
2	○	○	○	○
1	○	○	○	○

( )

QR 코드를 찍어 **동영상 특강**을 보세요.

5
표와 그래프

유형 03　자료를 정리하여 알아보기

06 윤희네 모둠이 가지고 있는 구슬을 조사하였습니다. 자료를 보고 표로 나타내시오.

윤희네 모둠이 가지고 있는 색깔별 구슬 수

색깔	초록	주황	보라	파랑	합계
구슬 수(개)					

07 강호네 모둠이 가지고 있는 공깃돌 수를 조사하였습니다. 물음에 답하시오.

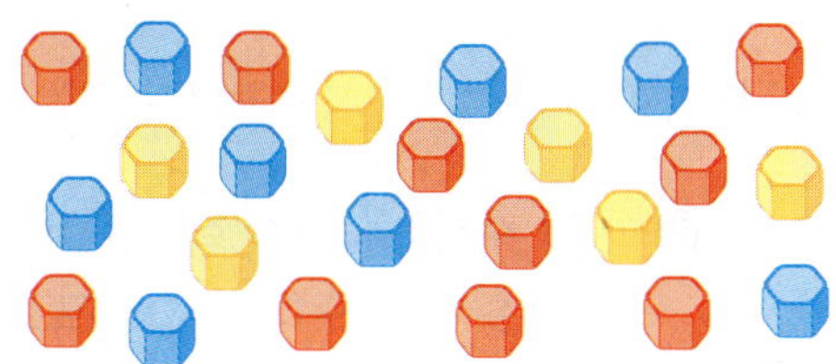

(1) 자료를 보고 표로 나타내시오.

강호네 모둠이 가지고 있는 색깔별 공깃돌 수

색깔	노랑	파랑	빨강	합계
공깃돌 수(개)				

(2) 강현이네 모둠은 처음에 공깃돌을 색깔별로 15개씩 가지고 있었습니다. 색깔별로 공깃돌이 몇 개씩 없어졌는지 구하시오.

노랑 (　　　　)

파랑 (　　　　)

빨강 (　　　　)

유형 04　표에서 모르는 자료의 값 구하기

08 지혜네 반 학생들이 살고 있는 마을을 조사하여 표로 나타냈습니다. 나와 다 마을에 살고 있는 학생 수가 같을 때 빈칸에 알맞은 수를 써넣으시오.

지혜네 반 학생들이 살고 있는 마을별 학생 수

마을	가	나	다	라	합계
학생 수(명)	7			8	25

09 유진이네 학교 2학년 학생들이 안경을 썼는지 조사하여 표로 나타냈습니다. 안경을 쓴 학생이 3반이 2반보다 3명 더 많을 때, 4반에 안경을 쓴 학생 수를 구하시오.

유진이네 학교 2학년 반별 안경을 쓴 학생 수

반	1반	2반	3반	4반	합계
학생 수(명)	10	6			33

(　　　　　　)

10 예지네 반 학생들의 줄넘기 급수를 조사하여 표로 나타냈습니다. 3급이 5급보다 1명 더 많을 때, 빈칸에 알맞은 수를 써넣으시오.

예지네 반 학생들의 줄넘기 급수별 학생 수

급수	1급	2급	3급	4급	5급	합계
학생 수(명)	3	5		9		32

표의 내용 활용하기

01 밑줄 친 신문 기사의 내용 중에서 ❷잘못된 부분을 찾아 기호를 쓰시오.

○○초등학교 ☆☆반 학생들이 10월 한 달 동안 읽은 책 수를 조사하여 표로 나타냈습니다.

❶ 한 달 동안 읽은 책 수별 학생 수

책 수	0권	1권	3권	4권	합계
학생 수(명)	10	8	5	7	30

㉠ ☆☆반 학생 30명을 조사해 보았더니 ㉡ 책을 읽지 않은 학생이 7명이나 되었습니다.

또한 ㉢ 책을 가장 많이 읽은 학생도 4권밖에 읽지 않아 독서량이 많이 부족한 것으로 나타났습니다.

(   )

❶ 표와 기사 내용을 비교하여 내용이 맞는지 확인합니다.

❷ 잘못된 부분을 찾아 기호를 씁니다.

○, × 로 조사한 자료를 보고 활용하기

02 현지네 모둠 학생들이 장애물 넘기 연습을 했습니다. 장애물을 넘으면 ○표, 넘지 못하면 ×표 하였습니다. ❶장애물을 넘은 횟수를 세어 그래프로 나타내고, / ❷장애물을 가장 많이 넘은 학생과 가장 적게 넘은 학생의 넘은 횟수의 차는 몇 번인지 구하시오.

❶ ○의 수를 세어 각 학생들이 장애물을 넘은 횟수를 구하여 그래프로 나타냅니다.

❷ 장애물을 가장 많이 넘은 학생과 가장 적게 넘은 학생의 넘은 횟수의 차를 구합니다.

순서 \ 이름	현지	한수	윤아	주민
1	○	×	○	×
2	○	○	○	×
3	○	○	○	○
4	×	×	○	×
5	×	○	○	○

⇨

현지네 모둠 학생별 장애물을 넘은 횟수

횟수(번) \ 이름	현지	한수	윤아	주민
5				
4				
3				
2				
1				

(   )

5

표와 그래프

항목이 비어 있는 그래프 활용하기

03 윤주네 반 반장 선거의 투표 결과를 그래프로 나타냈습니다. ❶윤주네 반 학생이 22명일 때 그래프를 완성하고, / ❷반장이 될 후보는 누구인지 쓰시오. (단, 뽑은 학생 수가 가장 많은 후보가 반장이 됩니다.)

❶ 창용이를 뽑은 학생 수를 구하여 그래프를 완성합니다.
❷ 그래프를 보고 뽑은 학생 수가 가장 많은 후보는 누구인지 찾습니다.

후보별 뽑은 학생 수

미혜	○	○	○	○	○		
창용							
강현	○	○	○	○	○	○	
윤주	○	○	○	○			
후보 \ 학생 수(명)	1	2	3	4	5	6	7

(   )

그래프의 내용 활용하기

04 퀴즈 대회에서 맞힌 문제 수를 조사하여 그래프로 나타냈습니다. ❶문제를 1개 맞힐 때마다 3점씩 얻고 / ❷10점이 넘는 학생에게는 상을 줍니다. 상을 받는 학생의 이름을 모두 쓰시오.

❶ 학생들이 얻은 점수를 각각 구합니다.
❷ ❶에서 구한 점수 중 10점이 넘는 학생을 모두 찾습니다.

학생별 맞힌 문제 수

5		○		
4		○	○	
3	○	○	○	
2	○	○	○	○
1	○	○	○	○
문제 수(개) \ 이름	경미	상수	가은	준용

(   )

05 밑줄 친 신문 기사의 내용 중에서 잘못된 부분을 찾아 기호를 쓰시오.

○○초등학교 ☆☆반 학생들이 11월 한 달 동안 읽은 책 수를 조사하여 표로 나타냈습니다.

한 달 동안 읽은 책 수별 학생 수

책 수	0권	1권	3권	4권	합계
학생 수(명)	5	8	6	4	23

㉠ ☆☆반 학생 23명을 조사해 보았더니 ㉡ 책을 읽지 않은 학생이 5명이었습니다. 또한 ㉢ 책을 가장 많이 읽은 학생도 7권밖에 읽지 않아 독서량이 많이 부족한 것으로 나타났습니다.

(   )

06 두나네 반 학생 20명이 받고 싶은 선물을 조사하여 그래프로 나타냈습니다. 인형을 받고 싶은 학생 수와 블록을 받고 싶은 학생 수가 같을 때, 그래프를 완성하시오.

두나네 반 학생들이 받고 싶은 선물별 학생 수

7	○			
6	○			
5	○			○
4	○			○
3	○			○
2	○			○
1	○			○
학생 수(명) / 선물	게임기	인형	블록	장난감

07 정은이네 모둠 학생들이 수학 문제를 풀어서 맞히면 ○표, 틀리면 ×표 하였습니다. 맞힌 문제 수를 세어 그래프로 나타내고, 수학 문제를 가장 많이 맞힌 학생과 가장 적게 맞힌 학생의 맞힌 문제 수의 차는 몇 개인지 구하시오.

번호 / 이름	1	2	3	4	5	6	7
정은	○	○	×	○	○	○	×
소영	×	○	○	○	○	×	×
해리	○	○	○	○	○	×	○
수아	○	×	○	×	×	○	×

학생별 맞힌 문제 수

6				
5				
4				
3				
2				
1				
문제 수(개) / 이름	정은	소영	해리	수아

(   )

08 위 **07**의 그래프에서 해리가 맞힌 문제 수는 수아가 맞힌 문제 수의 몇 배입니까?

(   )

09 유진이네 반 학생들이 좋아하는 간식을 조사하여 표와 그래프로 나타냈습니다. 치킨을 좋아하는 학생은 몇 명입니까?

유진이네 반 학생들이 좋아하는 간식별 학생 수

간식	떡볶이	햄버거	피자	치킨	합계
학생 수(명)	4				17

유진이네 반 학생들이 좋아하는 간식별 학생 수

학생 수(명) \ 간식	떡볶이	햄버거	피자	치킨
5		○		
4		○		
3		○	○	
2		○	○	
1		○	○	

(　　　　)

항목이 비어 있는 그래프 활용하기

10 형식이네 반 반장 선거의 투표 결과를 그래프로 나타냈습니다. 형식이네 반 학생이 14명일 때 그래프를 완성하고, 반장이 될 후보는 누구인지 쓰시오. (단, 뽑은 학생 수가 가장 많은 후보가 반장이 됩니다.)

후보별 뽑은 학생 수

학생 수(명) \ 후보	형식	종원	준희	강령
5				
4	×			
3	×	×		
2	×	×		×
1	×	×		×

(　　　　)

그래프의 내용 활용하기

11 퀴즈 대회에서 맞힌 문제 수를 조사하여 그래프로 나타냈습니다. 문제를 1개 맞힐 때마다 4점씩 얻고 15점이 넘는 학생에게는 상을 줍니다. 상을 받는 학생의 이름을 모두 쓰시오.

학생별 맞힌 문제 수

문제 수(개) \ 이름	찬빈	민정	현수	세미
5		○		
4		○		○
3	○	○		○
2	○	○	○	○
1	○	○	○	○

(　　　　)

12 수학 문제를 각각 10개씩 푼 후, 틀린 문제 수를 조사하여 표로 나타냈습니다. 각 문제의 점수가 10점씩이라면 70점보다 높은 점수를 받은 학생의 이름을 모두 쓰시오.

학생별 틀린 문제 수

이름	수현	종신	선진	정원	합계
문제 수(개)	3	2	6	1	12

(　　　　)

1 영준이네 반 남학생과 여학생이 좋아하는 곤충을 조사하여 표로 나타냈습니다. 물음에 답하시오.

영준이네 반 학생들이 좋아하는 곤충별 학생 수

곤충	나비	메뚜기	잠자리	매미	합계
남학생 수(명)	3	4	2	3	
여학생 수(명)	5	3	1	1	
합계					

1 영준이네 반 남학생은 모두 몇 명입니까?

( )

2 영준이네 반에서 메뚜기를 좋아하는 학생은 몇 명입니까?

( )

3 위 표의 빈칸에 알맞은 수를 써넣으시오.

4 영준이네 반 전체 학생 수는 몇 명입니까?

( )

5 영준이네 반에서 가장 많은 학생들이 좋아하는 곤충은 무엇입니까?

( )

2 젤리를 보고 표와 그래프로 나타내시오.

1

색깔별 젤리 수

색깔	노랑	빨강	초록	보라	합계
젤리 수(개)					

색깔별 젤리 수

5				
4				
3				
2				
1	×			
젤리 수(개) \ 색깔	노랑	빨강	초록	보라

2

모양별 젤리 수

모양	문어	꽃게	거북	고래	합계
젤리 수(개)					

모양별 젤리 수

고래						
거북						
꽃게						
문어	/					
모양 \ 젤리 수(개)	1	2	3	4	5	6

5
표와 그래프

도전! 최상위 유형

1 

| HME 18번 문제 수준 |

나영이네 모둠 학생들이 받은 칭찬 도장의 수를 조사하여 그래프로 나타냈습니다. 칭찬 도장 한 개에 공책을 2권씩 주었다면 나영이네 모둠 학생들에게 준 공책은 모두 몇 권인지 구하시오.

◇ 나영이네 모둠 학생들이 받은 칭찬 도장 수의 합을 알아봅니다.

나영이네 모둠 학생별 칭찬 도장 수

도장 수(개) / 이름	나영	용훈	서율	세희
6			○	
5	○		○	
4	○		○	
3	○	○	○	
2	○	○	○	
1	○	○	○	○

(   )

2

| HME 20번 문제 수준 |

주사위를 20번 던져서 나온 주사위 눈의 수별 횟수를 조사하여 표로 나타냈습니다. 주사위 눈의 수가 2가 나온 횟수가 4가 나온 횟수의 2배일 때, 주사위를 던져서 나온 눈의 수를 모두 더하면 얼마인지 구하시오.

나온 주사위 눈의 수별 횟수

눈의 수	·	··	···	····	·····	······	합계
횟수(번)	2		4		4	1	20

(   )

3 

| HME 21번 문제 수준 |

수정이네 학교 2학년 반별 학생 수를 조사하여 그래프로 나타냈습니다. 희재네 학교 학생 수는 수정이네 학교 학생 수보다 남학생은 9명 더 많고, 여학생은 8명 더 적습니다. 희재네 학교 2학년 학생 수는 모두 몇 명인지 구하시오.

수정이네 학교 2학년 반별 학생 수

학생 수(명) \ 반	1반		2반		3반		4반	
21				△	○			
18	○	△		△	○			
15	○	△	○	△	○	△	○	
12	○	△	○	△	○	△	○	△
9	○	△	○	△	○	△	○	△
6	○	△	○	△	○	△	○	△
3	○	△	○	△	○	△	○	△

○: 남학생　　△: 여학생

(　　　　　　　　　　)

4 

| HME 22번 문제 수준 |

성용이가 과녁에 화살을 쏘아 20점을 얻으려고 합니다. 성용이가 20점을 얻는 방법을 그래프로 나타내는 방법은 모두 몇 가지인지 구하시오.

10점을 2번, 1번 맞힌 경우, 5점을 4번, 3번, 2번, 1번 맞힌 경우, 1점을 20번 맞힌 경우로 나누어 알아봅니다.

점수별 맞힌 횟수

점수 \ 횟수(번)	1	2	3	4	5	6	7	8	9	10	11	12	13	14	15	16	17	18	19	20
10점																				
5점																				
1점																				

(　　　　　　　　　　)

6 규칙 찾기

핵심 개념
기초 문제
기본 유형

잘 틀리는 유형
서술형 유형
유형(단원) 평가

잘 틀리는 실력 유형
다르지만 같은 유형
응용 유형

사고력 유형
최상위 유형

학습 계획표

계획표대로 공부했으면 ○표, 못했으면 △표 하세요.

내용	쪽수	날짜	확인
❶단계 핵심 개념+기초 문제	142~143쪽	월 일	
❷단계 기본 유형	144~149쪽	월 일	
❷단계 잘 틀리는 유형+서술형 유형	150~151쪽	월 일	
❸단계 유형(단원) 평가	152~155쪽	월 일	
잘 틀리는 실력 유형	156~157쪽	월 일	
다르지만 같은 유형	158~159쪽	월 일	
응용 유형	160~163쪽	월 일	
사고력 유형	164~165쪽	월 일	
최상위 유형	166~167쪽	월 일	

핵심 개념
1단계

개념에 대한 **자세한 동영상 강의를** 시청하세요.

개념 ❶ 무늬에서 규칙 찾기

① 모양 규칙: 원, 삼각형, 사각형이 반복됩니다.

② 색깔 규칙: 파란색, 노란색이 반복됩니다.

핵심 규칙 찾기

- 원, 삼각형, 사각형이 반복되는 규칙이므로 빈칸에 알맞은 모양은 ❶[　　　]입니다.
- 파란색, 노란색이 반복되는 규칙이므로 빈칸에 알맞은 색깔은 ❷[　　　]입니다.

[전에 배운 내용]

- 규칙 찾기

① 색깔은 파란색, 초록색이 반복됩니다.

② 개수는 2개, 1개가 반복됩니다.

[앞으로 배울 내용]

- 모양의 배열에서 규칙 찾기

첫째　둘째　셋째　넷째

① 오른쪽으로 ◯이 2개씩 늘어나는 규칙입니다.

② 다섯째 모양을 만들 때 필요한 ◯은 $9+2=11$(개)입니다.

개념 ❷ 덧셈표에서 규칙 찾기

+	0	1	2	3	4
0	0	1	2	3	4
1	1	2	3	4	5
2	2	3	4	5	6
3	3	4	5	6	7
4	4	5	6	7	8

① 파란색으로 칠해진 수에는 아래쪽으로 내려갈수록 1씩 커지는 규칙이 있습니다.

② 분홍색으로 칠해진 수에는 오른쪽으로 갈수록 1씩 커지는 규칙이 있습니다.

핵심 덧셈표에서 규칙 찾기

↘ 방향으로 갈수록 ❸[　]씩 커지는 규칙이 있습니다.

[전에 배운 내용]

- 수 배열표에서 규칙 찾기

1	2	3	4	5	6	7	8	9	10
11	12	13	14	15	16	17	18	19	20
21	22	23	24	25	26	27	28	29	30
31	32	33	34	35	36	37	38	39	40

① → 방향으로 갈수록 1씩 커집니다.

② ↓ 방향으로 갈수록 10씩 커집니다.

③ ↘ 방향으로 갈수록 11씩 커집니다.

[앞으로 배울 내용]

- 계산식에서 규칙 찾기

정답 ❶ 사각형　❷ 노란색　❸ 2

 **QR 코드**를 찍어 보세요.
새로운 문제를 계속 풀 수 있어요.

체크

1-1 규칙에 따라 빈칸에 알맞은 모양을 그리고 색칠해 보시오.

(1)  ☐

(2) 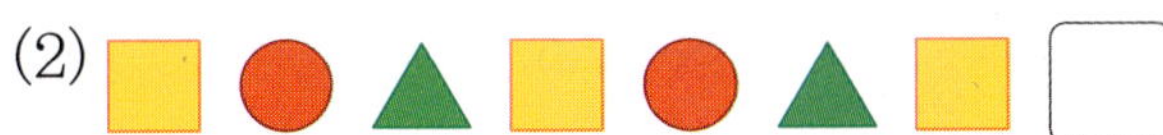 ☐

(3) 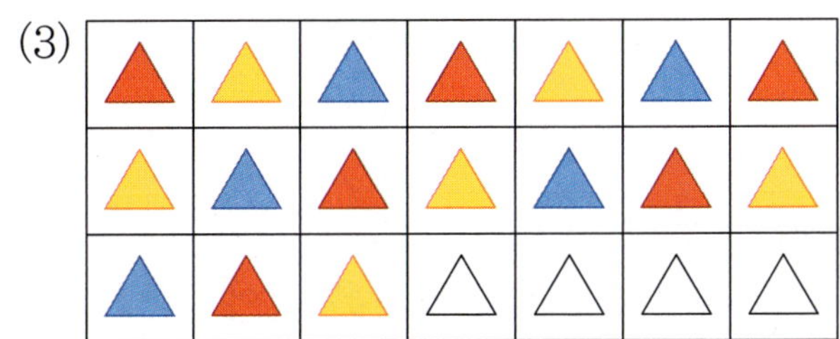

1-2 규칙에 따라 쌓기나무를 쌓았습니다. ☐ 안에 알맞은 수를 써넣으시오.

(1) 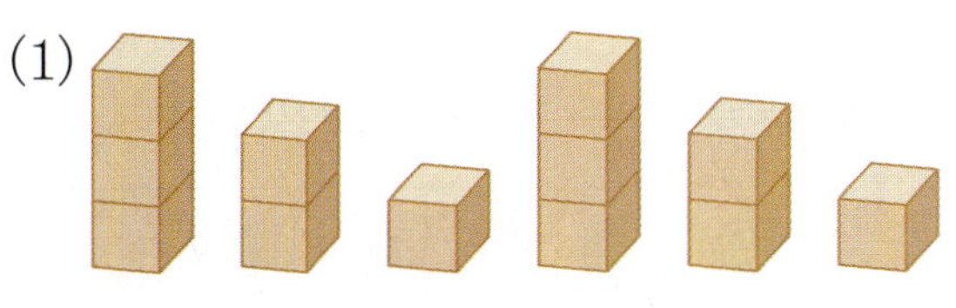

쌓기나무가 3층, ☐층, ☐층으로 반복됩니다.

(2) 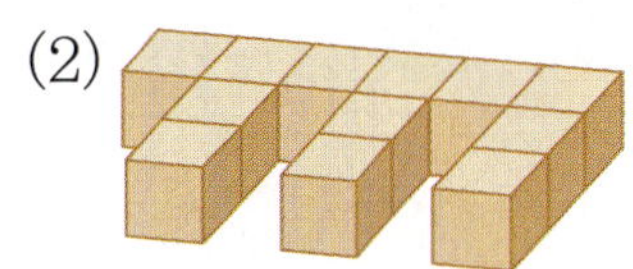

쌓기나무의 수가 왼쪽에서 오른쪽으로 ☐개, ☐개씩 반복됩니다.

체크

2-1 덧셈표를 완성하고 규칙을 찾아 ☐ 안에 알맞은 수를 써넣으시오.

+	1	3	5	7	9
1	2	4	6	8	10
3	4	6	8	10	12
5	6	8	10	12	14
7	8			14	16
9	10			16	18

(1) ▬으로 칠해진 수에는 아래쪽으로 내려갈수록 ☐씩 커지는 규칙이 있습니다.

(2) ▬으로 칠해진 수에는 오른쪽으로 갈수록 ☐씩 커지는 규칙이 있습니다.

2-2 곱셈표를 완성하고 규칙을 찾아 ☐ 안에 알맞은 수를 써넣으시오.

×	1	2	3	4	5
1	1	2	3	4	5
2	2	4	6	8	10
3	3		9	12	
4	4			16	
5	5	10	15	20	25

(1) ▬으로 칠해진 수에는 아래쪽으로 내려갈수록 ☐씩 커지는 규칙이 있습니다.

(2) ▬으로 칠해진 수에는 오른쪽으로 갈수록 ☐씩 커지는 규칙이 있습니다.

2 단계

기본 유형

→ 핵심 내용 처음과 같은 색깔(모양)을 찾아 반복되는 규칙 찾기

유형 01 무늬에서 규칙 찾기(1)

01 그림을 보고 물음에 답하시오.

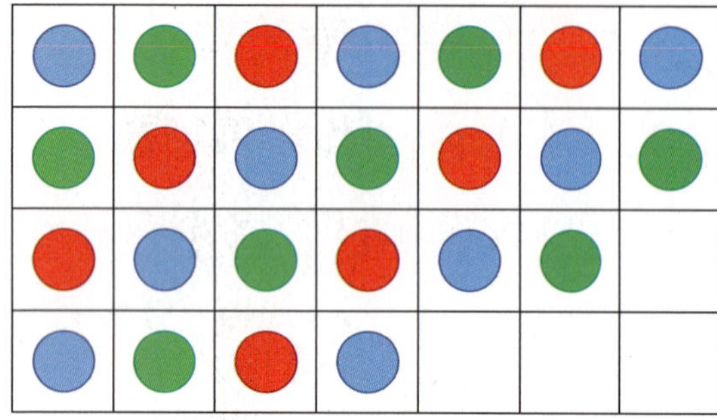

(1) 규칙에 맞게 빈칸에 알맞은 모양을 그리고 색칠해 보시오.

(2) 위 그림에서 🔵은 1, 🟢은 2, 🔴은 3으로 바꾸어 나타내시오.

1	2	3

02 규칙을 찾아 빈칸에 알맞은 모양에 ◯표 하시오.

(🔺 , 🔺 , ⭐ , ⭐)

→ 핵심 내용 돌아가는 무늬에서 규칙 찾기

유형 02 무늬에서 규칙 찾기(2)

03 규칙을 찾아 ●을 알맞게 그려 넣으시오.

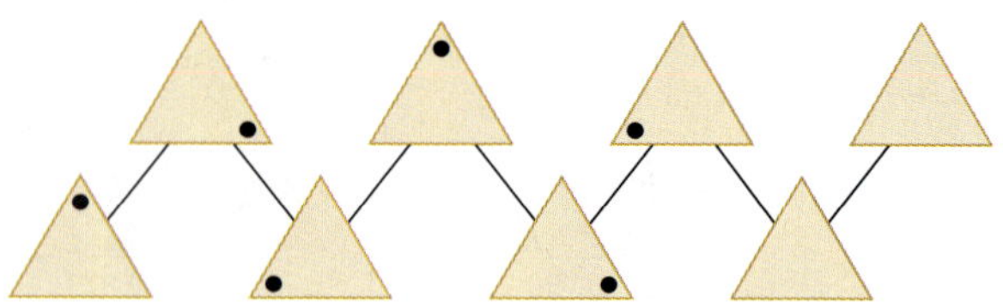

04 규칙을 찾아 알맞은 말에 ◯표 하고 빈칸에 알맞은 모양을 그리고 색칠해 보시오.

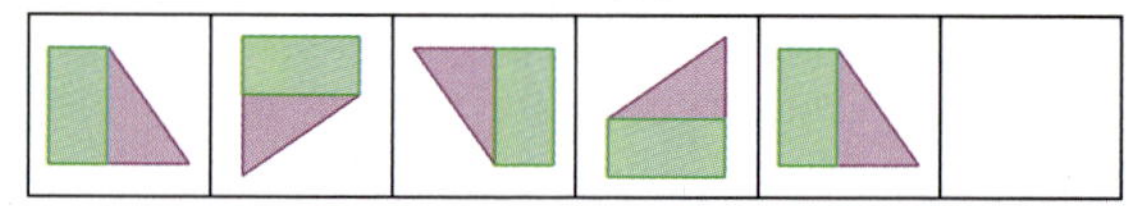

모양이 (시계 방향 , 시계 반대 방향)으로 돌아가는 규칙입니다.

05 규칙에 따라 색칠하려고 합니다. 색을 칠해야 하는 곳의 번호를 쓰시오. (　　　　)

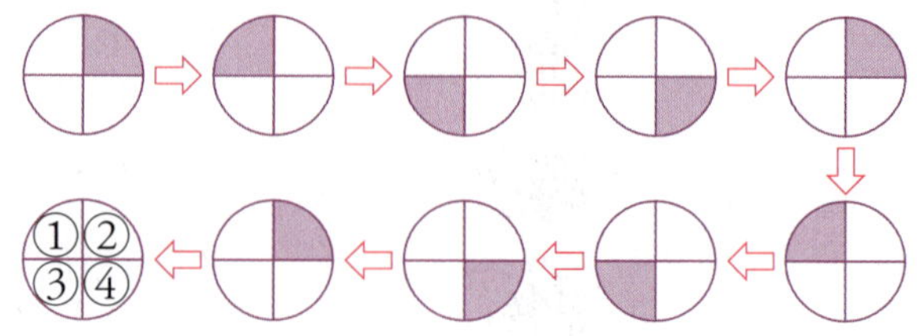

유형 03 쌓은 모양에서 규칙 찾기(1)

06 규칙에 따라 쌓기나무를 쌓았습니다. ☐ 안에 알맞은 수나 말을 써넣으시오.

빨간색 쌓기나무가 있고 쌓기나무 ☐ 개가 왼쪽과 ☐ 으로 번갈아 가며 나타나고 있습니다.

07 규칙에 따라 쌓기나무를 쌓았습니다. 규칙을 바르게 말한 것을 찾아 기호를 쓰시오.

> ㉠ 쌓기나무가 4개, 3개가 반복되고 있습니다.
> ㉡ 쌓기나무가 4개, 2개, 3개가 반복되고 있습니다.
> ㉢ 쌓기나무가 4개, 3개, 2개가 반복되고 있습니다.

(　　　　　　　　)

08 규칙에 따라 쌓기나무를 쌓았습니다. 빈칸에 쌓을 쌓기나무는 모두 몇 개입니까?

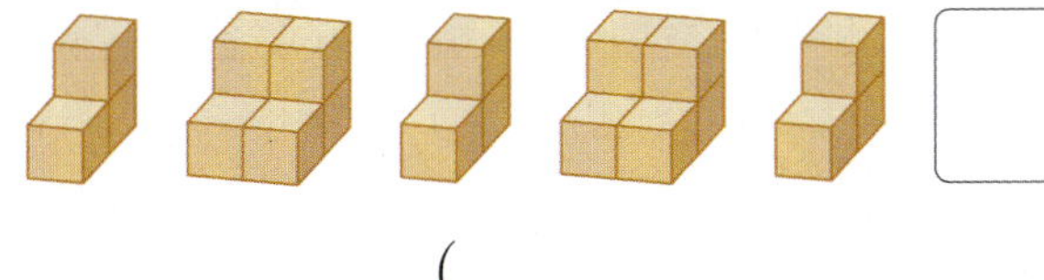

(　　　　　　　　)

유형 04 쌓은 모양에서 규칙 찾기(2)

[09~10] 규칙에 따라 쌓기나무를 쌓았습니다. 물음에 답하시오.

09 규칙을 찾아 쓰시오.

규칙

10 다음에 이어질 모양에 쌓을 쌓기나무는 모두 몇 개입니까?

(　　　　　　　　)

[11~12] 규칙에 따라 쌓기나무를 쌓았습니다. 물음에 답하시오.

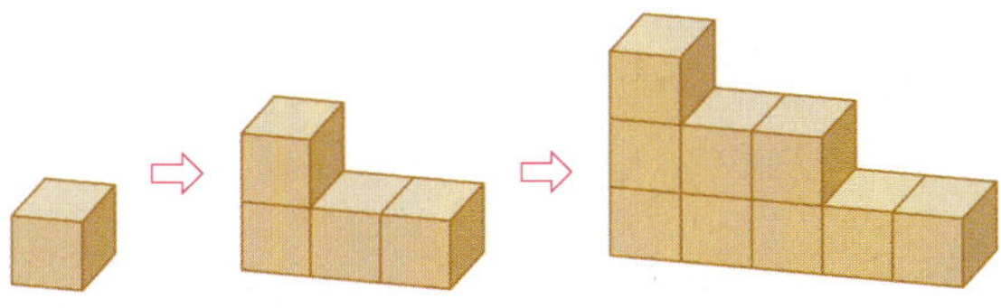

11 쌓기나무를 2층, 3층으로 쌓은 모양에서 쌓기나무는 각각 몇 개입니까?

2층 (　　　　　　), 3층 (　　　　　　)

12 다음에 이어질 모양에 쌓을 쌓기나무는 모두 몇 개입니까?

(　　　　　　　　)

2단계 기본 유형

→ 핵심 내용 가로, 세로, ＼방향으로 수가 늘어나는 규칙 찾기

유형 05 덧셈표에서 규칙 찾기

[13~15] 덧셈표를 보고 물음에 답하시오.

+	2	4	6	8	10	12
2	4	6	8	10	12	14
4	6	8	10	12	14	16
6	8	10	12	14	16	18
8	10	12	14	16	18	20
10	12	14	16	18	20	22
12	14	16	18	20	22	24

13 덧셈표를 보고 규칙을 잘못 설명한 친구의 이름을 쓰시오.

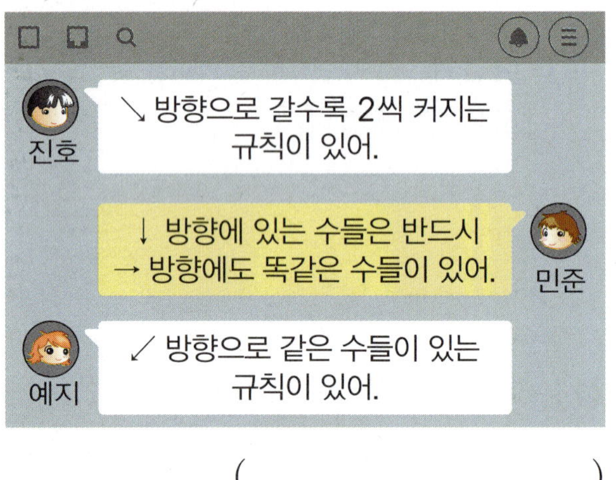

(   )

14 초록색 점선에 놓인 수의 규칙을 쓰시오.

규칙

15 덧셈표를 초록색 점선을 따라 접었을 때 만나는 수는 서로 같습니까, 다릅니까?

(   )

→ 핵심 내용 가로줄과 세로줄의 수가 만나는 칸에 두 수의 합을 구하여 덧셈표 완성하기

유형 06 규칙을 찾아 덧셈표 완성하기

16 덧셈표를 완성해 보시오.

+	1	3	5	7	9
1	2	4	6	8	10
3	4			10	
5	6		10		

17 덧셈표의 ㉠, ㉡, ㉢, ㉣ 중 다른 수가 들어가는 칸을 찾아 기호를 쓰시오.

+	2	4	6	8	10
3	5	7	9	11	㉠
5	7	9	11	13	15
7	9	11	㉡	15	17
9	11	13	15	17	19
11	㉢	15	17	19	㉣

(   )

18 덧셈표를 완성하고 완성한 덧셈표에서 규칙을 찾아 쓰시오.

+	3	5	7	
2	5	7	9	11
		7	9	11	13
6	9		13	15
8	11	13	15	

규칙

→ 핵심 내용 가로, 세로 방향으로 수가 늘어나는
규칙 찾기

유형 07 곱셈표에서 규칙 찾기

19 곱셈표를 보고 규칙을 바르게 설명한 것
의 기호를 쓰시오.

×	1	2	3	4	5
1	1	2	3	4	5
2	2	4	6	8	10
3	3	6	9	12	15
4	4	8	12	16	20
5	5	10	15	20	25

㉠ 1, 3, 5단 곱셈구구에 있는 수는
모두 홀수입니다.
㉡ 5단 곱셈구구는 일의 자리 숫자가
5와 0이 반복됩니다.

(   )

[20~21] 곱셈표를 보고 물음에 답하시오.

×	1	3	5	7	9
1	1	3	5	7	9
3	3	9	15	21	27
5	5	15	25	35	45
7	7	21	35	49	63
9	9	27	45	63	81

20 알맞은 말에 ○표 하시오.

곱셈표에 있는 수들은 모두 (홀수 , 짝수)
입니다.

21 곱셈표를 초록색 점선을 따라 접었을 때
만나는 수는 서로 같습니까, 다릅니까?

(   )

→ 핵심 내용 가로줄과 세로줄의 수가 만나는 칸에
두 수의 곱을 구하여 곱셈표 완성하기

유형 08 규칙을 찾아 곱셈표 완성하기

22 곱셈표를 완성해 보시오.

×	3	4	5	6	7
3	9	12	15	18	21
4	12	16		24	28
5		20	25		35

23 곱셈표에서 곱이 <u>잘못된</u> 칸을 모두 찾아
색칠하시오.

×	5	6	7	8	9
5	25	30	35	40	45
6	30	36	42	48	54
7	35	42	48	56	63
8	40	48	56	64	74
9	45	54	63	72	81

24 곱셈표를 완성하고 완성한 곱셈표에서
규칙을 찾아 쓰시오.

×	2	4		8
2	4	8	12	16
4	8	16	24	
6	12	24	36	48
		16	32	48

규칙

2단계 기본 유형

유형 09 생활에서 규칙 찾기(1)

25 오른쪽 엘리베이터 층수 버튼을 보고 □ 안에 알맞은 수를 써넣으시오.

(1) 파란색 선에 놓인 수들은 ↑ 방향으로 □씩 커집니다.

(2) 분홍색 선에 놓인 수들은 → 방향으로 □씩 커집니다.

(3) 초록색 선에 놓인 수들은 ↘ 방향으로 □씩 커집니다.

26 사물함 번호에 있는 규칙을 찾아 떨어진 번호판의 숫자를 쓰시오.

1	2	3	4		6	7	8
9	10		12	13	14		16
	18	19		21	22	23	

27 재중이네 반 학생들은 번호 순서대로 자리에 앉기로 했습니다. 재중이가 앉은 자리가 다음과 같을 때 재중이는 몇 번입니까?

( )

유형 10 생활에서 규칙 찾기(2)

[28~30] 달력을 보고 물음에 답하시오.

2월

일	월	화	수	목	금	토
1	2	3	4	5	6	7
8	9	10	11	12	13	14
15	16	17	18	19	20	21
22	23	24	25	26	27	28

28 □ 안에 알맞은 수를 써넣으시오.

(1) 아래쪽으로 내려갈수록 □씩 커집니다.

(2) 오른쪽으로 갈수록 □씩 커집니다.

(3) 같은 요일은 □일마다 반복됩니다.

29 2월의 금요일인 날짜를 모두 찾아 쓰시오.

( )

30 규칙을 바르게 설명한 것의 기호를 쓰시오.

> ㉠ 빨간색 선에 놓인 수들은 ↘ 방향으로 갈수록 8씩 작아집니다.
> ㉡ 파란색 선에 놓인 수들은 ↗ 방향으로 갈수록 5씩 작아집니다.

( )

유형 **11** **생활에서 규칙 찾기(3)**

31 피자집 천막에서 규칙을 찾으려고 합니다.
☐ 안에 알맞은 말을 써넣으시오.

천막의 색이 흰색, ☐,

☐ 이 반복되는 규칙이 있습니다.

32 교실 바닥 무늬에서 규칙을 찾으려고 합
니다. 규칙을 바르게 설명한 친구의 이름
을 쓰시오.

( )

33 버스 출발 시간표에서 규칙을 찾으려고 합
니다. ☐ 안에 알맞은 수를 써넣으시오.

서울 → 대전		
	평일	주말
출발 시각	6:00 6:15 6:30 6:45 7:00 7:15 7:30 7:45	6:00 6:20 6:40 7:00 7:20 7:40

(1) 평일은 버스가 ☐ 분 간격으로 출
발합니다.

(2) 주말은 버스가 ☐ 분 간격으로 출
발합니다.

34 신호등에서 규칙을 찾아 쓰시오.

규칙

____

35 ♩는 큰북을 치고 ♪는 작은북을 칩니다.
지연이는 리듬을 보고 큰북을 치려고 합
니다. 규칙에 따라 리듬을 완성하면 지연
이는 큰북을 몇 번 쳐야 합니까?

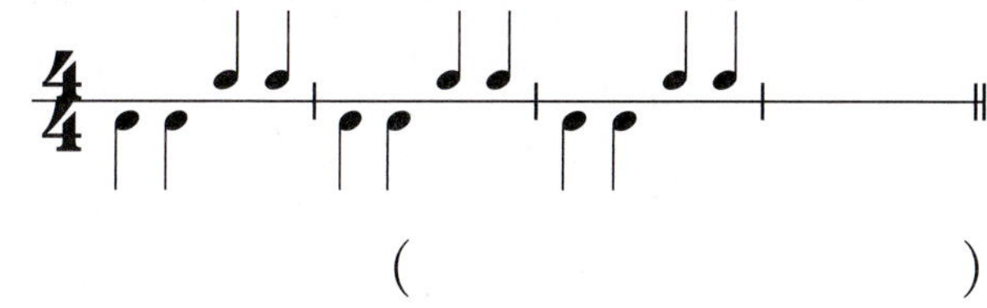

( )

2_{단계} 기본 유형

잘 틀리는 유형 12 덧셈표의 일부분을 보고 해결하기

36 덧셈표를 보고 ☐ 안에 알맞은 수를 써넣으시오.

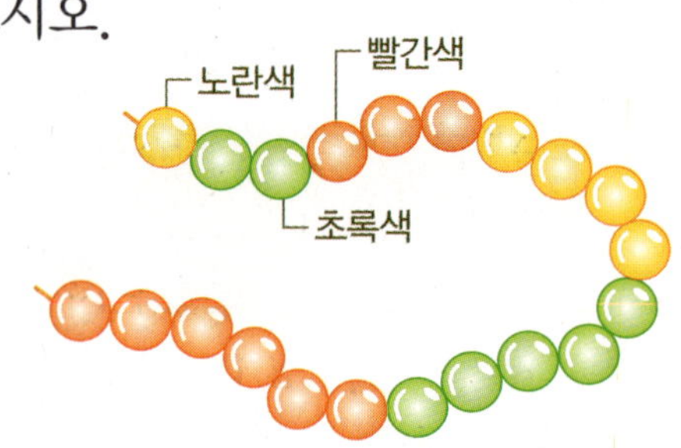

오른쪽으로 갈수록 ☐ 씩 커지고, 아래쪽으로 내려갈수록 ☐ 씩 커지는 규칙이 있습니다.

응용유형 37 덧셈표에서 규칙을 찾아 빈칸에 알맞은 수를 써넣으시오.

(1)

		11
9	10	12
	11	12	13

(2)

	14	
13		15	16	17
	15	16	

KEY 덧셈표의 가로줄과 세로줄의 규칙을 찾아 빈칸에 알맞은 수를 구합니다.

잘 틀리는 유형 13 색깔과 개수에서 규칙 찾기

38 규칙을 찾아 ☐ 안에 알맞은 수나 말을 써넣으시오.

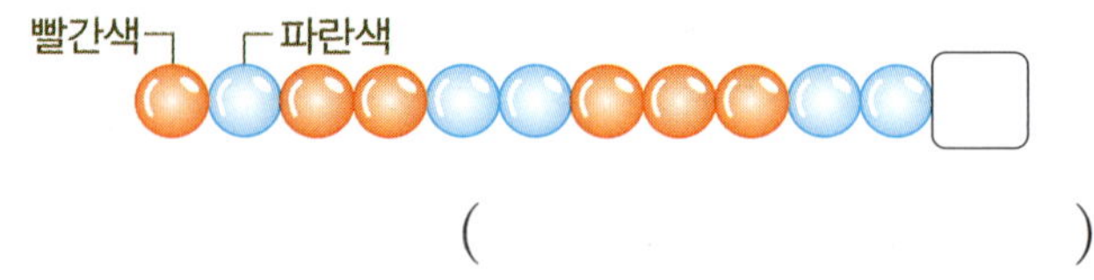

노란색, 초록색, ☐☐☐☐☐ 구슬이 차례로 ☐ 개씩 늘어나면서 반복되는 규칙입니다.

39 규칙을 찾아 빈칸에 들어갈 구슬의 색깔을 쓰시오.

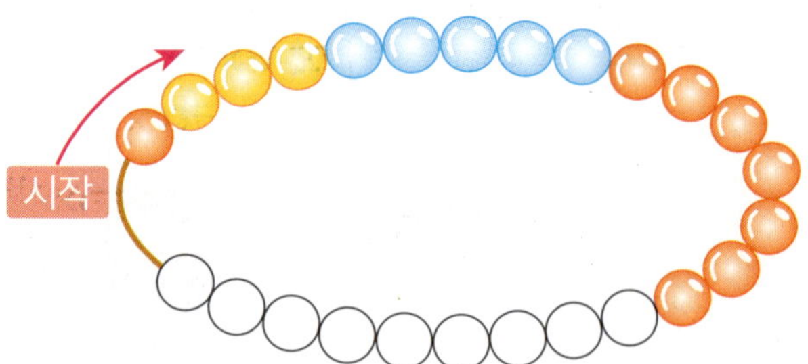

( )

응용유형 40 팔찌의 규칙을 찾아 알맞게 색칠해 보시오.

KEY 색깔이 반복되는 규칙을 찾은 다음 구슬의 수가 늘어나는 규칙을 찾아봅니다.

1-1

규칙을 찾아 ⅠⅠ번째 모양을 그리려고 합니다. 풀이 과정을 완성하고 답을 구하시오.

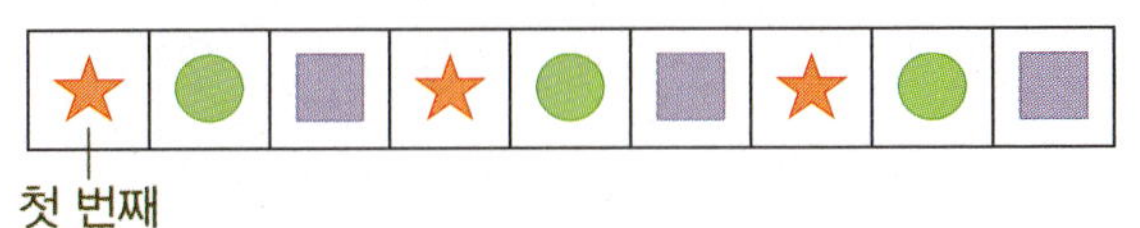

첫 번째

풀이 ☐, ☐, ☐ 이 반복되는 규칙입니다.

따라서 Ⅰ0번째 모양은 ☐이고, ⅠⅠ번째 모양은 ☐입니다.

답 ☐

2-1

덧셈표에서 ㉠과 ㉡의 차는 얼마인지 풀이 과정을 완성하고 답을 구하시오.

+	2	4	6	8
1	3	5	7	9
3	5			
5		㉠		
7				㉡

풀이 아래쪽으로 내려갈수록 ☐씩 커지므로 ㉠은 ☐이고, ㉡은 ☐입니다.

따라서 ㉠과 ㉡의 차는 ☐입니다.

답 ☐

1-2

규칙을 찾아 ⅠⅠ번째 모양을 그리려고 합니다. 풀이 과정을 쓰고 답을 구하시오.

첫 번째

풀이

답

2-2

덧셈표에서 ㉠과 ㉡의 차는 얼마인지 풀이 과정을 쓰고 답을 구하시오.

+	0	2	4	6
0	0	2	4	6
1	1			
2				㉠
3		㉡		

풀이

답

6 규칙 찾기

3단계 유형 단원 평가

01 규칙을 찾아 빈칸에 알맞은 모양에 ○표 하시오.

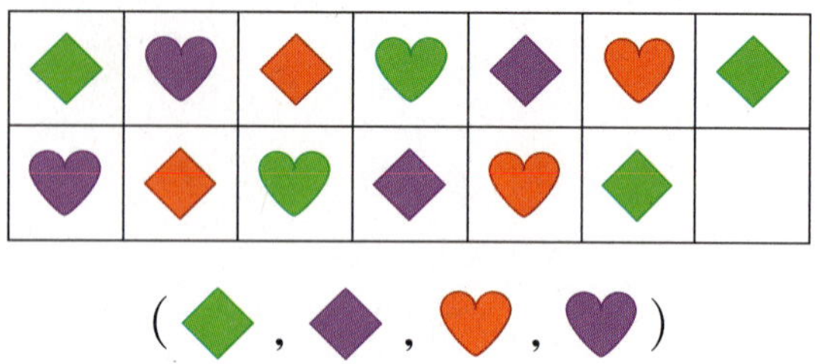

(◆ , ◆ , ♥ , ♥)

02 규칙에 따라 색칠하려고 합니다. 색을 칠해야 하는 곳의 번호를 쓰시오. (　　　)

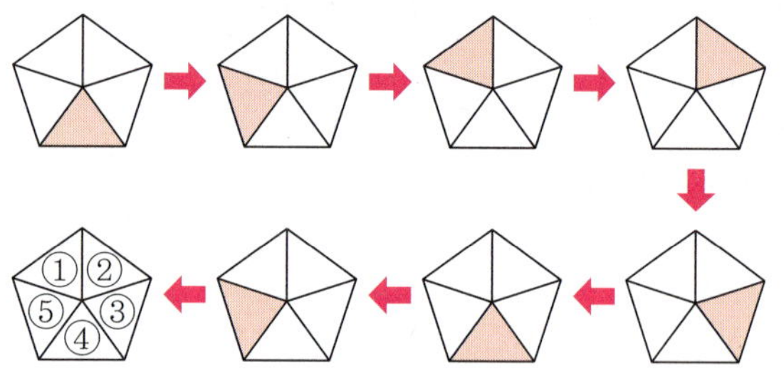

03 규칙에 따라 쌓기나무를 쌓았습니다. 빈칸에 쌓을 쌓기나무는 모두 몇 개입니까?

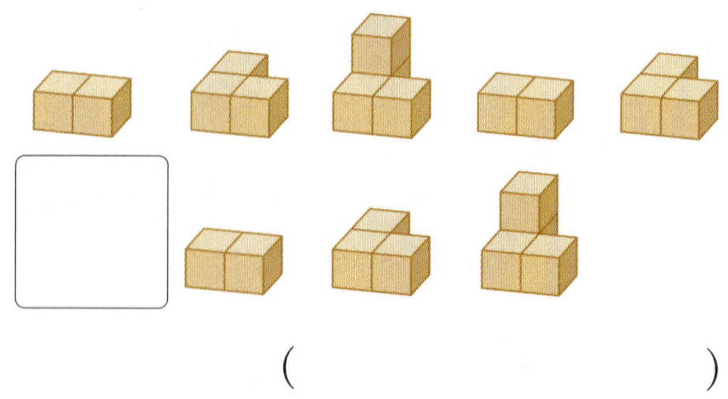

(　　　　　　　)

[04~05] 덧셈표를 보고 물음에 답하시오.

+	4	5	6	7	8
4	8	9	10	11	12
5	9	10	11	12	13
6	10	11	12	13	14
7	11	12	13	14	15
8	12	13	14	15	16

04 덧셈표를 보고 규칙을 바르게 설명한 친구를 찾아 이름을 쓰시오.

> 지호: → 방향으로 갈수록 2씩 커지는 규칙이 있어.
> 혜미: ↓ 방향으로 갈수록 2씩 커지는 규칙이 있어.
> 우현: ╱ 방향으로 같은 수들이 있는 규칙이 있어.

(　　　　　　　)

05 초록색 점선에 놓인 수의 규칙을 쓰시오.

규칙 ____________________

____

06 규칙에 따라 쌓기나무를 쌓았습니다. 다음에 이어질 모양에 쌓을 쌓기나무는 모두 몇 개입니까?

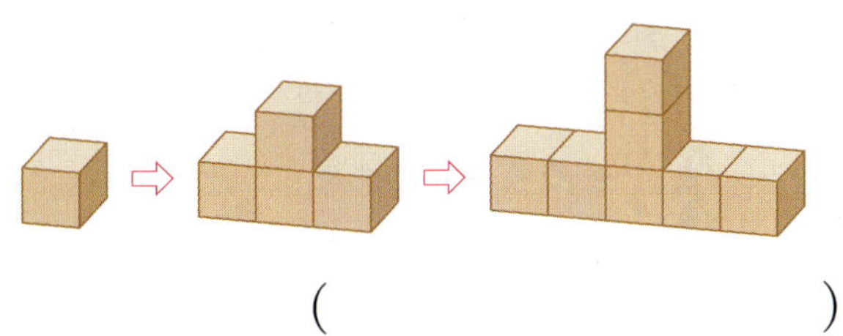

(   )

[07~08] 곱셈표를 보고 물음에 답하시오.

×	2	4	6	8
2	4	8	12	16
4	8	16	24	32
6	12	24	36	48
8	16	32	48	64

07 알맞은 말에 ○표 하시오.

곱셈표에 있는 수들은 모두 (홀수 , 짝수) 입니다.

08 곱셈표를 초록색 점선을 따라 접었을 때 만나는 수는 서로 같습니까, 다릅니까?

(   )

09 덧셈표의 ㉠, ㉡, ㉢, ㉣ 중 다른 수가 들어가는 칸을 찾아 기호를 쓰시오.

+	1	3	5	7	9
1	2	4	6	8	10
3	4	6	8	10	㉠
5	6	8	10	12	14
7	8	10	㉡	14	16
9	10	㉢	14	㉣	18

(   )

10 곱셈표를 완성하고 완성한 곱셈표에서 규칙을 찾아 쓰시오.

×	1	3	5	
1	1	3	5	7
3	3	9	15	21
	5	15		35
7	7	21	35	

규칙

____

11 신발장 번호에 있는 규칙을 찾아 떨어진 번호판의 숫자를 쓰시오.

1	2	3		5	6	7
8	9	10	11	12		14
15	16	17	18		20	21
22	23			25	26	27

12 달력을 보고 규칙을 잘못 설명한 것을 찾아 기호를 쓰시오.

4월

일	월	화	수	목	금	토
			2	3	4	5
6	7	8	9	10	11	12
13	14	15	16	17	18	19
20	21	22	23	24	25	26
27	28	29	30			

> ㉠ 빨간색 선에 놓인 수들은 ↘ 방향으로 갈수록 8씩 커집니다.
> ㉡ 파란색 선에 놓인 수들은 ↗ 방향으로 갈수록 6씩 작아집니다.
> ㉢ 초록색 선에 놓인 수들은 ↓ 방향으로 갈수록 5씩 커집니다.

(　　　　　　)

13 버스 출발 시간표에서 규칙을 찾으려고 합니다. ☐ 안에 알맞은 수를 써넣으시오.

서울 → 춘천		
	평일	주말
출발 시각	9:00　9:10 9:20　9:30 9:40　9:50	9:00　9:12 9:24　9:36 9:48
	10:00　10:10 10:20　10:30 10:40　10:50	10:00　10:12 10:24　10:36 10:48

(1) 평일은 버스가 ☐ 분 간격으로 출발합니다.

(2) 주말은 버스가 ☐ 분 간격으로 출발합니다.

14 ♩는 큰북을 치고 ♪는 작은북을 칩니다. 유미는 리듬을 보고 작은북을 치려고 합니다. 규칙에 따라 리듬을 완성하면 유미는 작은북을 몇 번 쳐야 합니까?

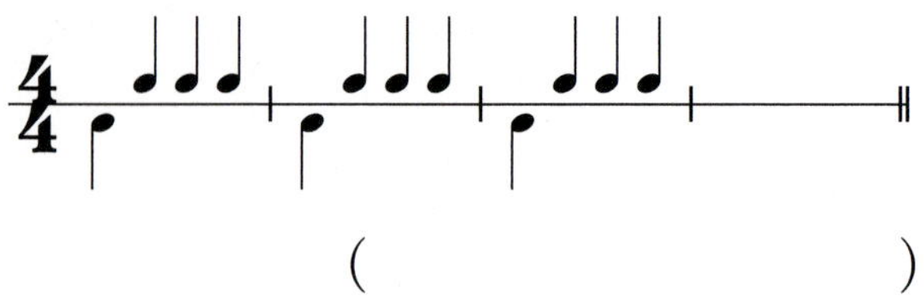

(　　　　　　)

15 덧셈표를 보고 ☐ 안에 알맞은 수를 써넣으시오.

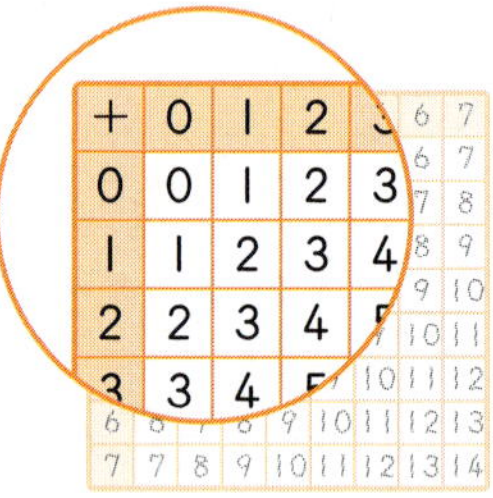

↘ 방향으로 ☐ 씩 커지는 규칙이 있습니다.

16 규칙을 찾아 빈칸에 들어갈 구슬의 색깔을 쓰시오.

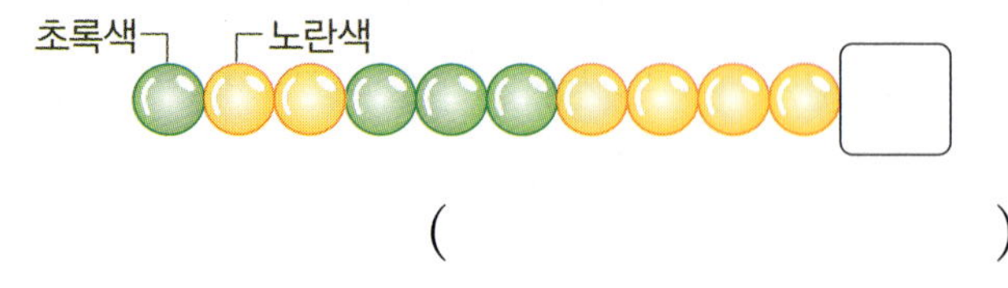

(　　　　　　)

17 덧셈표에서 규칙을 찾아 빈칸에 알맞은 수를 써넣으시오.

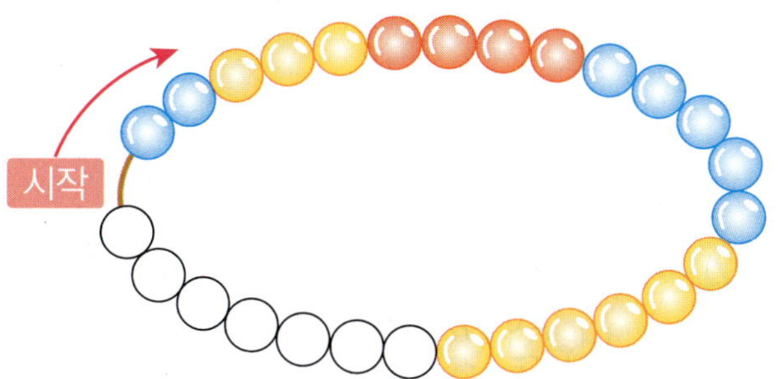

10	11		
11	12		
12		14	
	14	15	16
	16		

18 팔찌의 규칙을 찾아 알맞게 색칠해 보시오.

19 규칙을 찾아 11번째 모양을 그리려고 합니다. 풀이 과정을 쓰고 답을 구하시오.

풀이

답

20 덧셈표에서 ㉠과 ㉡의 차는 얼마인지 풀이 과정을 쓰고 답을 구하시오.

+	1	3	5	7
1	2	4	6	8
3	4			
5			㉠	
7				㉡

풀이

답

6 규칙 찾기

유형 01 쌓기나무의 개수 구하기

쌓기나무를 5층으로 쌓을 때 필요한 쌓기나무의 개수 구하기

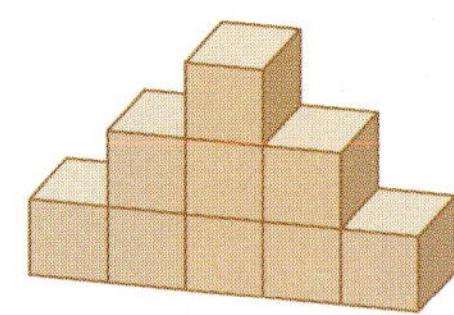

① 각 층의 쌓기나무가 1개, 3개, ☐개로 한 층에 ☐개씩 늘어나는 규칙이 있습니다.

② 따라서 5층으로 쌓을 때 필요한 쌓기나무는 모두

$1+3+$ ☐ $+$ ☐ $+$ ☐ $=$ ☐ (개)

입니다.

01 규칙에 따라 쌓기나무를 쌓았습니다. 쌓기나무를 5층으로 쌓을 때 필요한 쌓기나무는 모두 몇 개입니까?

( )

02 규칙에 따라 쌓기나무를 쌓았습니다. 쌓기나무를 5층으로 쌓을 때 필요한 쌓기나무는 모두 몇 개입니까?

( )

유형 02 곱셈표에서 빈칸에 알맞은 수 구하기

곱셈표는 같은 줄에서 아래쪽으로 내려갈수록, 오른쪽으로 갈수록 같은 수만큼씩 커집니다.

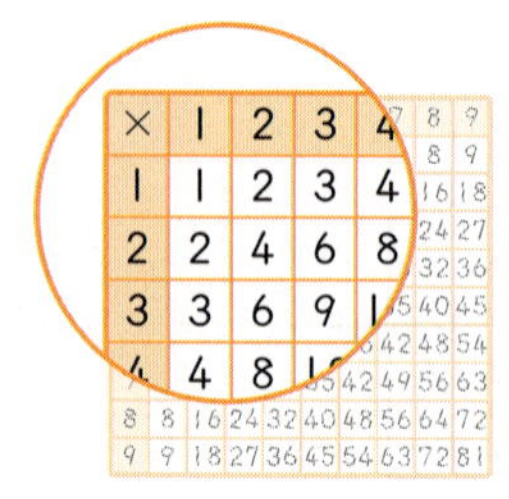 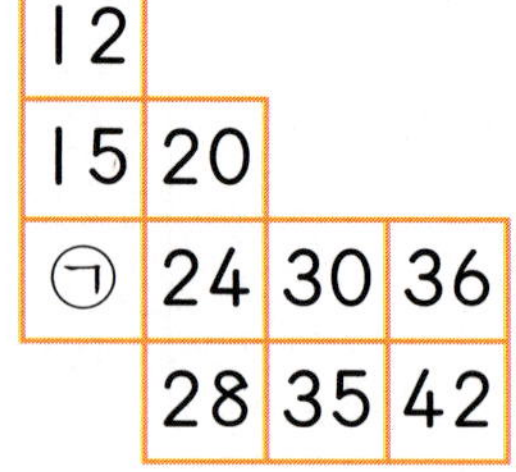

12			
15	20		
㉠	24	30	36
	28	35	42

㉠이 있는 세로줄은 ☐씩 커지므로

㉠ $=15+$ ☐ $=$ ☐ 입니다.

03 곱셈표에서 규칙을 찾아 빈칸에 알맞은 수를 써넣으시오.

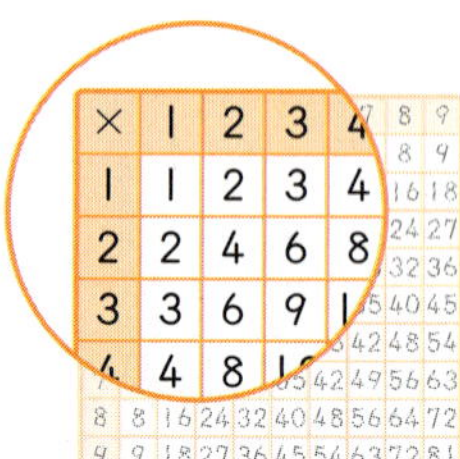

9	12	15	18
12	16	20	
15	20		
18			

04 곱셈표에서 규칙을 찾아 빈칸에 알맞은 수를 써넣으시오.

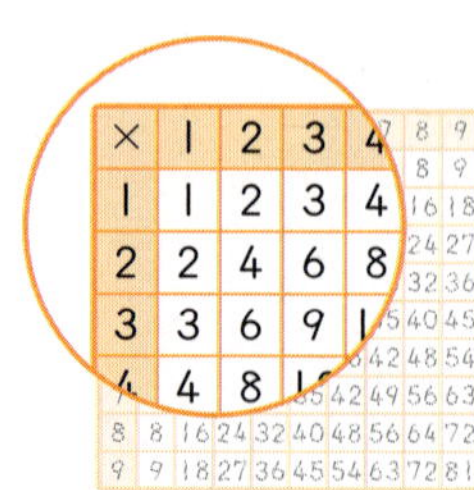

		56	63
	56	64	
54	63		81

QR 코드를 찍어 **동영상 특강**을 보세요.

유형 03 여러 도형이 겹친 모양에서 규칙 찾기

규칙을 찾아 ☐ 안에 알맞은 도형 그리기

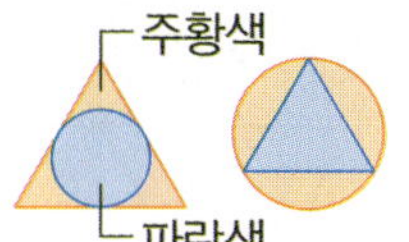 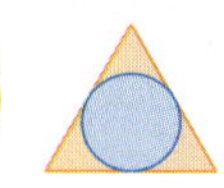 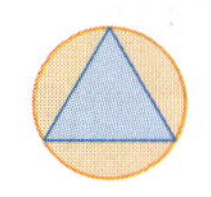 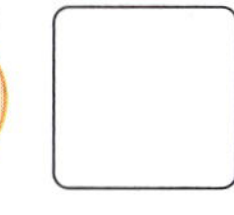

① 모양: 바깥쪽은 삼각형, 원이 반복되고,

안쪽은 ☐, ☐ 이 반복

되는 규칙입니다.

② 색깔: 바깥쪽부터 주황색, ☐

이 색칠되어 있습니다.

③ 따라서 ☐ 안에 알맞은 도형은 바깥쪽은

주황색 삼각형, 안쪽은 파란색 ☐ 입니다.

05 규칙을 찾아 ☐ 안에 알맞은 도형을 그려

보시오.

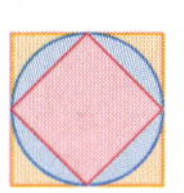 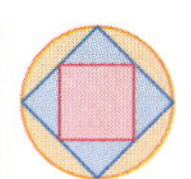 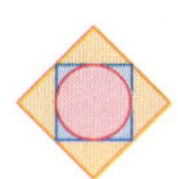 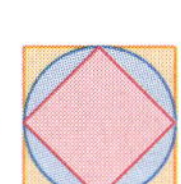 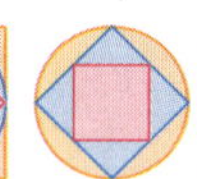 

06 규칙을 찾아 ☐ 안에 알맞은 도형을 그려

보시오.

 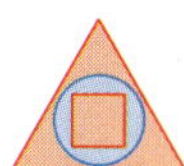 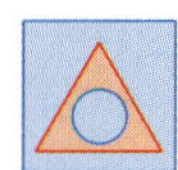  

유형 04 새 교과서에 나온 활동 유형

07 표 안의 수를 이용하여 덧셈표를 만들려고

합니다. 물음에 답하시오.

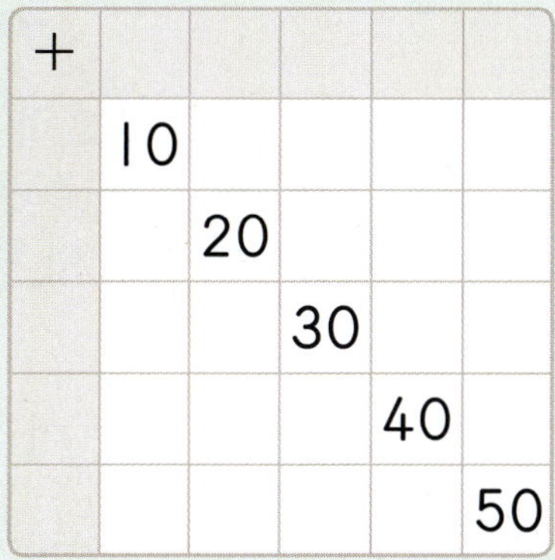

+					
	10				
		20			
			30		
				40	
					50

(1) 가로줄과 세로줄에 같은 수를 써서

덧셈표를 완성하시오.

(2) 만든 덧셈표에서 규칙을 찾아 쓰시오.

규칙

08 공연장 의자 번호를 보고 공연장 의자 번호

에서 찾을 수 있는 규칙을 쓰시오.

규칙 번호가 가, 다 구역에서는 뒤로 갈수

록 ☐ 씩 커지고, 나 구역에서는

뒤로 갈수록 ☐ 씩 커지는 규칙

이 있습니다.

다르지만 같은 유형

유형 01 생활 속 수 배열에서 규칙 찾기

01 전화기 숫자 버튼을 보고 규칙을 찾아 보았습니다. ☐ 안에 알맞은 수를 써넣으시오.

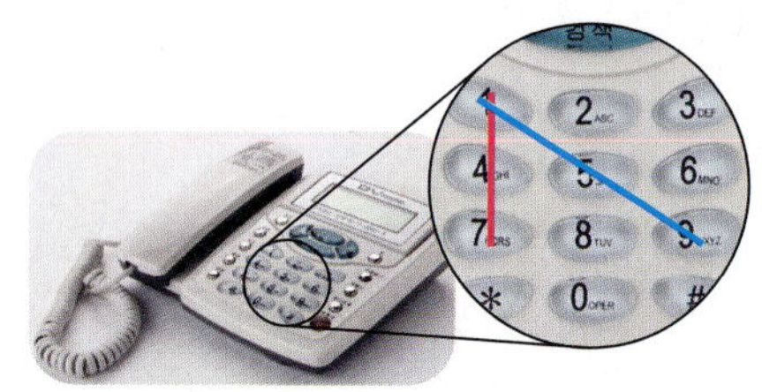

> 빨간색 선에 놓인 수는 아래쪽으로 내려갈수록 ☐ 씩 커지고, 파란색 선에 놓인 수는 ↘ 방향으로 갈수록 ☐ 씩 작아집니다.

02 민아, 소진, 재호는 휴대 전화 숫자 버튼에서 규칙을 찾아 보았습니다. 규칙을 바르게 찾은 사람의 이름을 쓰시오.

> 민아: 나는 3씩 커지는 규칙이 있는 수를 찾아 빨간색 선을 그었어.
> 소진: 파란색 선에 놓인 수는 ↗ 방향 으로 갈수록 2씩 커지고 있어.
> 재호: 나는 초록색 선에 놓인 수의 규칙을 찾았어. 3씩 커지고 있네.

(   )

유형 02 나만의 규칙 만들기

03 3가지 색으로 자신만의 규칙을 만들어 색칠해 보고, 어떤 규칙으로 색칠했는지 쓰시오.

규칙

04 빗살무늬토기는 겉에 빗살 같은 줄이 그어져 있는 옛날 그릇입니다. 다음 그릇에 빗살무늬(╱, ╲)를 사용하여 무늬를 꾸며 보시오.

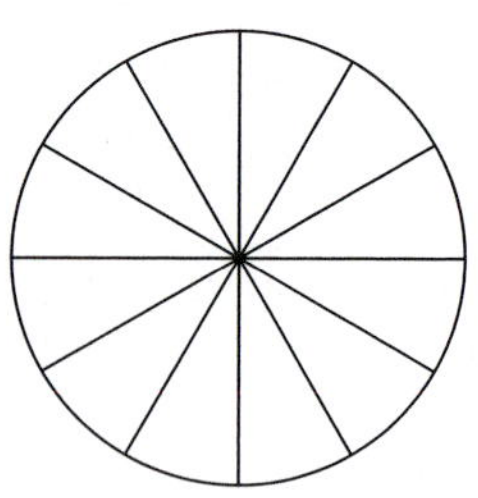

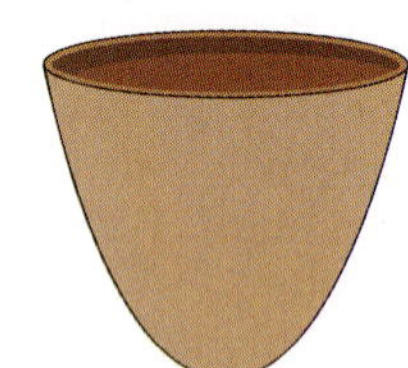

05 ♥, ◆을 사용하여 규칙적인 무늬를 만들려고 합니다. 자신만의 규칙을 만들어 쓰고, 만든 규칙에 따라 무늬를 만들어 보시오.

규칙

QR 코드를 찍어 **동영상 특강**을 보세요.

유형 03 규칙이 다른 하나 찾기

06 교실의 사물함을 나타낸 그림입니다. 점선에 놓인 수의 규칙이 <u>다른</u> 하나를 찾아 기호를 쓰시오.

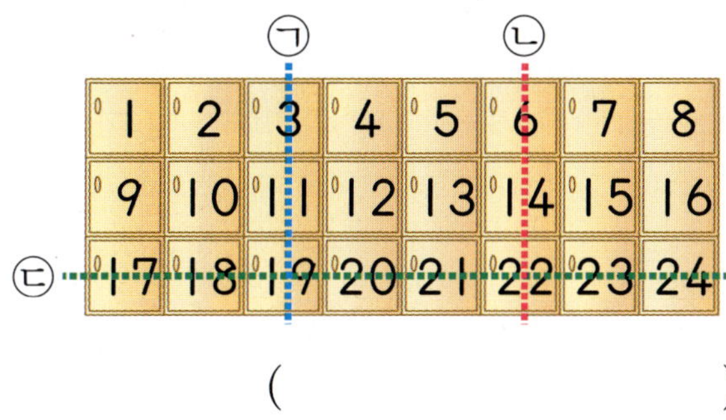

(   )

07 점선에 놓인 수의 규칙이 <u>다른</u> 하나를 찾아 점선의 색을 쓰시오.

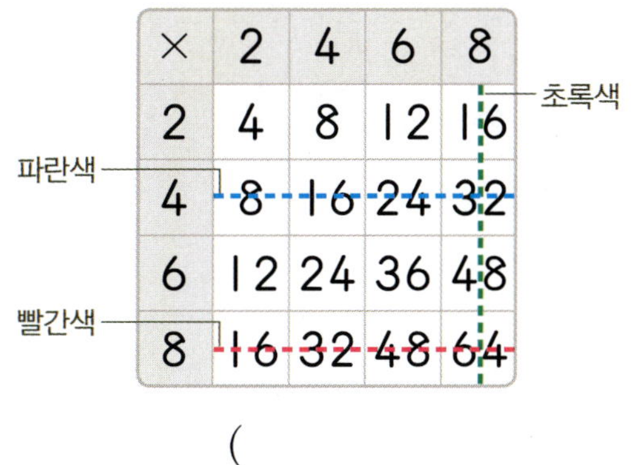

(   )

08 빨간색 선에 놓인 수의 규칙이 나머지와 <u>다른</u> 하나는 무엇입니까?

(   )

유형 04 늘어나는 모양에서 규칙 찾기

09 사각형이 다음과 같이 놓여 있습니다. 규칙을 찾아 쓰고 ☐ 안에 알맞은 모양을 그려 보시오.

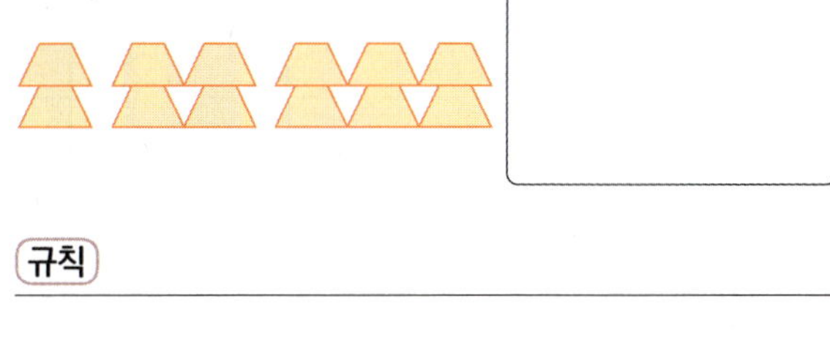

규칙

____

____

10 규칙을 찾아 ☐ 안에 알맞은 모양을 그려 보시오.

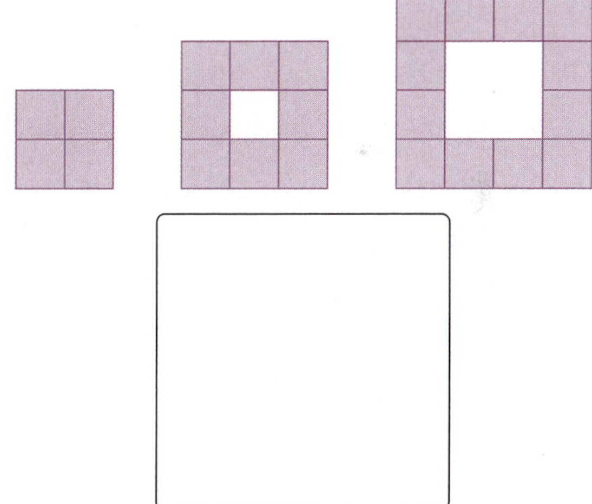

11 규칙을 찾아 ☐ 안에 알맞은 모양을 그려 보시오.

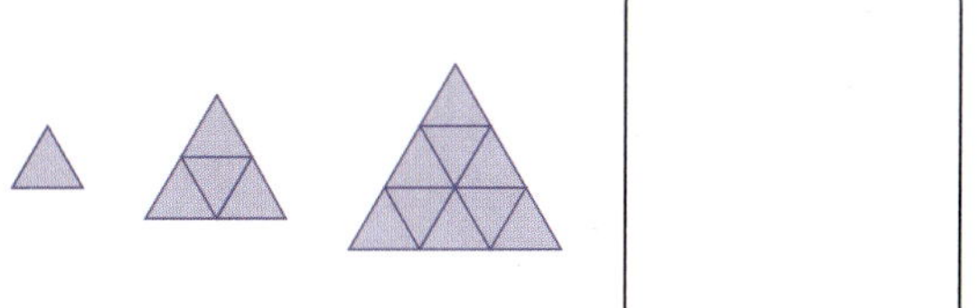

규칙 찾아 단어 만들기

01 ❶규칙에 따라 ①, ②, ③, ④에 각각 들어갈 글자를 번호 순서대로 쓰면 / ❷어떤 단어가 만들어집니까?

ㄱ	ㅁ	ㅈ	ㄱ	ㅁ	①	ㄱ	ㅁ
ㅏ	ㅓ	ㅏ	ㅓ	②	ㅓ	ㅏ	ㅓ
ㄷ	ㅅ	ㅋ	ㄷ	ㅅ	ㅋ	③	ㅅ
ㅗ	ㅜ	ㅗ	ㅜ	ㅗ	④	ㅗ	ㅜ

(   )

❶ 각 줄에서 자음자와 모음자의 규칙을 각각 찾아 ①, ②, ③, ④에 들어갈 글자를 찾아봅니다.

❷ ①, ②, ③, ④에 들어갈 글자를 순서대로 써서 단어를 만듭니다.

덧셈표에서 규칙 찾아 해결하기

02 덧셈표의 ❷㉠과 ㉡에 알맞은 수의 합을 구하시오.

❶

+		3		7
2	3			
6	㉠			
			11	㉡

(   )

❶ 덧셈표의 빈칸에 알맞은 수를 써넣어 ㉠과 ㉡에 알맞은 수를 구합니다.

❷ ㉠과 ㉡에 알맞은 수의 합을 구합니다.

무늬에서 규칙 찾아 해결하기

03 규칙을 찾아 ❷☐ 안에 11번째 모양을 그려 보시오.

❶ 첫 번째   두 번째   세 번째   네 번째   다섯 번째   여섯 번째   11번째

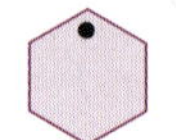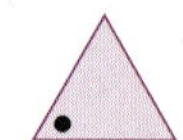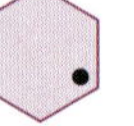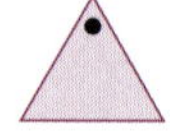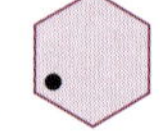 … 

❶ 무늬의 모양과 점의 위치를 보고 규칙을 찾습니다.

❷ ☐ 안에 11번째 모양을 그립니다.

곱셈표에서 규칙 찾아 해결하기

04 다음 곱셈표의 빈칸에 들어갈 수들은 [1]몇씩 커지는지 구하시오. 또, 이와 같은 규칙으로 수를 늘어놓을 때 / [2]★에 알맞은 수를 구하시오.

×	1	3	5	7
1	1	3	5	
3	3	9	15	
5	5	15	25	
7	7	21	35	

8, ☐, ☐, ☐, ★

(　　　　　), (　　　　　)

[1] 곱셈표를 완성하여 몇씩 커지는 규칙인지 알아봅니다.

[2] [1]과 같은 규칙으로 8부터 늘어놓을 때 ★에 알맞은 수를 구합니다.

찢어진 달력에서 규칙 찾아 해결하기

05 1월 달력의 일부분이 찢어져 있습니다. [2]같은 해 2월 8일은 무슨 요일입니까?

1월

[1]일	월	화	수	목	금	토
		1	2	3	4	5
6	7	8	9	10		

(　　　　　)

[1] 달력에서 규칙을 찾아 1월 31일은 무슨 요일인지 알아봅니다.

[2] 2월 1일은 무슨 요일인지 알아보고 2월 8일은 무슨 요일인지 구합니다.

구슬에서 규칙을 찾아 ■번째 색깔 알아보기

06 다음과 같은 규칙으로 구슬을 실에 꿰고 있습니다. [2]15번째에 꿰는 구슬은 무슨 색깔입니까?

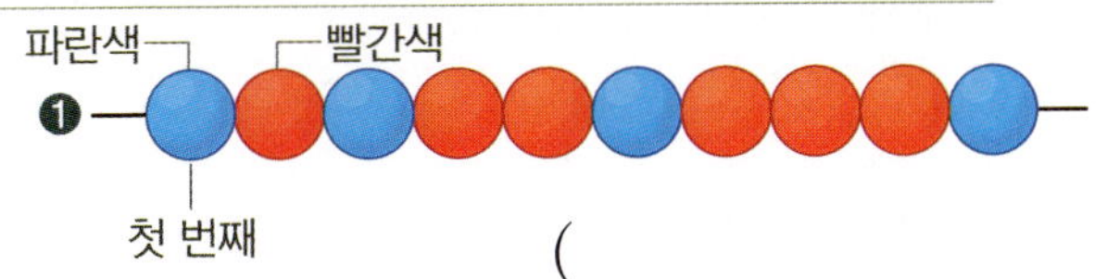

(　　　　　)

[1] 구슬의 색깔과 개수에서 규칙을 찾아봅니다.

[2] 규칙에 맞게 15번째에 꿰는 구슬은 무슨 색깔인지 구합니다.

6
규칙 찾기

07 규칙을 찾아 □ 안에 알맞은 모양을 그리고 색칠해 보시오.

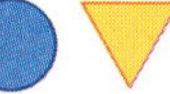

규칙 찾아 단어 만들기

08 규칙에 따라 ①, ②, ③, ④에 각각 들어갈 글자를 번호 순서대로 쓰면 어떤 단어가 만들어집니까?

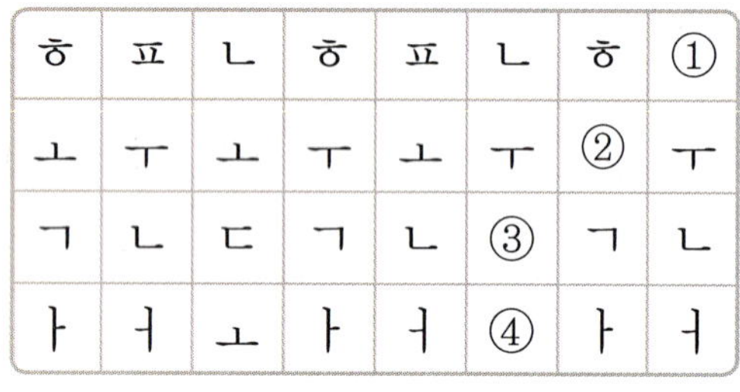

ㅎ	ㅍ	ㄴ	ㅎ	ㅍ	ㄴ	ㅎ	①
ㅗ	ㅜ	ㅗ	ㅜ	ㅗ	ㅜ	②	ㅜ
ㄱ	ㄴ	ㄷ	ㄱ	ㄴ	③	ㄱ	ㄴ
ㅏ	ㅓ	ㅗ	ㅏ	ㅓ	④	ㅏ	ㅓ

(　　　　　　　)

덧셈표에서 규칙 찾아 해결하기

09 덧셈표의 ㉠과 ㉡에 알맞은 수의 합을 구하시오.

+			8	9
6	㉠			
			16	㉡
9	15			

(　　　　　　　)

10 규칙에 따라 쌓기나무를 쌓고 있습니다. 여섯 번째 모양에 쌓을 쌓기나무는 모두 몇 개입니까?

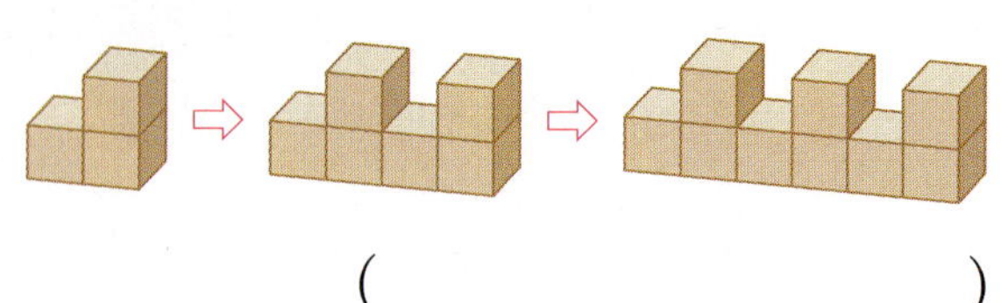

(　　　　　　　)

[11~12] 어느 공연장의 자리를 나타낸 그림입니다. 물음에 답하시오.

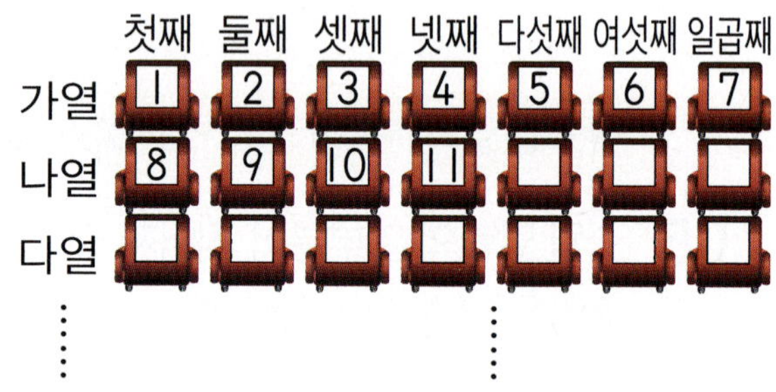

11 진호의 자리는 25번입니다. 진호는 어느 열 몇째 자리에 앉아야 합니까?

(　　　　　　　)

12 지선이의 자리는 마열 셋째입니다. 지선이가 앉을 자리는 몇 번입니까?

(　　　　　　　)

● 정답 및 풀이 53쪽

공부한 날 ( )월 ( )일

무늬에서 규칙 찾아 해결하기

13 규칙을 찾아 ▢ 안에 13번째 모양을 그려 보시오.

동영상

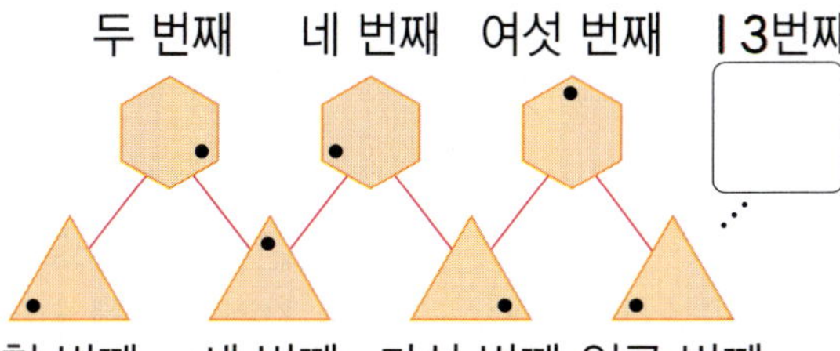

곱셈표에서 규칙 찾아 해결하기

14 다음 곱셈표의 빈칸에 들어갈 수들은 몇씩 커지는지 구하시오. 또, 이와 같은 규칙으로 수를 늘어놓을 때 ★에 알맞은 수를 구하시오.

동영상

×	2	4	6	8
2	4	8	12	
4	8	16	24	
6	12	24	36	
8	16	32	48	

12, ▢, ▢, ▢, ★

( ),
( )

찢어진 달력에서 규칙 찾아 해결하기

15 4월 달력의 일부분이 찢어져 있습니다. 같은 해 5월 15일은 무슨 요일입니까?

동영상

4월

일	월	화	수	목	금	토
			1	2	3	4
5	6	7	8			

( )

구슬에서 규칙을 찾아 ■번째 색깔 알아보기

16 다음과 같은 규칙으로 구슬을 실에 꿰고 있습니다. 17번째에 꿰는 구슬은 무슨 색깔입니까?

동영상

( )

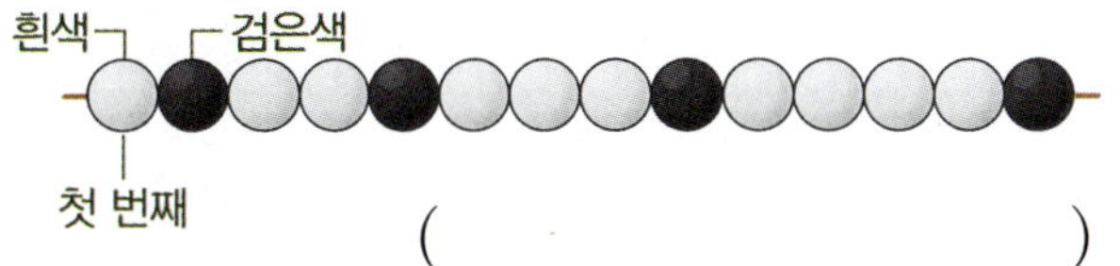

17 민준이가 피라미드를 보고 쌓기나무를 엇갈려서 쌓고 있습니다. 이와 같은 규칙에 따라 쌓기나무를 5층으로 쌓을 때 필요한 쌓기나무는 모두 몇 개입니까?

동영상

( )

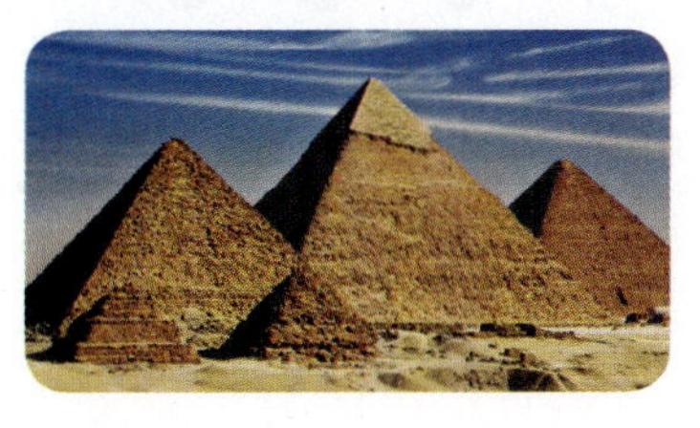

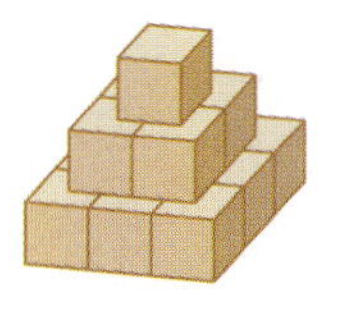

6 규칙 찾기

1 다음과 같이 규칙을 찾아 ☐ 안에 있는 바둑돌 중 검은색 바둑돌을 찾아 색칠하고 ☐ 안에 있는 검은색 바둑돌과 흰색 바둑돌은 각각 몇 개인지 구하시오.

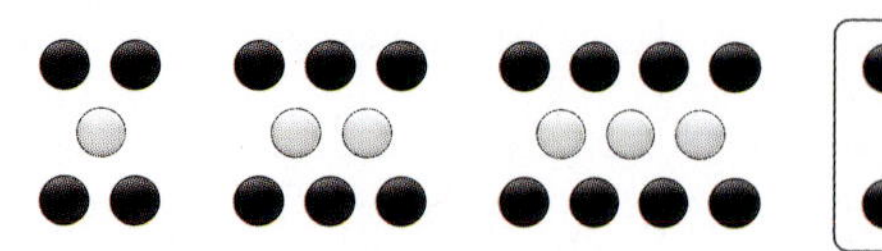

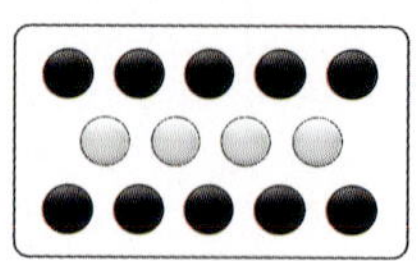

검은색 바둑돌은 위와 아래에서 각각 1개씩 늘어나고 흰색 바둑돌은 가운데에서 1개 늘어납니다.

⇨ 검은색 바둑돌: 10개, 흰색 바둑돌: 4개

1

검은색 바둑돌 (　　　　　　　　　　)

흰색 바둑돌 (　　　　　　　　　　)

2

검은색 바둑돌 (　　　　　　　　　　)

흰색 바둑돌 (　　　　　　　　　　)

2 쌓기나무 6개로 쌓은 모양에서 테두리 선만 남기고 모두 지우면 다음과 같은 모양을 만들 수 있습니다. 다음은 쌓기나무 몇 개로 만든 모양인지 쓰시오.

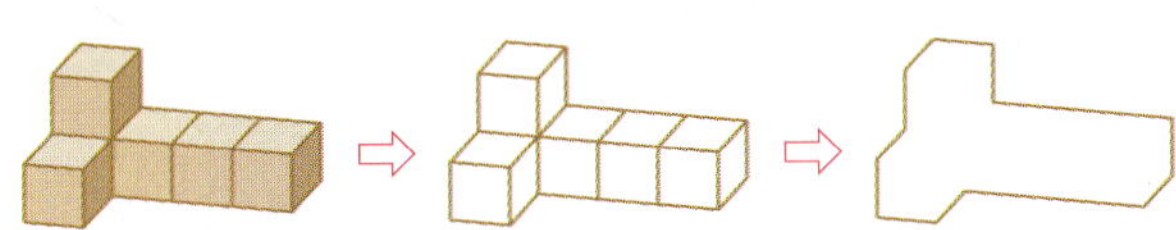

① 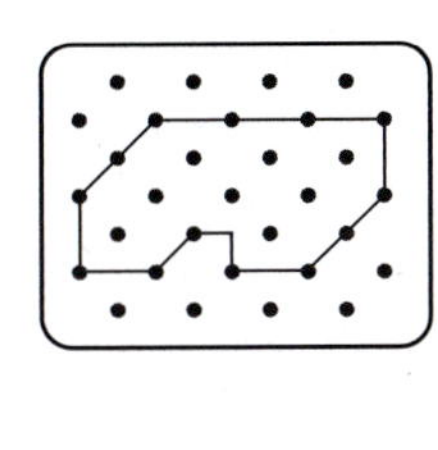

(   )

② 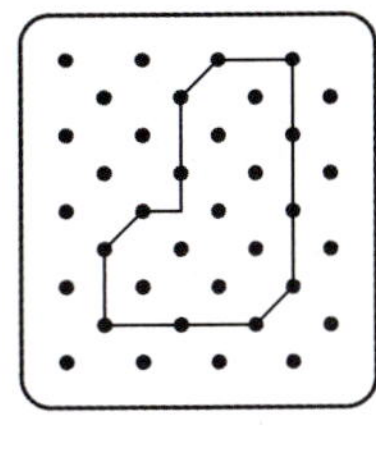

(   )

3 4가지 화살표 ⇨, ⇩, ⇦, ⇧는 각각 다른 규칙을 나타냅니다. 규칙에 따라 ☐ 안에 알맞은 수를 써넣으시오.

규칙

10	⇨	15	⇩	25	⇧	15	⇦	10	⇧	0

24	⇩		⇦		⇧		⇨		⇧	

6 규칙 찾기

도전! 최상위 유형

1 

| HME 18번 문제 수준 |

다음과 같이 규칙에 따라 성냥개비를 사용하여 사각형을 만들고 있습니다. 사각형 8개를 만들려면 성냥개비는 모두 몇 개 필요합니까?

( )

성냥개비가 몇 개씩 늘어나는 규칙인지 알아봅니다.

2 

| HME 19번 문제 수준 |

다솔이는 지난 달의 달력을 찢으려다 잘못하여 여러 장을 찢어 버렸습니다. 5월 아래로 보이는 달력은 몇 월 달력입니까?
(단, 5월 이후 달력에서 17일이 수요일인 달은 한 번만 있습니다.)

5월

일	월	화	수	목	금	토
			1	2	3	4
5	6	7	8	11	12	13
14	15	16	17	18	19	20
21	22	23	24	25	26	27
28	29	30	31			

( )

3 

| HME 21번 문제 수준 |

어느 공연장의 자리에 따른 요금입니다. 유나가 산 자리는 마열 여덟째 자리이고, 서준이가 산 자리는 다열 여섯째 자리입니다. 누가 얼마 더 비싼 자리를 샀습니까?

요금(원)	9000	8000	7000	6000
자리 번호(번)	3~7, 12~16	1, 2, 8, 9, 10, 11, 17, 18, 20~26	19, 27, 28~36, 39~43	37, 38, 44, 45

(   ), (   )

○ 유나와 서준이가 산 자리의 번호를 먼저 알아봅니다.

4 

| HME 22번 문제 수준 |

유진이는 다음과 같은 규칙으로 수를 바꾸어 나타냈습니다. 규칙을 찾아 ☐ 안에 알맞은 수를 구하시오.

2487 ⇨ 815
6423 ⇨ 245
4851 ⇨ 326
9165 ⇨ 911
8733 ⇨ ☐

(   )

파리를 잡아먹을 수 있는 개구리를 찾아라!

개구리들이 다음과 같은 방법으로 징검다리를 지나가서 파리를 잡아먹으려고
합니다. 개구리가 지나간 징검다리에 ∨ 표시를 하고 파리를 잡을 수 있으면
○표, 잡을 수 없으면 ×표 하세요.

목걸이에 쓰인 수의 단 곱셈구구의 값이 있는 징검다리만 지나갑니다.

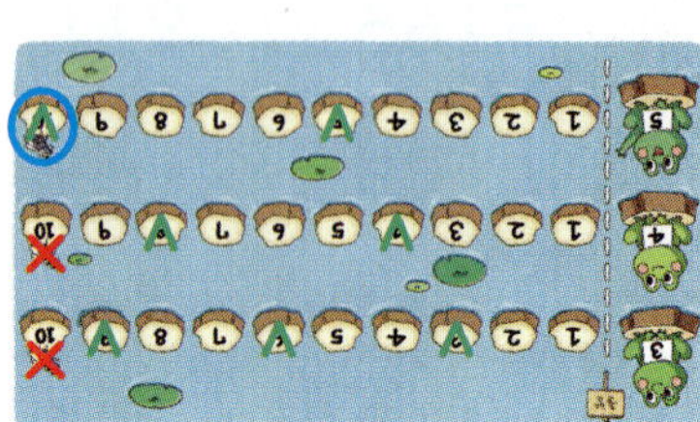

뭘 좋아할지 몰라 다 준비했어♥
전과목 교재

전과목 시리즈 교재

●무등생 해법시리즈

– 국어/수학	1~6학년, 학기용
– 사회/과학	3~6학년, 학기용
– SET(전과목/국수, 국사과)	1~6학년, 학기용

●똑똑한 하루 시리즈

– 똑똑한 하루 독해	예비초~6학년, 총 14권
– 똑똑한 하루 글쓰기	예비초~6학년, 총 14권
– 똑똑한 하루 어휘	예비초~6학년, 총 14권
– 똑똑한 하루 한자	예비초~6학년, 총 14권
– 똑똑한 하루 수학	1~6학년, 총 12권
– 똑똑한 하루 계산	예비초~6학년, 총 14권
– 똑똑한 하루 도형	예비초~6학년, 총 8권
– 똑똑한 하루 사고력	1~6학년, 총 12권
– 똑똑한 하루 사회/과학	3~6학년, 학기용
– 똑똑한 하루 봄/여름/가을/겨울	1~2학년, 총 8권
– 똑똑한 하루 안전	1~2학년, 총 2권
– 똑똑한 하루 Voca	3~6학년, 학기용
– 똑똑한 하루 Reading	초3~초6, 학기용
– 똑똑한 하루 Grammar	초3~초6, 학기용
– 똑똑한 하루 Phonics	예비초~초등, 총 8권

●독해가 힘이다 시리즈

– 초등 수학도 독해가 힘이다	1~6학년, 학기용
– 초등 문해력 독해가 힘이다 문장제수학편	1~6학년, 총 12권
– 초등 문해력 독해가 힘이다 비문학편	3~6학년

영어 교재

●초등영어 교과서 시리즈

파닉스(1~4단계)	3~6학년, 학년용
영단어(1~4단계)	3~6학년, 학년용

●LOOK BOOK 영단어	3~6학년, 단행본
●원서 읽는 LOOK BOOK 영단어	3~6학년, 단행본

국가수준 시험 대비 교재

●해법 기초학력 진단평가 문제집	2~6학년·중1 신입생, 총 6권

모든 유형을 다 담은 해결의 법칙

정답 및 풀이

수학 2·2

천재교육

정답 및 풀이 포인트 3가지

▶ 혼자서도 이해할 수 있는 친절한 문제 풀이

▶ 문제 해결에 필요한 핵심 내용 또는
  틀리기 쉬운 내용을 담은 왜 틀렸을까

▶ 문제 분석으로 어려운 응용 유형 완벽 대비

정답 및 풀이

2-2

1 네 자리 수

1단계 기초 문제 9쪽

1-1 (1) 1586, 천오백팔십육
   (2) 2493, 이천사백구십삼
   (3) 8371, 팔천삼백칠십일
1-2 (1) 1257   (2) 3840   (3) 5093   (4) 9009
2-1 (1) 3000, 4000   (2) 5200, 5300
   (3) 7220, 7230   (4) 8152, 8153
2-2 (1) >   (2) <   (3) >   (4) <   (5) <

2단계 기본 유형 10~17쪽

01 1000, 천
02 996, 998, 1000
03 (1) 1000   (2) 300
04 (1) 6000   (2) 8
05 9000, 구천
06 (1) 3000   (2) 5000
07 2342
08 5237, 오천이백삼십칠
09 4008
10 (1) 칠천오백십사   (2) 6507
11 예

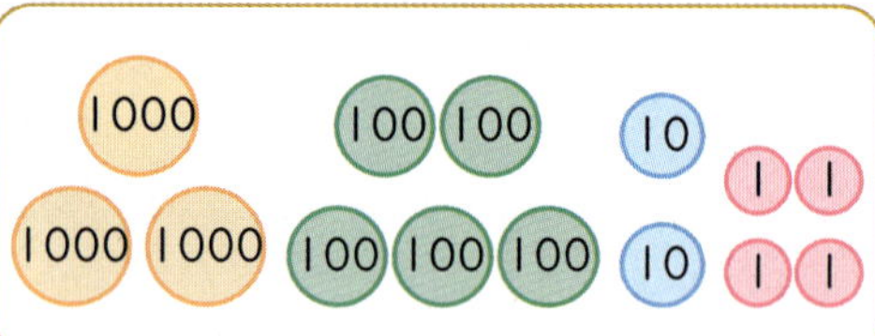

12 3189개
13 (1) 5, 5000   (2) 4, 400   (3) 2, 20
   (4) 7, 7
14 700, 50
15 ③
16

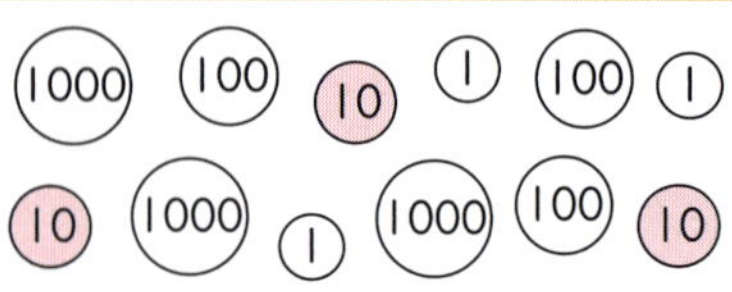

17 (   )(○)
   (○)(   )
18 4107
19 6320, 9320
20 5580, 5680
21 2855, 2875
22 10
23

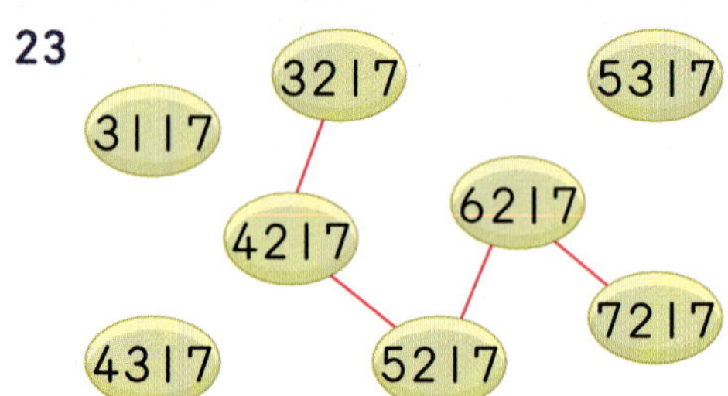

24 4360
25 (1) 6108, 6308, 6408
   (2) 7246, 7247, 7248
26 (위에서부터) 5, 2, 4, 7 ; <
27 (1) (○)(   )   (2) (○)(   )
28 살 수 없습니다.
29 1250, 1246
30 예은
31 어제
32 (위에서부터) 7, 8, 6, 9, 1 ; 8526 ; 3914
33 8811에 △표
34 7109에 ○표
35 3919, 3207, 2452
36 사슴벌레, 장수풍뎅이, 매미
37 행복 마을
38 3570원
39 2740원
40 7380원
41 5394, 3394, 2394
42 8433, 8423, 8413
43 4063, 4061, 4060

서술형 유형

1-1 9000, 2005, 5 ; 5
1-2 예 사천삼십을 수로 나타내면 4030이고,
   팔천십일을 수로 나타내면 8011입니다.
   따라서 숫자 0은 모두 3개입니다. ; 3개
2-1 2250, 3250, 4250, 5250, 5250
   ; 5250
2-2 예 9428에서 10씩 5번 뛰어 세면
   9428−9438−9448−9458−9468
   −9478이므로 9478입니다.
   ; 9478

10쪽

03 (1) 900보다 100만큼 더 큰 수 ⇨ 1000

(2) 700보다 300만큼 더 큰 수 ⇨ 1000

06 (1) 천 모형이 3개이면 3000입니다.

(2) 백 모형이 10개이면 1000이므로 백 모형이 50개이면 5000입니다.

11쪽

11 3524는 1000이 3개, 100이 5개, 10이 2개, 1이 4개인 수이므로 1000 을 3개, 100 을 5개, 10 을 2개, 1 을 4개 그립니다.

12
1000개씩 3상자 :	3000개
100개씩 1상자 :	100개
10개씩 8상자 :	80개
낱개로 9개 :	9개
	3189개

12쪽

16 밑줄 친 숫자 3은 십의 자리 숫자이므로 30을 나타냅니다. 따라서 ⑩ 3개에 색칠합니다.

17 구천십오 ⇨ 9015, 천사백육십 ⇨ 1460
백의 자리 숫자를 알아보면 6802 ⇨ 8,
9015 ⇨ 0, 3097 ⇨ 0, 1460 ⇨ 4입니다.

18 숫자 4가 나타내는 수를 알아보면
5347 ⇨ 40, 4107 ⇨ 4000,
2418 ⇨ 400입니다.
4000>400>40이므로 숫자 4가 나타내는 수가 가장 큰 수는 4107입니다.

13쪽

24 100씩 뛰어 세면 백의 자리 수가 1씩 커집니다.
4060−4160−4260−4360
ㄱ

25 (1) 5908−6008로 백의 자리 수가 1씩 커졌으므로 100씩 뛰어 셉니다.

(2) 7243−7244−7245로 일의 자리 수가 1씩 커졌으므로 1씩 뛰어 셉니다.

14쪽

27 (1) 육천팔백삼십사 : 6834,
육천이백오십 : 6250
⇨ 6834>6250

(2) 오천구백사십 : 5940,
사천오백구 : 4509
⇨ 5940>4509

28 7650<7800으로 가진 돈이 책값보다 더 적으므로 책을 살 수 없습니다.

30 예은 : 5087<6100
5<6

31 천, 백, 십의 자리 수가 같으므로 일의 자리 수를 비교하면 3216>3211입니다.
따라서 입장한 사람 수가 더 많은 날은 어제입니다.

15쪽

35 천의 자리 수를 비교하면 2<3이므로 2452가 가장 작습니다.
3919>3207이므로 3919가 가장 큽니다.
9>2
따라서 큰 수부터 차례로 쓰면 3919, 3207, 2452입니다.

36 천의 자리 수를 비교하면 1<2이므로 사슴벌레가 가장 많습니다.
1980>1647이므로 매미가 가장 적습니다.
9>6
따라서 많이 전시되어 있는 곤충부터 차례로 쓰면 사슴벌레, 장수풍뎅이, 매미입니다.

37 3719<3723<4012이므로 사람 수가 가장 적은 마을은 행복 마을입니다.

16쪽

39
1000원짜리 지폐	2장 :	2000원
100원짜리 동전	6개 :	600원
10원짜리 동전	14개 :	140원
		2740원

40 | 1000원짜리 지폐   5장 : 5000원
| 100원짜리 동전 23개 : 2300원
| 10원짜리 동전   8개 :   80원
| 7380원

왜 틀렸을까? 100이 10개이면 1000이므로 100이 20개이면 1000이 2개인 2000입니다.

41 1000씩 거꾸로 뛰어 세면 천의 자리 수가 1씩 작아집니다.

42 10씩 거꾸로 뛰어 세면 천, 백, 일의 자리 숫자는 그대로 있고 십의 자리 수가 1씩 작아집니다.

43 일의 자리 수가 1씩 작아지므로 1씩 거꾸로 뛰어 센 것입니다.

왜 틀렸을까? 어느 자리 수가 몇씩 커지거나 작아지는지 알아봅니다.

17쪽

1-1 읽지 않은 자리는 0으로 나타냅니다.

1-2 읽지 않은 자리는 0으로 나타냅니다.

서술형 가이드 읽은 것을 보고 수로 나타내는 풀이 과정이 들어 있어야 합니다.

채점 기준

상	수로 나타낸 다음 숫자 0의 개수를 세어 답을 구했음.
중	수로 나타냈지만 숫자 0의 개수를 바르게 세지 못함.
하	수로 나타내지 못함.

2-1 1000씩 뛰어 세면 천의 자리 수가 1씩 커집니다.

2-2 10씩 뛰어 세면 십의 자리 수가 1씩 커집니다.

서술형 가이드 9428에서 10씩 5번 뛰어 세는 풀이 과정이 들어 있어야 합니다.

채점 기준

상	9428에서 10씩 5번 뛰어 세기를 하여 답을 구했음.
중	9428에서 10씩 뛰어 세었으나 5번 뛰어 센 수를 구하지 못함.
하	9428에서 10씩 뛰어 세지 못함.

3단계 유형 단원 평가   18~21쪽

01 1000 **02** (1) 2000   (2) 9
03 6000 **04** 4378, 사천삼백칠십팔
05 7605 **06** 1468개
07 8000, 200, 60, 3
08 ⑤ **09** 9386
10 (1) 2988   (2) 6214
11 3406, 3806
12 (1) (   )(○)   (2) (○)(   )
13 나 마을 **14** 4010, 3860, 3806
15 4170원 **16** 7752, 7552, 7452
17 4950원 **18** 2060, 2040, 2030
19 예 이천삼백을 수로 나타내면 2300이고, 칠천십을 수로 나타내면 7010입니다. 따라서 숫자 0은 모두 4개입니다. ; 4개
20 예 5268에서 1씩 5번 뛰어 세면
5268-5269-5270-5271-5272
-5273이므로 5273입니다. ; 5273

18쪽

03 백 모형이 10개이면 1000이므로 백 모형이 60개이면 6000입니다.

19쪽

08 ① 1은 백의 자리 숫자입니다.
② 9는 십의 자리 숫자입니다.
③ 2는 일의 자리 숫자입니다.
④ 6은 천의 자리 숫자이므로 6000을 나타냅니다.

09 숫자 9가 나타내는 수를 알아보면
1592 ⇨ 90, 4937 ⇨ 900,
9386 ⇨ 9000입니다.
9000>900>90이므로 숫자 9가 나타내는 수가 가장 큰 수는 9386입니다.

20쪽

11 3506-3606-3706으로 백의 자리 수가 1씩 커졌으므로 100씩 뛰어 셉니다.

12 ⑴ 삼천이백오십: 3250, 삼천사백팔: 3408
⇨ 3250<3408
⑵ 구천백육십: 9160, 구천백십육: 9116
⇨ 9160>9116

14 천의 자리 수를 비교하면 3<4이므로 4010
이 가장 큽니다.
3806<3860이므로 3806이 가장 작습니다.
└─ 0<6 ─┘
따라서 큰 수부터 차례로 쓰면 4010, 3860,
3806입니다.

15 1000원짜리 지폐　3장: 3000원
　　100원짜리 동전 11개: 1100원
　　10원짜리 동전　7개:　　70원
　　　　　　　　　　　　　4170원

21쪽

16 100씩 거꾸로 뛰어 세면 백의 자리 수가 1씩
작아집니다.

17 1000원짜리 지폐　4장: 4000원
　　100원짜리 동전　7개:　700원
　　10원짜리 동전 25개:　250원
　　　　　　　　　　　　　4950원

왜 틀렸을까? 10이 10개이면 100이므로 10이
20개이면 100이 2개인 200입니다.

18 십의 자리 수가 1씩 작아지므로 10씩 거꾸
로 뛰어 센 것입니다.

왜 틀렸을까? 어느 자리 수가 몇씩 커지거나 작아지
는지 알아봅니다.

19 읽지 않은 자리는 0으로 나타냅니다.

서술형 가이드 읽은 것을 보고 수로 나타내는 풀이
과정이 들어 있어야 합니다.

채점 기준
상	수로 나타낸 다음 숫자 0의 개수를 세어 답을 구했음.
중	수로 나타냈지만 숫자 0의 개수를 바르게 세지 못함.
하	수로 나타내지 못함.

20 1씩 뛰어 세면 일의 자리 수가 1씩 커집니다.

서술형 가이드 5268에서 1씩 5번 뛰어 세는 풀이
과정이 들어 있어야 합니다.

채점 기준
상	5268에서 1씩 5번 뛰어 세기를 하여 답을 구했음.
중	5268에서 1씩 뛰어 세었으나 5번 뛰어 센 수를 구하지 못함.
하	5268에서 1씩 뛰어 세지 못함.

잘 틀리는 실력 유형　　22~23쪽

유형 01　8753 ; 3578
01　9642　　　　　　02　1059
유형 02　4, 5 ; 2 ; 5, 7 ; 4527
03　7836
유형 03　7, 8, 9
04　7, 8, 9　　　　　05　0, 1, 2, 3
06　5875에 색칠　　　07　소나기

22쪽

01 가장 큰 네 자리 수를 만들려면 큰 수부터 천,
백, 십, 일의 자리에 차례로 놓아야 합니다.
⇨ 9>6>4>2이므로 가장 큰 네 자리 수는
9642입니다.

왜 틀렸을까? 수 카드의 수의 크기를 비교하여 큰 수
부터 천, 백, 십, 일의 자리에 차례로 놓아야 합니다.

02 가장 작은 네 자리 수를 만들려면 작은 수부터
천, 백, 십, 일의 자리에 차례로 놓아야 합니다.
⇨ 0<1<5<9이지만 0은 맨 앞자리에 올 수
없으므로 가장 작은 네 자리 수는 1059
입니다.

왜 틀렸을까? 0은 천의 자리에 올 수 없습니다.

03 7800보다 크고 7900보다 작으므로 천의
자리 숫자는 7, 백의 자리 숫자는 8입니다.
십의 자리 숫자는 천의 자리 숫자보다 4만큼
더 작으므로 7-4=3입니다.
일의 자리 숫자는 6을 나타내므로 6입니다.
따라서 조건을 만족하는 네 자리 수는 7836
입니다.

왜 틀렸을까? 7800보다 크고 7900보다 작은 수
는 7801부터 7899까지의 수이므로 천의 자리 숫
자는 7, 백의 자리 숫자는 8입니다.

23쪽

04 □ 안에 7을 넣어 보면 2785<2794이므로 □ 안에 7은 들어갈 수 있습니다.
2785<2□94에서 7<□이므로 □ 안에 들어갈 수 있는 수는 8, 9입니다.
따라서 □ 안에 들어갈 수 있는 수는 7, 8, 9입니다.

왜 틀렸을까? □ 안에 7을 넣어 식이 옳으면 □ 안에 7이 들어갑니다.

05 □ 안에 4를 넣어 보면 7447>7440이므로 □ 안에 4는 들어갈 수 없습니다.
74□7<7440에서 □<4이므로 □ 안에 들어갈 수 있는 수는 0, 1, 2, 3입니다.
따라서 □ 안에 들어갈 수 있는 수는 0, 1, 2, 3입니다.

왜 틀렸을까? □ 안에 4를 넣어 식이 옳지 않으면 □ 안에 4가 들어가지 않습니다.

06 '오천'으로 시작하고 '오'로 끝나는 네 자리 수는 5□□5이므로 5875입니다.

참고
'오천'으로 시작하므로 천의 자리 숫자는 5이고, '오'로 끝나므로 일의 자리 숫자는 5입니다.

07 ① 2521에서 1000씩 뛰어 세면
2521-3521-4521이므로 해당하는 글자는 '소'입니다.
② 3270에서 100씩 뛰어 세면
3270-3370-3470-3570-3670이므로 해당하는 글자는 '나'입니다.
③ 3836에서 10씩 뛰어 세면
3836-3846-3856-3866이므로 해당하는 글자는 '기'입니다.

참고
1000씩 뛰어 세면 천의 자리 수가 1씩, 100씩 뛰어 세면 백의 자리 수가 1씩, 10씩 뛰어 세면 십의 자리 수가 1씩, 1씩 뛰어 세면 일의 자리 수가 1씩 커집니다.

다르지만 같은 유형 24~25쪽

01 ㉡, ㉣ **02** 540
03 100개 **04** 100씩
05 1000씩 **06** 7384
07 6150, 6050, 5950, 5850, 5750
08 7688 **09** 1539
10 20개 **11** 5
12 25

24쪽

01~03 핵심
• 네 자리 수 ■▲●★에서
■은 천의 자리 숫자이고, ■000을 나타냅니다.
▲은 백의 자리 숫자이고, ▲00을 나타냅니다.
●은 십의 자리 숫자이고, ●0을 나타냅니다.
★은 일의 자리 숫자이고, ★을 나타냅니다.

01 ㉠ 1835 ⇨ 30   ㉡ 3046 ⇨ 3000
㉢ 2392 ⇨ 300   ㉣ 7603 ⇨ 3
따라서 숫자 3이 나타내는 수가 가장 큰 것은 ㉡ 3046이고, 가장 작은 것은 ㉣ 7603입니다.

02 ㉠은 십의 자리 숫자이므로 60을 나타내고, ㉡은 백의 자리 숫자이므로 600을 나타냅니다.
따라서 ㉠이 나타내는 수와 ㉡이 나타내는 수의 차는 600-60=540입니다.

03 ㉠은 백의 자리 숫자이므로 800을 나타내고, ㉡은 일의 자리 숫자이므로 8을 나타냅니다.
800은 8이 100개인 수이므로 ㉠이 나타내는 수는 ㉡이 나타내는 수가 100개인 수입니다.

04~06 핵심
■번 뛰어 세었을 때 어느 자리 수가 얼마나 커졌는지 확인하여 뛰어 세는 규칙을 찾을 수 있습니다.

04 4650에서 4950으로 3번 뛰어 세어 백의 자리 수가 3만큼 더 커졌습니다.
⇨ 100씩 뛰어 센 것입니다.

05 2253에서 6253으로 4번 뛰어 세어 천의
자리 수가 4만큼 더 커졌습니다.
⇨ 1000씩 뛰어 센 것입니다.

06 7381에서 7386으로 5번 뛰어 세어 일의
자리 수가 5만큼 더 커졌습니다.
⇨ 1씩 뛰어 센 것입니다.
따라서 ☆은 7381에서 1씩 3번 뛰어 센 수
이므로 7381-7382-7383-7384입
니다.

25쪽

07~09 핵심

- 거꾸로 뛰어 세기를 하면 수가 작아집니다.
- 1000씩 거꾸로 뛰어 세면 천의 자리 수가 1씩,
  100씩 거꾸로 뛰어 세면 백의 자리 수가 1씩,
  10씩 거꾸로 뛰어 세면 십의 자리 수가 1씩,
  1씩 거꾸로 뛰어 세면 일의 자리 수가 1씩
  작아집니다.

07 100씩 거꾸로 뛰어 세면 백의 자리 수가 1씩
작아집니다.

08 십의 자리 수가 1씩 작아지므로 10씩 거꾸
로 뛰어 센 것입니다.
7738-7728-7718-7708-7698
-7688이므로 ㉠에 알맞은 수는 7688입
니다.

09 어떤 수를 구하려면 1545에서 1씩 거꾸로
6번 뛰어 세어야 합니다.
1545-1544-1543-1542-1541
-1540-1539
따라서 어떤 수는 1539입니다.

10~12 핵심

- 1000이 ■개이면 ■000입니다.
- 100이 ▲개이면 ▲00, ▲0개이면 ▲000입니다.
- 10이 ●개이면 ●0, ●0개이면 ●00입니다.

10 1000원짜리 지폐 3장은 3000원이므로
100원짜리 동전 □개는 2000원이어야 합
니다.
따라서 100이 20개이면 2000이므로
100원짜리 동전은 20개 필요합니다.

11 100이 15개: 1500
　　10이 30개:　300
　　　　　　　　1800
따라서 1000이 □개인 수는 5000이 되어
야 하므로 □=5입니다.

12 1000원짜리 지폐　2장: 2000원
　　100원짜리 동전 14개: 1400원
　　　　　　　　　　　　3400원
따라서 10원짜리 동전 □개는 250원이 되어
야 하므로 □=25입니다.

응용 유형 26~29쪽

01 200원
02 예 떡볶이와 라면, 음료수와 토스트
03 3개　　　　　　**04** 4000원
05 ㉠　　　　　　　**06** 세현
07 400원　　　　　**08** 3000, 삼천
09 예 떡볶이와 토스트, 닭강정과 라면
10 500에 ×표　　　**11** 4개
12 샛별 과수원　　　**13** 10월
14 7000원　　　　　**15** ㉡, ㉠, ㉢
16 ㉡　　　　　　　**17** 우빈
18 5908

26쪽

01 100원짜리 동전이 7개이면 700원, 10원
짜리 동전이 10개이면 100원이므로 예나는
800원을 가지고 있습니다. 따라서 1000은
800보다 200만큼 더 큰 수이므로 1000원
이 되려면 200원이 더 있어야 합니다.

02 • 떡볶이: 2000원, 라면: 2000원
⇨ 1000이 모두 2+2=4(개)이므로
4000원입니다.
• 음료수: 1000원, 토스트: 3000원
⇨ 1000이 모두 1+3=4(개)이므로
4000원입니다.

03 천의 자리 숫자가 1, 백의 자리 숫자가 5인 네
자리 수를 15■▲라 하면 1596<15■▲
이어야 합니다.
따라서 천의 자리 숫자가 1, 백의 자리 숫자가
5인 네 자리 수 중에서 1596보다 큰 수는
1597, 1598, 1599로 모두 3개입니다.

27쪽

04 방 청소를 4번 했으므로 500원씩 4번 뛰어
세면 500원─1000원─1500원─2000
원으로 2000원을 받습니다.
또, 분리 배출을 2번 했으므로 2000원부터
1000원씩 2번 뛰어 세면
2000원─3000원─4000원으로 현영이가
받을 용돈은 4000원입니다.

05 ㉠의 □에 0, ㉡의 □에 9가 들어간다 하더라
도 69□8이 6□03보다 큽니다.
즉, 69□8의 가장 작은 수인 6908이 6□03
의 가장 큰 수인 6903보다 크므로 항상
69□8>6□03입니다.

06 종원: 4309, 희애: 9034, 세현: 9043
⇨ 9043>9034>4309
따라서 가장 큰 수를 만든 사람은 세현입니다.

28쪽

07 100원짜리 동전이 5개이면 500원, 10원
짜리 동전이 10개이면 100원이므로 현우는
600원을 가지고 있습니다.
따라서 1000은 600보다 400만큼 더 큰 수
이므로 1000원이 되려면 400원이 더 있어
야 합니다.

08 ❶오른쪽 수 모형이 300개 있습니다. / ❷전체 수 모
형이 나타내는 수를 쓰고 읽어 보시오.

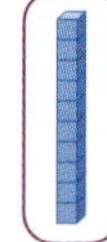

❶ 십 모형이 300개인 수를 알아봅니다.
❷ ❶에서 찾은 수를 읽어 봅니다.

❶십 모형이 300개 있으므로 10이 300개인
수입니다. 10이 300개인 수는 3000입니다.
❷3000은 삼천이라고 읽습니다.

09 • 떡볶이: 2000원, 토스트: 3000원
⇨ 1000이 모두 2+3=5(개)이므로
5000원입니다.
• 닭강정: 3000원, 라면: 2000원
⇨ 1000이 모두 3+2=5(개)이므로
5000원입니다.

10 민수와 윤후는 ❶모으기하여 1000이 되는 두 수 카드를
골라서 가져 가는 놀이를 하고 있습니다. / ❷마지막에 남
는 수 카드를 찾아 ×표 하시오.

❶ 모으기하여 1000이 되는 두 수 카드를 알아봅니다.
❷ 남는 수 카드를 찾습니다.

❶모으기하여 1000이 되는 두 수 카드는 800과
200, 100과 900, 400과 600, 700과
300입니다.
❷따라서 남는 수 카드의 수는 500입니다.

11 천의 자리 숫자가 8, 백의 자리 숫자가 2인 네
자리 수를 82■▲라 하면 8295<82■▲
이어야 합니다.
따라서 천의 자리 숫자가 8, 백의 자리 숫자가
2인 네 자리 수 중에서 8295보다 큰 수는
8296, 8297, 8298, 8299로 모두 4개
입니다.

12 문제 분석

12 동욱이는 과수원에서 딴 사과 수를 조사하였습니다. ❷사과 수가 싱싱 과수원에서 딴 사과 수보다 많고 사랑 과수원에서 딴 사과 수보다 적은 과수원의 이름을 쓰시오.

❶
과수원	사과 수(개)
싱싱	1614
은하	2744
샛별	1915
사랑	2708
소망	1430

❶ 싱싱 과수원과 사랑 과수원에서 딴 사과 수를 각각 알아봅니다.
❷ 사과 수가 싱싱 과수원에서 딴 사과 수보다 많고 사랑 과수원에서 딴 사과 수보다 적은 과수원을 찾습니다.

❶싱싱 과수원에서 딴 사과는 1614개이고, 사랑 과수원에서 딴 사과는 2708개입니다.
❷따라서 1614보다 크고 2708보다 작은 수를 찾으면 1915이므로 샛별 과수원입니다.

29 쪽

13 문제 분석

13 지원이의 저금통에 2510원이 들어 있습니다. ❶다음 달인 4월부터 매달 1000원씩 저금한다면 / ❷9510원이 되는 월은 몇 월입니까?

❶ 2510부터 1000씩 뛰어 세기를 합니다.
❷ 9510원이 되는 월은 몇 월인지 구합니다.

❶2510부터 1000씩 뛰어 세면
2510-3510-4510-5510-6510
　　　　4월　　5월　　6월　　7월
-7510-8510-9510입니다.
　8월　　9월　　10월
❷따라서 9510원이 되는 월은 10월입니다.

14 빨래 개기를 6번 했으므로 500원씩 6번 뛰어 세면 500원-1000원-1500원-2000원-2500원-3000원으로 3000원을 받습니다.
또, 설거지를 2번 했으므로 3000원부터 2000원씩 2번 뛰어 세면
3000원-5000원-7000원으로 수현이가 받을 용돈은 7000원입니다.

15 문제 분석

15 ❷큰 수부터 차례로 기호를 쓰시오.

❶
> ㉠ 수 카드 1, 2, 6, 4 를 한 번씩만 사용하여 만들 수 있는 네 자리 수 중에서 둘째로 큰 수
> ㉡ 1000이 6개, 100이 1개, 10이 38개인 수
> ㉢ 4327부터 1000씩 2번 뛰어 센 수

❶ ㉠, ㉡, ㉢에 알맞은 수를 각각 구합니다.
❷ ❶의 세 수의 크기를 비교하여 큰 수부터 차례로 기호를 씁니다.

❶㉠ 수 카드를 사용하여 만들 수 있는 가장 큰 수는 6421이므로 둘째로 큰 수는 6412입니다.
　㉡ 1000이 6개이면 6000, 100이 1개이면 100, 10이 38개이면 380이므로 6000+100+380=6480입니다.
　㉢ 4327부터 1000씩 2번 뛰어 세면 4327-5327-6327이므로 6327입니다.
❷따라서 6480>6412>6327이므로 큰 수부터 차례로 기호를 쓰면 ㉡, ㉠, ㉢입니다.

16 ㉠의 □에 9, ㉡의 □에 0이 들어간다 하더라도 49□6이 4□04보다 큽니다.
즉, 49□6의 가장 작은 수인 4906이 4□04의 가장 큰 수인 4904보다 크므로 항상 4□04<49□6입니다.

17 종석: 2850, 선채: 2805, 우빈: 8502
⇨ 8502>2850>2805
따라서 가장 큰 수를 만든 사람은 우빈입니다.

18 문제 분석

18 ❶어떤 수에서 50씩 4번 뛰어 세어야 할 것을 잘못하여 500씩 4번 뛰어 세었더니 7708이 되었습니다. / ❷바르게 뛰어 센 수는 얼마입니까?

❶ 500씩 4번 거꾸로 뛰어 세어 어떤 수를 구합니다.
❷ 바르게 뛰어 센 수를 구합니다.

다음 페이지에 풀이 계속

❶ 어떤 수에서 500씩 4번 뛰어 센 수가 7708 이므로 어떤 수는 7708부터 500씩 거꾸로 4번 뛰어 셉니다.

$$7708 - 7208 - 6708 - 6208 - 5708$$

I번 2번 3번 4번

❷ 어떤 수는 5708이므로 5708에서 50씩 4번 뛰어 셉니다.

$$5708 - 5758 - 5808 - 5858 - 5908$$

I번 2번 3번 4번

🐾 사고력 유형   `30~31쪽`

1 5344	**2** 3I27
3 2030년	**4** (　　)(◯)

30쪽

1 ⌇이 5개, ⌒이 3개, ∩이 4개, I이 4개이므로 5344입니다.

2 $3000 + 100 + 20 + 7 = 3127$

31쪽

3 2006년 $-$ 2010년 $-$ 2014년 $-$ 2018년 $-$ 2022년
4년마다 열리므로 26회 동계 올림픽은 2022년에서 4년씩 2번 뛰어 센 2022년 $-$ 2026년 $-$ 2030년으로 2030년 입니다.

4

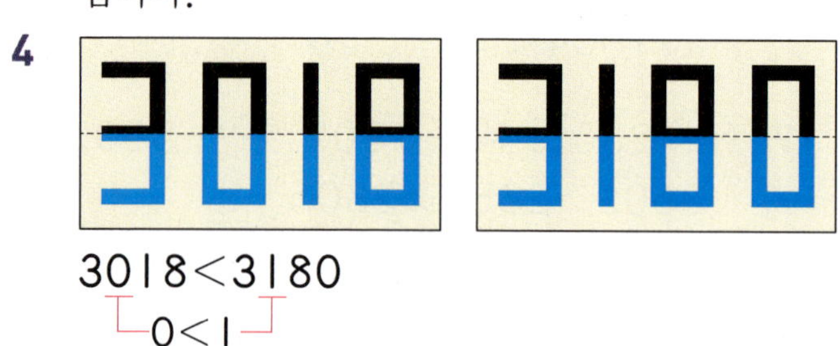

$$3018 < 3180$$
$$0 < I$$

도전! 최상위 유형   `32~33쪽`

1 6개	**2** 4개
3 5개	**4** 303개

32쪽

1 십의 자리 수가 I씩 커지므로 ㉠에 들어갈 수 있는 수는 328I에서 I0씩 커지게 뛰어 세어 335I보다 작은 수입니다.
$$328I - 329I - 330I - 33II - 332I$$
$$- 333I - 334I - 335I \Rightarrow 6개$$

2 주어진 수 카드로 3800보다 작은 네 자리 수를 만들면 천의 자리 숫자는 3입니다.
천의 자리 숫자가 3인 네 자리 수는 3048, 3084, 3408, 3480, 3804, 3840이고, 이 중 3800보다 작은 수는 3048, 3084, 3408, 3480으로 모두 4개입니다.

33쪽

3 7★7★이 74■5보다 항상 크려면 7★7★ 은 74■5가 가장 큰 수일 때보다 더 크면 됩니다. 74■5는 7495일 때 가장 큰 수이므로 7495 < 7★7★인 경우를 모두 찾습니다. 따라서 7575, 7676, 7777, 7878, 7979로 모두 5개입니다.

4 ・2000 → 0이 3개
・200㉠ → ㉠은 I부터 9까지 9개이므로 0이 $2 \times 9 = 18$(개)입니다.
・20㉠0 → ㉠은 I부터 9까지 9개이므로 0이 $2 \times 9 = 18$(개)입니다.
・2㉠00 → ㉠은 I부터 9까지 9개이므로 0이 $2 \times 9 = 18$(개)입니다.
・20㉠㉡ → ㉠은 I부터 9까지 9개, ㉡은 I 부터 9까지 9개를 사용하면 되므로 0이 $9 \times 9 = 81$(개)입니다.
・2㉠0㉡ → ㉠은 I부터 9까지 9개, ㉡은 I 부터 9까지 9개를 사용하면 되므로 0이 $9 \times 9 = 81$(개)입니다.
・2㉠㉡0 → ㉠은 I부터 9까지 9개, ㉡은 I 부터 9까지 9개를 사용하면 되므로 0이 $9 \times 9 = 81$(개)입니다.
・3000 → 0이 3개
$\Rightarrow 3 + 18 + 18 + 18 + 81 + 81 + 81 + 3$
$= 303$(개)

2 곱셈구구

1 단계 **기초 문제** 37쪽

1-1 (1) 3, 6　(2) 4, 12　(3) 5, 45
1-2 (1) 8　(2) 21　(3) 20　(4) 56　(5) 54
2-1 (1) 3　(2) 6　(3) 0　(4) 0　(5) 0
2-2 (1) 4, 8, 12, 16, 20
　　　(2) 30, 36, 42, 48, 54
　　　(3) 0, 1, 2, 3, 4

2 단계 **기본 유형** 38~45쪽

01 14　　　　　　**02** 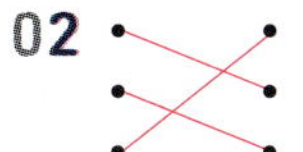
03 (1) 4 ; 2, 2, 2, 2, 8　(2) 2 ; 8, 2
04 (왼쪽부터) 35, 40, 45 ; 5, 5
05 예

　　; 4, 20
06 10 ; 3 ; 25 ; 8, 40　　**07** 21
08 3, 6, 9, 12, 15, 18, 21, 24, 27에 ○표
09 15 ;

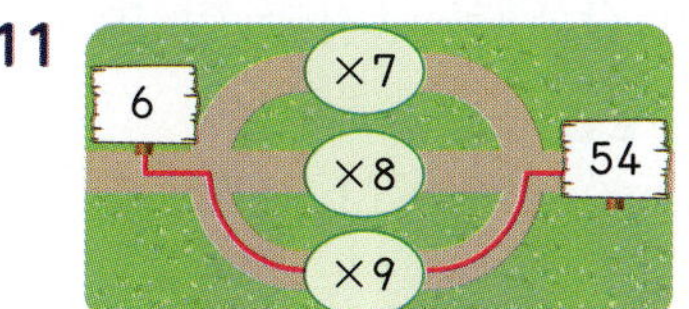

10 18
11 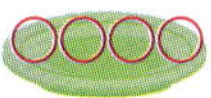　　　　**12** 5, 30
13
14

12	25	8	35
36	9	32	10
28	20	16	4
7	42	24	27

; 4
15 (1) 5 ; 4, 4, 4, 4, 20　(2) 4 ; 20, 4

16 6, 48　　　　　　**17** 
18 8, 16, 24, 32에 ○표
19 (왼쪽부터) 7, 14, 21 ; 7, 7
20 (위에서부터) 35, 63
21 28
22 (왼쪽부터) 27, 36, 45 ; 9, 9
23

24 7, 6, 3　　　　　　**25** 4, 4
26 (왼쪽부터) 6, 7, 8 ; 1, 1
27 (위에서부터) 5, 7, 3
28 0, 0　　　　　　　**29** 0, 0, 0
30 0　　　　　　　　**31** ②
32

×	1	2	3	4	5	6
1	1	2	3	4	5	6
2	2	4	6	8	10	12
3	3	6	9	12	15	18
4	4	8	12	16	20	24
5	5	10	15	20	25	30
6	6	12	18	24	30	36

; (1) 4　(2) 5, 0
33

×	5	6	7	8	9
5					
6					▲
7					
8					
9		●			

34 20　　　　　　　**35** 8, 16
36 4, 28　　　　　　**37** 72명
38 (1) 6　(2) 5　(3) 8　(4) 0
39 (위에서부터) 6, 9, 18
40 16　　　　　　　**41** 28, 35 ; 7
42 16, 32　　　　　　**43** 초아

서술형유형

1-1 2, 2, 8, 16 ; 16

1-2 예 소 한 마리의 다리는 4개입니다.
따라서 소 9마리의 다리는 모두 $4 \times 9 = 36$(개)
입니다. ; 36개

2-1 27, 30, 30, 28, 29, 2 ; 2

2-2 예 $7 \times 7 = 49$이고 $9 \times 6 = 54$입니다.
따라서 49보다 크고 54보다 작은 수는 50,
51, 52, 53이므로 모두 4개입니다. ; 4개

38쪽

03 (1) $2 \times 4 = 2 + 2 + 2 + 2 = 8$
(2) 2×4는 2×3보다 2만큼 더 큰 수입니다.

05 5개씩 4묶음으로 묶을 수 있습니다.
$\Rightarrow 5 \times 4 = 20$

39쪽

09 3칸씩 5번 뛰어 셉니다. $\Rightarrow 3 \times 5 = 15$

12 장수풍뎅이 한 마리의 다리는 6개입니다.
$\Rightarrow$ 6개씩 5마리이므로 다리는 모두
$6 \times 5 = 30$(개)입니다.

40쪽

13 4씩 3묶음이 되도록 ○를 4개씩 2묶음 더 그
립니다.

16 8씩 6번 뛰어 세었습니다. $\Rightarrow 8 \times 6 = 48$

41쪽

21 7 cm씩 4번 갔으므로 거북이 이동한 거리는
$7 \times 4 = 28$ (cm)입니다.

24 $9 \times \square$의 $\square$ 안에 3, 6, 7을 차례로 넣어 계산
해 봅니다. $\Rightarrow 9 \times 7 = 63$

42쪽

31 ① 0 ② 7 ③ 0 ④ 0 ⑤ 0

43쪽

33 ▲$= 6 \times 9 = 54$이고 곱셈에서 곱하는 두 수
의 순서를 바꾸어도 곱은 같으므로
$9 \times 6 = 54$인 곳을 찾아 ●표 합니다.

37 (버스 9대에 타고 있는 어린이의 수)
$=$(버스 1대에 타고 있는 어린이의 수)
$\times$(버스의 수)
$= 8 \times 9 = 72$(명)

44쪽

38 (1), (2), (3) 2, 7, 8단 곱셈구구를 외워 봅니다.
(4) 어떤 수와 곱하여 곱이 0이 나오려면 0을 곱
해야 합니다.

39

$\times$		
4	㉠	24
㉡	3	27
36	㉢	

$4 \times ㉠ = 24$에서 $4 \times 6 = 24$이므로 ㉠$= 6$입
니다.
$4 \times ㉡ = 36$에서 $4 \times 9 = 36$이므로 ㉡$= 9$입
니다.
㉢$= 6 \times 3 = 18$

40 ・$3 \times ㉠ = 24$에서 $3 \times 8 = 24$이므로 ㉠$= 8$
입니다.
・$6 \times ㉡ = 48$에서 $6 \times 8 = 48$이므로 ㉡$= 8$
입니다.
따라서 ㉠$+ ㉡ = 8 + 8 = 16$입니다.

왜 틀렸을까? 3단과 6단 곱셈구구를 바르게 외워
㉠과 ㉡에 알맞은 수를 각각 구합니다.

41 7×5는 7씩 4번 간 다음 7만큼 한 번 더 가
면 되므로 $7 \times 4 = 28$에 7을 더하여
$28 + 7 = 35$로 구할 수 있습니다.

42 8씩 6묶음이므로 8씩 2묶음과 8씩 4묶음의
합으로 구할 수 있습니다.

43 미라: $6 + 6 + 6 + 6 = 24$
윤호: $6 \times 3 = 18$이므로
6×4는 $18 + 6 = 24$입니다.
초아: $6 \times 6 \times 6 \times 6$은 24가 나오지 않습니다.

왜 틀렸을까? 각 학생들이 말하는 방법으로 계산하여
$6 \times 4 = 24$가 되는지 확인합니다.

45쪽

1-1 닭 한 마리의 다리는 2개이므로 8마리의 다리는 2단 곱셈구구를 이용합니다.

1-2 소 한 마리의 다리는 4개이므로 9마리의 다리는 4단 곱셈구구를 이용합니다.

> 서술형 가이드 4와 9를 곱하는 곱셈식을 쓰는 풀이 과정이 들어 있어야 합니다.

채점 기준

상	소 한 마리의 다리 수를 알고 4단 곱셈구구를 이용하여 답을 구했음.
중	소 한 마리의 다리 수를 알고 있지만 4단 곱셈구구를 바르게 계산하지 못함.
하	소 한 마리의 다리 수를 알지 못함.

2-1 3×9와 5×6을 먼저 계산합니다.

2-2 7×7과 9×6을 먼저 계산합니다.

> 서술형 가이드 7×7과 9×6을 구한 다음 두 곱 사이에 있는 수를 구하는 풀이 과정이 들어 있어야 합니다.

채점 기준

상	7×7과 9×6을 계산한 다음 두 곱 사이에 있는 수를 구하여 답을 구했음.
중	7×7과 9×6을 계산하였으나 두 곱 사이에 있는 수를 구하지 못함.
하	7×7과 9×6을 계산하지 못함.

3단계 유형 평가 단원 46~49쪽

01 10

02 예

; 6, 30

03 12 ;

04 54

05 (1) 4 ; 4, 4, 4, 4, 16   (2) 4 ; 16, 4

06 48, 56, 64, 72에 ○표

07 42

08 (왼쪽부터) 54, 63, 72 ; 9, 9

09 9, 8, 1   **10** (위에서부터) 4, 9, 8

11 ⑤

12

×	5	6	7	8	9
3	15	18	21	24	27
4	20	24	28	32	36
5	25	30	35	40	45

13 4, 8   **14** 30명

15 (위에서부터) 9, 5, 63

16 27, 18   **17** 14

18 경찰

19 예 고양이 한 마리의 다리는 4개입니다.
따라서 고양이 6마리의 다리는 모두
$4 \times 6 = 24$(개)입니다. ; 24개

20 예 $6 \times 6 = 36$이고 $8 \times 5 = 40$입니다.
따라서 36보다 크고 40보다 작은 수는 37, 38, 39이므로 모두 3개입니다. ; 3개

47쪽

09 $9 \times \square$의 $\square$ 안에 1, 8, 9를 차례로 넣어 계산해 봅니다. ⇨ $9 \times 9 = 81$

10 $1 \times 3 = 3$이므로 한가운데 있는 수인 1과 둘레에 있는 수의 곱을 구합니다.
$1 \times \boxed{4} = 4$, $1 \times 9 = \boxed{9}$, $1 \times 8 = \boxed{8}$

48쪽

11 ① 0 ② 0 ③ 0 ④ 0 ⑤ 6

15

		⊗ →	
⊗	3	㉠	27
↓	㉡	7	35
	15	㉢	

$3 \times ㉠ = 27$에서 $3 \times 9 = 27$이므로 ㉠$=9$입니다.

$3 \times ㉡ = 15$에서 $3 \times 5 = 15$이므로 ㉡$=5$입니다.

㉢$= 9 \times 7 = 63$

49쪽

16 9씩 5묶음이므로 9씩 3묶음과 9씩 2묶음의
합으로 구할 수 있습니다.

17 ・$7 \times \bigcirc = 42$에서 $7 \times 6 = 42$이므로 $\bigcirc = 6$
입니다.
・$9 \times \bigcirc = 72$에서 $9 \times 8 = 72$이므로 $\bigcirc = 8$
입니다.
따라서 $\bigcirc + \bigcirc = 6 + 8 = 14$입니다.
왜 틀렸을까? 7단과 9단 곱셈구구를 바르게 외워
$\bigcirc$과 $\bigcirc$에 알맞은 수를 각각 구합니다.

18 혜윤: $8 \times 4 = 32$이므로 8×5는
$32 + 8 = 40$입니다.
경찬: $8 \times 3 = 24$이므로 8×3을 2번 더하면
$24 + 24 = 48$입니다.
라희: 8을 5번 더하면
$8 + 8 + 8 + 8 + 8 = 40$이므로
$8 \times 5 = 40$입니다.
왜 틀렸을까? 각 학생들이 말하는 방법으로 계산하여
$8 \times 5 = 40$이 되는지 확인합니다.

19 고양이 한 마리의 다리는 4개이므로 6마리의
다리는 4단 곱셈구구를 이용합니다.
서술형 가이드 4와 6을 곱하는 곱셈식을 쓰는 풀이
과정이 들어 있어야 합니다.

채점 기준

상	고양이 한 마리의 다리 수를 알고 4단 곱셈구구를 이용하여 답을 구했음.
중	고양이 한 마리의 다리 수를 알고 있지만 4단 곱셈구구를 바르게 계산하지 못함.
하	고양이 한 마리의 다리 수를 알지 못함.

20 6×6과 8×5를 먼저 계산합니다.
서술형 가이드 6×6과 8×5를 구한 다음 두 곱 사
이에 있는 수를 구하는 풀이 과정이 들어 있어야 합니다.

채점 기준

상	6×6과 8×5를 계산한 다음 두 곱 사이에 있는 수를 구하여 답을 구했음.
중	6×6과 8×5를 계산하였으나 두 곱 사이에 있는 수를 구하지 못함.
하	6×6과 8×5를 계산하지 못함.

잘 틀리는 실력 유형 **50~51쪽**

유형 01 0, 7, 14, 21, 28, 35 ; 0, 1, 2, 3, 4
01 6, 7, 8, 9
02 6
유형 02 6, 54 ; 54, 60
03 37살
04 40 cm
유형 03 3, 2, 3, 15, 15, 2, 13
; 2, 9, 2, 4, 4, 13
05 **방법1** **예** 7개씩 4줄에서 4개를 빼어 구할 수
있습니다.
$7 \times 4 = 28 \Rightarrow 28 - 4 = 24$(개)
방법2 **예** 5개씩 4줄과 2개씩 2줄로 나누어
구할 수 있습니다.
$5 \times 4 = 20, \ 2 \times 2 = 4$
$\Rightarrow 20 + 4 = 24$(개)
06 12, 4, 12, 12 ; 18, 3, 18, 18
07 $9 \times 3 = 27, \ 27$점

50쪽

01 $\square$ 안에 0부터 9까지의 수를 넣어 봅니다.
$4 \times 0 = 0, \ 4 \times 1 = 4, \ 4 \times 2 = 8,$
$4 \times 3 = 12, \ 4 \times 4 = 16, \ 4 \times 5 = 20,$
$4 \times 6 = 24, \ 4 \times 7 = 28, \ 4 \times 8 = 32,$
$4 \times 9 = 36$
이 중에서 곱이 20보다 큰 경우를 찾아보면
$\square$ 안에 들어갈 수 있는 수는 6, 7, 8, 9입니
다.
왜 틀렸을까? 4단 곱셈구구를 외워 곱이 20보다 큰
경우를 알아봅니다.

02 $6 \times 9 = 54$이므로 $\square$ 안에 들어갈 수 있는 수
는 0, 1, 2, 3, 4, 5, 6입니다.
따라서 $\square$ 안에 들어갈 수 있는 가장 큰 수는
6입니다.
왜 틀렸을까? 6×9를 먼저 계산하고, 8단 곱셈구구
를 외워 곱이 54보다 작은 경우를 알아봅니다.

03 윤서 나이의 5배는 $8 \times 5 = 40$입니다.
따라서 윤서 어머니의 나이는
$40 - 3 = 37$(살)입니다.

> **왜 틀렸을까?** ■의 ▲배는 ■×▲로 나타낼 수 있습니다.

04 지우개 길이의 6배는 $6 \times 6 = 36$입니다.
따라서 우산의 길이는 $36 + 4 = 40$ (cm)입니다.

> **왜 틀렸을까?** ■의 ▲배는 ■×▲로 나타낼 수 있습니다.

51쪽

05 여러 가지 방법으로 계산할 수 있습니다.

> **왜 틀렸을까?** 전체에서 비어 있는 부분을 빼거나, 두 부분으로 나누어 구할 수 있습니다.

06 민우: ㉠에 알맞은 수는 3씩 4번 뛰었으므로
$3 \times 4 = 12$입니다.
혜리: ㉡에 알맞은 수는 6씩 3번 뛰었으므로
$6 \times 3 = 18$입니다.

07 영민이는 3번 이겼으므로 $9 \times 3 = 27$(점)을 얻습니다.

> **참고**
> 가위바위보를 하였을 때 영민이가 이기는 경우를 먼저 알아봅니다.

다르지만 같은 유형 52~53쪽

01 >
02 ㉡, ㉠, ㉢
03 사과
04 24 ; 8, 24
05 (선 연결)
06 ㉠
07 36 ; 4, 36
08 18 ; 6, 18 ; 3, 18 ; 2, 18
09 (1) 6   (2) 3
10 $0 \times 2 = 0$, $4 \times 1 = 4$; 20점
11 26점   **12** 17점

52쪽

01~03 핵심
> ■단 곱셈구구에서는 곱하는 수가 1씩 커지면 곱이 ■씩 커집니다.

02 ㉠ 28   ㉡ 24   ㉢ 30
➡ $24 < 28 < 30$이므로 ㉡<㉠<㉢입니다.

03 (사과의 수)$= 6 \times 4 = 24$(개)
(망고의 수)$= 3 \times 7 = 21$(개)
➡ $24 > 21$이므로 사과가 망고보다 더 많습니다.

04~06 핵심
> 곱셈에서 곱하는 두 수의 순서를 서로 바꾸어도 곱은 같습니다.

04 • 8개씩 3줄 ➡ $8 \times 3 = 24$
• 3개씩 8줄 ➡ $3 \times 8 = 24$

05 곱셈에서 곱하는 두 수의 순서를 서로 바꾸어도 곱은 같습니다. ➡ ■×●=●×■

06 ㉠ $4 \times 5 = \boxed{5} \times 4$, ㉡ $3 \times 8 = 8 \times \boxed{3}$
➡ $5 > 3$이므로 ㉠>㉡입니다.

53쪽

07~09 핵심
> 묶는 방법에 따라 여러 가지 곱셈식으로 나타낼 수 있습니다.

07 • 6칸씩 6번 뛰어 세면 36입니다.
➡ $6 \times 6 = 36$
• 9칸씩 4번 뛰어 세면 36입니다.
➡ $9 \times 4 = 36$

08 2개씩 9묶음 ➡ $2 \times 9 = 18$,
3개씩 6묶음 ➡ $3 \times 6 = 18$,
6개씩 3묶음 ➡ $6 \times 3 = 18$,
9개씩 2묶음 ➡ $9 \times 2 = 18$

09 (1) $3 \times 4 = 12$이고, $2 \times \square = 12$에서
$2 \times 6 = 12$이므로 $\square = 6$입니다.
(2) $4 \times 6 = 24$이고, $8 \times \square = 24$에서
$8 \times 3 = 24$이므로 $\square = 3$입니다.

10~12 핵심

|과 어떤 수의 곱은 항상 어떤 수이고, 0과 어떤 수의 곱은 항상 0입니다.

10 0점에 2번 ⇨ $0 \times 2 = 0$(점)
4점에 |번 ⇨ $4 \times 1 = 4$(점)
8점에 2번 ⇨ $8 \times 2 = 16$(점)
따라서 얻은 점수는 $0 + 4 + 16 = 20$(점)입니다.

11 |등: $3 \times 4 = 12$(점), 2등: $2 \times 6 = 12$(점), 3등: $1 \times 2 = 2$(점)
⇨ $12 + 12 + 2 = 26$(점)

12 0점짜리 공 2개 ⇨ $0 \times 2 = 0$(점)
|점짜리 공 3개 ⇨ $1 \times 3 = 3$(점)
2점짜리 공 |개 ⇨ $2 \times 1 = 2$(점)
3점짜리 공 4개 ⇨ $3 \times 4 = 12$(점)
따라서 꺼낸 공의 점수는 모두
$0 + 3 + 2 + 12 = 17$(점)입니다.

응용 유형

54~57쪽

01 45	**02** 24
03 |2	**04** 5개
05 45	**06** 6, 7, 9
07 48획	**08** 56
09 64	**10** 4, 3, 8
11 45	**12** 9, 8, 72
13 2|개	**14** 8개
15 28	**16** |9개
17 (위에서부터) 7, 5, 9	
18 |2	

54쪽

01 가장 큰 곱은 가장 큰 수와 두 번째로 큰 수의 곱입니다.
수의 크기를 비교하면 $9 > 5 > 3$이므로 가장 큰 수는 9이고, 두 번째로 큰 수는 5입니다.
따라서 가장 큰 곱은 $9 \times 5 = 45$입니다.

02 어떤 수를 □라 하면 $□ + 6 = 10$이므로
$10 - 6 = □$, $□ = 4$입니다.
따라서 바르게 계산하면 $4 \times 6 = 24$입니다.

03 $7 \times □ = 21$에서 $7 \times 3 = 21$이므로 $□ = 3$입니다.
따라서 4를 넣으면 $4 \times 3 = 12$가 나옵니다.

55쪽

04 $7 \times 6 = 42$이므로 $□ > 42$이고, $6 \times 8 = 48$이므로 $48 > □$입니다.
따라서 □는 42보다 크고 48보다 작은 수이므로 43, 44, 45, 46, 47로 모두 5개입니다.

05 9단 곱셈구구의 수는 9, 18, 27, 36, 45, 54, 63, 72, 81이고, 이 중에서 홀수는 9, 27, 45, 63, 81입니다.
따라서 9, 27, 45, 63, 81 중에서 $8 \times 5 = 40$보다 크고 $7 \times 7 = 49$보다 작은 수는 45입니다.

06 • $6 \times 7 = 42$, $6 \times 9 = 54$이므로 ㉠에 공통으로 들어갈 수 있는 수는 6입니다.
⇨ ㉠$= 6$
• ㉠$= 6$이므로 $6 \times ㉡ = 42$입니다.
$6 \times 7 = 42$이므로 ㉡$= 7$입니다.
• ㉡$= 7$이므로 $7 \times ㉢ = 63$입니다.
$7 \times 9 = 63$이므로 ㉢$= 9$입니다.

56쪽

07 문제 분석

07 ❶다음과 같이 글자 '학'의 획수는 6획입니다. / **❷**붓으로 글자 '학'을 8번 쓰려면 몇 획을 써야 합니까?

❶ 글자 '학'의 획수를 알아봅니다.
❷ 글자 '학'을 8번 쓰려면 몇 획을 써야 하는지 구합니다.

❶글자 '학'은 6획으로 써야 합니다.
❷6획씩 8번 써야 하므로 $6×8=48$(획)을 써
야 합니다.

08 가장 큰 곱은 가장 큰 수와 두 번째로 큰 수의
곱입니다.
수의 크기를 비교하면 $8>7>6$이므로 가장
큰 수는 8이고, 두 번째로 큰 수는 7입니다.
따라서 가장 큰 곱은 $8×7=56$입니다.

09 어떤 수를 □라 하면 $□+8=16$이므로
$16-8=□$, $□=8$입니다.
따라서 바르게 계산하면 $8×8=64$입니다.

10 같은 모양은 같은 수를 나타낸다고 할 때 ●, ▲, ■를 각
각 구하시오.

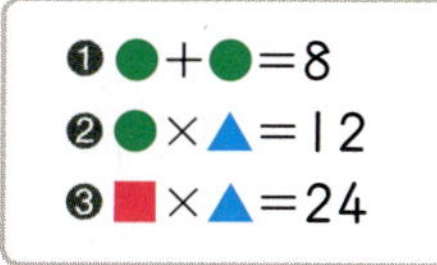

❶ ●에 알맞은 수를 구합니다.
❷ ▲에 알맞은 수를 구합니다.
❸ ■에 알맞은 수를 구합니다.

❶$4+4=8$이므로 ●$=4$입니다.
❷$4×▲=12$에서 $4×3=12$이므로 ▲$=3$입
니다.
❸■$×3=24$에서 $8×3=24$이므로 ■$=8$입
니다.

11 $3×□=27$에서 $3×9=27$이므로 □$=9$입
니다.
따라서 5를 넣으면 $5×9=45$가 나옵니다.

12 ㉠, ㉡, ㉢에 알맞은 수를 각각 구하시오.

×	2	4	7	❶㉠
6	12		42	54
❷㉡		32	56	❸㉢

❶ ㉠에 알맞은 수를 구합니다.
❷ ㉡에 알맞은 수를 구합니다.
❸ ㉢에 알맞은 수를 구합니다.

❶$6×㉠=54$이고 $6×\boxed{9}=54$이므로 ㉠$=9$
입니다.
❷㉡$×4=32$이고 $\boxed{8}×4=32$이므로 ㉡$=8$
입니다.
❸㉡$×㉠=㉢$이고 $8×9=\boxed{72}$이므로 ㉢$=72$
입니다.

13 민준이는 사탕을 80개 가지고 있었습니다. ❶어제는 한
명에게 4개씩 8명에게 나누어 주었고, / ❷오늘은 한 명에
게 3개씩 9명에게 나누어 주었습니다. / ❸민준이에게 남
아 있는 사탕은 몇 개입니까?

❶ 어제 나누어 준 사탕의 수를 구합니다.
❷ 오늘 나누어 준 사탕의 수를 구합니다.
❸ 민준이에게 남아 있는 사탕은 몇 개인지 구합니다.

❶어제 나누어 준 사탕의 수는 $4×8=32$(개)입
니다.
❷오늘 나누어 준 사탕의 수는 $3×9=27$(개)입
니다.
❸따라서 민준이에게 남아 있는 사탕은
$80-32-27=21$(개)입니다.

14 $6×6=36$이므로 $36<□$이고 $5×9=45$
이므로 $□<45$입니다.
따라서 □는 36보다 크고 45보다 작은 수이
므로 37, 38, 39, 40, 41, 42, 43, 44
로 모두 8개입니다.

15 7단 곱셈구구의 수는 7, 14, 21, 28, 35,
42, 49, 56, 63이고, 이 중에서 짝수는
14, 28, 42, 56입니다.
따라서 14, 28, 42, 56 중에서
$5×5=25$보다 크고 $4×8=32$보다 작은
수는 28입니다.

16 문제 분석

16 미라네 모둠 5명이 가위바위보를 했습니다. ❶가위를 낸 미라와 윤호가 이겼다면 / ❷5명이 펼친 손가락은 모두 몇 개입니까?

❶ 나머지 3명은 무엇을 냈는지 알아봅니다.
❷ 5명이 펼친 손가락은 모두 몇 개인지 구합니다.

❶가위를 낸 미라와 윤호 2명이 이겼으므로 나머지 $5-2=3$(명)은 보를 낸 것입니다.
❷펼친 손가락은 가위 2명이 $2\times2=4$(개), 보 3명이 $5\times3=15$(개)이므로 모두 $4+15=19$(개)입니다.

17

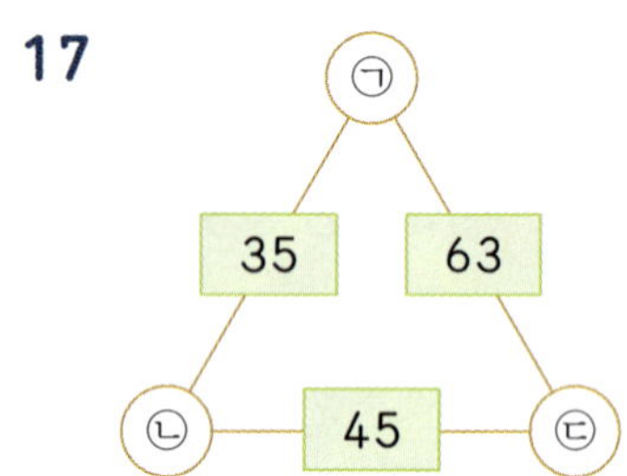

- 35는 $7\times5=35$, 63은 $7\times9=63$이므로 ㉠에 공통으로 들어갈 수 있는 수는 7입니다.
  ⇨ ㉠=7
- ㉠=7이므로 $7\times㉡=35$입니다. $7\times5=35$이므로 ㉡=5입니다.
- ㉡=5이므로 $5\times㉢=45$입니다. $5\times9=45$이므로 ㉢=9입니다.

18 문제 분석

18❶다음 수 카드 6장 중에서 합이 9가 되는 두 수를 곱했을 때 / ❷가장 큰 곱과 가장 작은 곱의 차는 얼마입니까?

❶ 합이 9가 되는 두 수를 찾아 곱을 구합니다.
❷ ❶에서 구한 곱 중에서 가장 큰 곱과 가장 작은 곱을 찾아 차를 구합니다.

❶합이 9인 두 수: $\boxed{5}+\boxed{4}=9$, $\boxed{8}+\boxed{1}=9$, $\boxed{3}+\boxed{6}=9$
⇨ 두 수의 곱: $\boxed{5}\times\boxed{4}=20$, $\boxed{8}\times\boxed{1}=8$, $\boxed{3}\times\boxed{6}=18$
❷가장 큰 곱은 20, 가장 작은 곱은 8이므로 차는 $20-8=12$입니다.

🐱 **사고력 유형**　58~59쪽

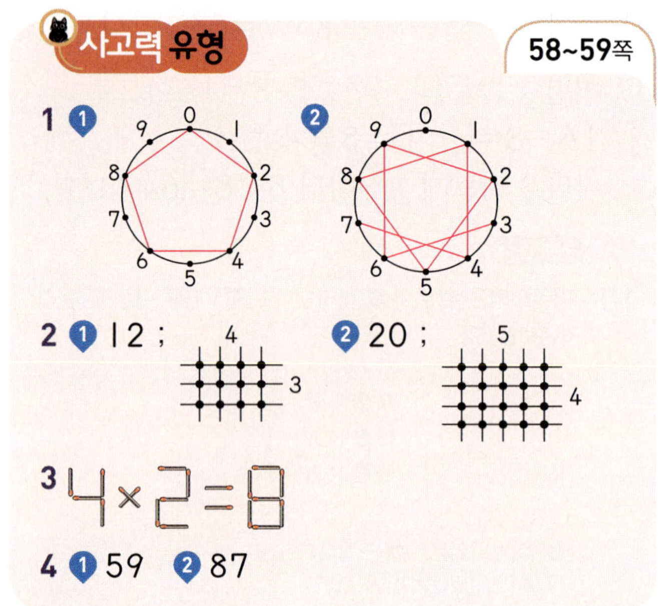

58쪽

1 ❶8단 곱셈구구의 값은 8, 16, 24, 32, 40, 48, 56, 64, 72이므로 8, 6, 4, 2, 0을 차례로 이어 봅니다.
❷7단 곱셈구구의 값은 7, 14, 21, 28, 35, 42, 49, 56, 63이므로 7, 4, 1, 8, 5, 2, 9, 6, 3을 차례로 이어 봅니다.

2 ❶$4\times3$에서 세로로 4줄을 긋고 포개어지도록 가로로 3줄을 긋습니다.
세로 4줄과 가로 3줄이 서로 만나는 점을 세면 12개가 나옵니다.
⇨ $4\times3=12$
❷$5\times4$에서 세로로 5줄을 긋고 포개어지도록 가로로 4줄을 긋습니다.
세로 5줄과 가로 4줄이 서로 만나는 점을 세면 20개가 나옵니다.
⇨ $5\times4=20$

59쪽

3 ㄱ×2=8 ⇨ 4×2=8

4 ❶ ⚀ : 2번 ⇨ 1×2=2,

⚁ : 5번 ⇨ 2×5=10,

⚃ : 3번 ⇨ 4×3=12,

⚄ : 7번 ⇨ 5×7=35

주사위 눈의 수의 전체 합은
2+10+12+35=59입니다.

❷ ⚁ : 8번 ⇨ 2×8=16,

⚂ : 4번 ⇨ 3×4=12,

⚄ : 1번 ⇨ 5×1=5,

⚅ : 9번 ⇨ 6×9=54

주사위 눈의 수의 전체 합은
16+12+5+54=87입니다.

도전! 최상위 유형   60~61쪽

1 7	**2** 8
3 18칸	**4** 6개

60쪽

1 6×□보다 22만큼 더 큰 수가 8×8=64이
므로 6×□=64−22, 6×□=42입니다.
6단 곱셈구구를 외워 보면 6×7=42이므로
□ 안에 알맞은 수는 7입니다.

2 두 수를 곱했을 때 12가 되는 경우는
3×4=12, 2×6=12입니다.
 • 3×4=12인 경우:
  ㉠=3, ㉡=4이므로 ㉡−㉠=4−3=1(×)
 • 2×6=12인 경우:
  ㉠=2, ㉡=6이므로 ㉡−㉠=6−2=4(○)
 ⇨ ㉠과 ㉡의 합은 2+6=8입니다.

61쪽

3 주사위 2개를 굴렸을 때
주사위 1개의 눈이 1인 경우 나올 수 있는 곱
은 1, 2, 3, 4, 5, 6입니다.
주사위 1개의 눈이 2인 경우 나올 수 있는 곱
은 2, 4, 6, 8, 10, 12입니다.
주사위 1개의 눈이 3인 경우 나올 수 있는 곱
은 3, 6, 9, 12, 15, 18입니다.
주사위 1개의 눈이 4인 경우 나올 수 있는 곱
은 4, 8, 12, 16, 20, 24입니다.
주사위 1개의 눈이 5인 경우 나올 수 있는 곱
은 5, 10, 15, 20, 25, 30입니다.
주사위 1개의 눈이 6인 경우 나올 수 있는 곱
은 6, 12, 18, 24, 30, 36입니다.
따라서 색칠할 수 있는 칸은 1, 2, 3, 4, 5,
6, 8, 9, 10, 12, 15, 16, 18, 20, 24,
25, 30, 36이 있는 칸으로 모두 18칸이므로
색칠할 수 없는 칸은 모두 36−18=18(칸)
입니다.

4 ① 마지막 계산을 곱셈으로 한 경우
  • 1×2=2, 2×1=2
  ⇨ 12, 21(2개)
  • 각 자리 숫자를 더해서 12가 되는 수는
   39, 48, 57, 66, 75, 84, 93입니다.
   이 중 각 자리 숫자를 곱해서 나올 수 있
   는 수는 6×8=48, 8×6=48입니다.
  ⇨ 68, 86(2개)
  • 각 자리 숫자를 더해서 21이 되는 수는
   없습니다.
 ② 마지막 계산을 덧셈으로 한 경우
  각 자리 숫자를 더해서 2가 되는 수는 11,
  20입니다. 이 중 각 자리 숫자를 곱해서 나
  올 수 있는 수는 4×5=20, 5×4=20
  입니다.
  ⇨ 45, 54(2개)
 따라서 2가 나오는 수는 모두
 2+2+2=6(개)입니다.

3 길이 재기

1단계 기초 문제
65쪽

1-1 (1) | (2) 3 (3) 2, 50 (4) 4, 68 (5) 7, 9
1-2 (1) 100 (2) 400 (3) 360 (4) 592
(5) 803
2-1 (1) 3 m 39 cm (2) 7 m 82 cm
(3) 5 m 91 cm
2-2 (1) 2 m 15 cm (2) 3 m 51 cm
(3) 2 m 27 cm

2단계 기본 유형
66~71쪽

01

02 (1) cm (2) m
03 ○, ×, ○, ×
04 (○)( )
05 |, 72
06 |30, |, 30
07 4 m 68 cm
08 2 m 40 cm
09 38 m 80 cm
10 |, 6, 40
11
$$\begin{array}{r} \overset{1}{} \\ 3\ m\ 50\ cm \\ +\ 4\ m\ 80\ cm \\ \hline 8\ m\ 30\ cm \end{array}$$
12 ㉡
13 5 m 17 cm
14 2 m 13 cm
15 2 m 17 cm
16 5, 100, 1, 90
17 ㉠
18 2 m 70 cm
19 2 m
20 ㉣
21 4 m
22 5 m
23 (1) 50 m (2) 10 m (3) 170 cm
24 ②, ④, ⑤
25 (1) > (2) <
26 리본
27 ㉣
28 (1) 2, 50, 5, 76 (2) 2, 42, 4, 42
29 5 m 58 cm, 3 m 6 cm
30 9 m 30 cm

서술형 유형
1-1 2, 2, 6, 6, 2, 6, 8 ; 8

1-2 예 3|7 cm=3 m |7 cm ⇨ ㉠=3
942 cm=9 m 42 cm ⇨ ㉡=42
따라서 ㉠+㉡=3+42=45입니다. ; 45
2-1 4, 25, 4, 9, 4, 9, 87 ; 87
2-2 예 652 cm=6 m 52 cm이므로 가장 긴 길이는 6 m 52 cm이고 가장 짧은 길이는 5 m |5 cm입니다.
⇨ 6 m 52 cm−5 m |5 cm=| m 37 cm
; | m 37 cm

67쪽

08 | m 4 cm+| m 36 cm=2 m 40 cm
주의
m와 cm 단위에서 자리를 잘 맞추어야 합니다.
$$\begin{array}{r} 1\ m\ \ 4\ \ \ cm \\ +\ 1\ m\ 36\ cm \\ \hline 2\ m\ 76\ cm\ (\times) \end{array} \quad \begin{array}{r} 1\ m\ \ \ 4\ cm \\ +\ 1\ m\ 36\ cm \\ \hline 2\ m\ 40\ cm\ (\bigcirc) \end{array}$$

11 50 cm+80 cm=|30 cm이므로 |00 cm를 | m로 받아올림합니다.
⇨ m끼리의 계산: |+3+4=8 (m)

12 ㉠ 7 m |0 cm ㉡ 7 m 20 cm
⇨ 7 m |0 cm<7 m 20 cm이므로 더 긴 것은 ㉡입니다.

68쪽

15 3 m 62 cm−| m 45 cm=2 m |7 cm

17 cm끼리 뺄 수 없으므로 | m를 |00 cm로 받아내림합니다.
$$㉠ \quad \begin{array}{r} \overset{4}{\cancel{5}}\ m\ \overset{100}{\ \ }40\ cm \\ -\ 2\ m\ 50\ cm \\ \hline 2\ m\ 90\ cm \end{array} \quad ㉡ \quad \begin{array}{r} \overset{5}{\cancel{6}}\ m\ \overset{100}{\ \ }20\ cm \\ -\ 1\ m\ 70\ cm \\ \hline 4\ m\ 50\ cm \end{array}$$

69쪽

21 2+2+2+2=8이므로 8걸음은 두 걸음씩 4번입니다.
⇨ 자동차의 길이는 약 | m의 4배 정도입니다.
⇨ 약 4 m

70쪽

25 (1) 2 m 38 cm $>$ 217 cm=2 m 17 cm

(2) 405 cm $<$ 4 m 50 cm=450 cm

26 리본의 길이는 4 m 56 cm=456 cm입니다.
따라서 456<461이므로 길이가 더 짧은 것은 리본입니다.

27 ㉡ 8 m 40 cm=840 cm
㉣ 8 m 57 cm=857 cm
➡ 857>840>838>809이므로
㉣ ㉡ ㉠ ㉢
가장 긴 길이는 ㉣입니다.

왜 틀렸을까? 몇 cm로 통일하거나 몇 m 몇 cm로 통일하여 길이를 비교합니다.

29 합: 4 m 32 cm+126 cm
=4 m 32 cm+1 m 26 cm
=5 m 58 cm
차: 4 m 32 cm−126 cm
=4 m 32 cm−1 m 26 cm
=3 m 6 cm

30 570 cm=5 m 70 cm
➡ 3 m 60 cm+5 m 70 cm
=8 m 130 cm=9 m 30 cm

왜 틀렸을까? 단위를 ■ m ▲ cm로 통일하여 cm끼리의 합이 100이거나 100보다 크면 100 cm를 1 m로 받아올림하여 계산합니다.

71쪽

1-1 몇 m 몇 cm로 나타내 ㉠과 ㉡에 알맞은 수를 각각 구합니다.

1-2 몇 m 몇 cm로 나타내 ㉠과 ㉡에 알맞은 수를 각각 구합니다.

서술형 가이드 317 cm와 942 cm를 몇 m 몇 cm로 나타내는 풀이 과정이 들어 있어야 합니다.

채점 기준

상	cm 단위의 길이를 몇 m 몇 cm로 나타낸 다음 ㉠과 ㉡에 알맞은 수를 구하여 답을 구했음.
중	cm 단위의 길이를 몇 m 몇 cm로 나타내었으나 ㉠과 ㉡에 알맞은 수를 구하지 못함.
하	cm 단위의 길이를 몇 m 몇 cm로 나타내지 못함.

2-1 단위를 통일하여 가장 긴 길이와 가장 짧은 길이를 찾은 다음 m는 m끼리, cm는 cm끼리 뺍니다.

2-2 단위를 통일하여 가장 긴 길이와 가장 짧은 길이를 찾은 다음 m는 m끼리, cm는 cm끼리 뺍니다.

서술형 가이드 단위를 통일하여 가장 긴 길이와 가장 짧은 길이를 찾은 다음 길이의 차를 구하는 풀이 과정이 들어 있어야 합니다.

채점 기준

상	단위를 통일하여 가장 긴 길이와 가장 짧은 길이를 찾아 답을 구했음.
중	단위를 통일하였으나 가장 긴 길이와 가장 짧은 길이를 찾지 못함.
하	단위를 통일하지 못함.

3단계 유형 평가 (단원) 72~75쪽

01 ✕ (선 잇기)

02 (1) cm (2) m

03 2, 46

04 150, 1, 50

05 6 m 79 cm

06 9 m 84 cm

07
```
    1
  6 m  90 cm
+ 1 m  50 cm
─────────────
  8 m  40 cm
```

08 2 m 36 cm

09 2 m 44 cm

10 ㉡

11 ㉠, ㉢

12 3 m

13 2 m

14 (1) 30 m (2) 17 cm (3) 3 m

15 <

16 8 m 70 cm, 2 m 58 cm

17 ㉢

18 6 m 20 cm

19 예 674 cm=6 m 74 cm ➡ ㉠=6
508 cm=5 m 8 cm ➡ ㉡=8
따라서 ㉠+㉡=6+8=14입니다. ; 14

20 예 138 cm=1 m 38 cm이므로 가장 긴 길이는 3 m 45 cm이고 가장 짧은 길이는 1 m 38 cm입니다.
➡ 3 m 45 cm−1 m 38 cm=2 m 7 cm
; 2 m 7 cm

73쪽

07 90 cm+40 cm=140 cm이므로 100 cm
를 1 m로 받아올림합니다.
⇨ m끼리의 계산: 1+6+1=8 (m)

09 4 m 80 cm−2 m 36 cm=2 m 44 cm

10 cm끼리 뺄 수 없으므로 1 m를 100 cm로
받아내림합니다.

㉠	3	100		㉡	6	100
	~~4~~ m	30 cm			~~7~~ m	20 cm
−	2 m	60 cm		−	3 m	50 cm
	1 m	70 cm			3 m	70 cm

74쪽

12 7+7+7=21이므로 21뼘은 7뼘씩 3번입
니다. 따라서 철봉의 길이는 약 1 m의 3배 정
도이므로 약 3 m입니다.

15 2 m 45 cm < 250 cm=2 m 50 cm
45<50

75쪽

16 합: 5 m 64 cm+306 cm
  =5 m 64 cm+3 m 6 cm
  =8 m 70 cm
차: 5 m 64 cm−306 cm
  =5 m 64 cm−3 m 6 cm
  =2 m 58 cm

17 ㉠ 7 m 56 cm=756 cm
㉢ 7 m 87 cm=787 cm
⇨ 787>756>742>709이므로
  ㉢   ㉠   ㉣   ㉡
가장 긴 길이는 ㉢입니다.

왜 틀렸을까? 몇 cm로 통일하거나 몇 m 몇 cm로
통일하여 길이를 비교합니다.

18 파란색 리본의 길이: 640 cm=6 m 40 cm
⇨ (초록색 리본의 길이)−(파란색 리본의 길이)
  =12 m 60 cm−6 m 40 cm
  =6 m 20 cm

왜 틀렸을까? 단위를 ■ m ▲ cm로 통일하여 cm
끼리 뺄 수 없으면 1 m를 100 cm로 받아내림하여
계산합니다.

19 몇 m 몇 cm로 나타내 ㉠과 ㉡에 알맞은 수를
각각 구합니다.

서술형 가이드 674 cm와 508 cm를 몇 m 몇 cm
로 나타내는 풀이 과정이 들어 있어야 합니다.

채점 기준

상	cm 단위의 길이를 몇 m 몇 cm로 나타낸 다음 ㉠과 ㉡에 알맞은 수를 구하여 답을 구했음.
중	cm 단위의 길이를 몇 m 몇 cm로 나타내었으나 ㉠과 ㉡에 알맞은 수를 구하지 못함.
하	cm 단위의 길이를 몇 m 몇 cm로 나타내지 못함.

20 단위를 통일하여 가장 긴 길이와 가장 짧은 길
이를 찾은 다음 m는 m끼리, cm는 cm끼리 뺍
니다.

서술형 가이드 단위를 통일하여 가장 긴 길이와 가장
짧은 길이를 찾은 다음 길이의 차를 구하는 풀이 과정
이 들어 있어야 합니다.

채점 기준

상	단위를 통일하여 가장 긴 길이와 가장 짧은 길이를 찾아 답을 구했음.
중	단위를 통일하였으나 가장 긴 길이와 가장 짧은 길이를 찾지 못함.
하	단위를 통일하지 못함.

잘 틀리는 ▲ 실력 유형 **76~77**쪽

유형 01 7, 6, 2

01 8, 5, 4 　　　　**02** 9, 3, 0

유형 02 8, 10 ; 지원

03 안나 　　　　**04** 리안

유형 03 2, 40 ; 2, 40, 2, 10

05 4 m 30 cm 　　　　**06** 6 m 40 cm

07 7, 5, 6 또는 7, 6, 5

08 24 m

76쪽

01 가장 큰 수를 m 단위에 쓰고 남은 두 수로 가장 큰 두 자리 수를 만들어 cm 단위에 씁니다.
⇨ 8>5>4이므로 8 m 54 cm입니다.

왜 틀렸을까? 가장 긴 길이는 큰 수부터 차례로 m와 cm에 씁니다.

02 가장 큰 수를 m 단위에 쓰고 남은 두 수로 가장 큰 두 자리 수를 만들어 cm 단위에 씁니다.
⇨ 9>3>0이므로 9 m 30 cm입니다.

왜 틀렸을까? 가장 긴 길이는 큰 수부터 차례로 m와 cm에 씁니다.

03 실제 길이와 어림한 길이의 차를 구하면
안나는 3 m 12 cm−3 m=12 cm이고,
현준이는 3 m−2 m 80 cm=20 cm입니다.
따라서 12<20이므로 더 가깝게 어림한 사람은 안나입니다.

왜 틀렸을까? 실제 길이와 어림한 길이의 차가 작을수록 가깝게 어림한 것입니다. 이때 길이의 차를 구할 때 cm끼리 뺄 수 없으면 1 m를 100 cm로 받아내림하여 계산합니다.

04 윤서: 2 m 50 cm−2 m 25 cm=25 cm
지한: 2 m 60 cm−2 m 50 cm=10 cm
리안: 2 m 50 cm−2 m 45 cm=5 cm
따라서 25>10>5이므로 2 m 50 cm에 가장 가깝게 어림한 사람은 리안입니다.

왜 틀렸을까? 실제 길이와 어림한 길이의 차가 작을수록 가깝게 어림한 것입니다.

77쪽

05 (색 테이프 2개의 길이의 합)
=2 m 40 cm+2 m 40 cm=4 m 80 cm
⇨ (이어 붙인 색 테이프의 전체 길이)
=(색 테이프 2개의 길이의 합)
−(겹쳐진 부분의 길이)
=4 m 80 cm−50 cm=4 m 30 cm

왜 틀렸을까? 이어 붙인 색 테이프의 전체 길이는 색 테이프 2장의 길이의 합에서 겹쳐진 부분의 길이를 빼야 합니다.

06 (색 테이프 2개의 길이의 합)
=4 m 15 cm+3 m 75 cm=7 m 90 cm
⇨ (이어 붙인 색 테이프의 전체 길이)
=(색 테이프 2개의 길이의 합)
−(겹쳐진 부분의 길이)
=7 m 90 cm−1 m 50 cm
=6 m 40 cm

왜 틀렸을까? 이어 붙인 색 테이프의 전체 길이는 색 테이프 2장의 길이의 합에서 겹쳐진 부분의 길이를 빼야 합니다.

07 9 m 58 cm−2 m 25 cm=7 m 33 cm
따라서 주어진 수 카드로 만들 수 있는 길이 중 7 m 33 cm보다 긴 길이는 7 m 56 cm, 7 m 65 cm입니다.

참고
7 m 33 cm보다 긴 길이를 만들려면 m 단위의 수가 7보다 크거나 m 단위의 수가 7로 같다면 cm 단위의 수가 33보다 커야 합니다.

08 • 왼쪽 가로등에서 벤치까지의 거리: 약 9 m
• 벤치의 길이: 약 6 m
• 벤치에서 오른쪽 가로등까지의 거리: 약 9 m
⇨ 9+6+9=24 (m)

다른 풀이
가로등과 가로등 사이의 거리는 울타리 8칸의 길이와 같으므로 가로등과 가로등 사이의 거리는
3×8=24 (m)입니다.

다르지만 같은 유형

01 > **02** ㉢, ㉡, ㉠
03 한나 **04** (위에서부터) 2, 21
05 (위에서부터) 87, 6 **06** 39
07 9 m 90 cm **08** 2 m 80 cm
09 48 m 72 cm **10** 90 cm
11 10 m **12** 6 m

78쪽

01~03 핵심

길이의 차는 m는 m끼리, cm는 cm끼리 뺍니다.
이때 cm끼리 뺄 수 없으면 1 m를 100 cm로 받아
내림하여 계산합니다.

01

$$5\ \text{m}\ 60\ \text{cm} - 1\ \text{m}\ 40\ \text{cm} = 4\ \text{m}\ 20\ \text{cm},$$

$$\overset{5}{\cancel{6}}\ \text{m}\ \overset{100}{20}\ \text{cm} - 2\ \text{m}\ 80\ \text{cm} = 3\ \text{m}\ 40\ \text{cm}$$

⇨ 4 m 20 cm ⟩ 3 m 40 cm
    └── 4>3 ──┘

02 ㉠ 2 m 12 cm   ㉡ 2 m 14 cm
㉢ 2 m 74 cm
⇨ 2 m 74 cm>2 m 14 cm>2 m 12 cm
이므로 ㉢>㉡>㉠입니다.

03 (예지의 남은 노끈의 길이)
=6 m 60 cm−3 m 22 cm=3 m 38 cm
(한나의 남은 노끈의 길이)
=7 m 84 cm−4 m 54 cm=3 m 30 cm
3 m 38 cm>3 m 30 cm이므로 남은 노끈
의 길이가 더 짧은 사람은 한나입니다.

04~06 핵심

m는 m끼리, cm는 cm끼리 계산합니다.
이때 덧셈과 뺄셈의 관계를 이용하여 □ 안에 알맞은
수를 구합니다.
[덧셈과 뺄셈의 관계]

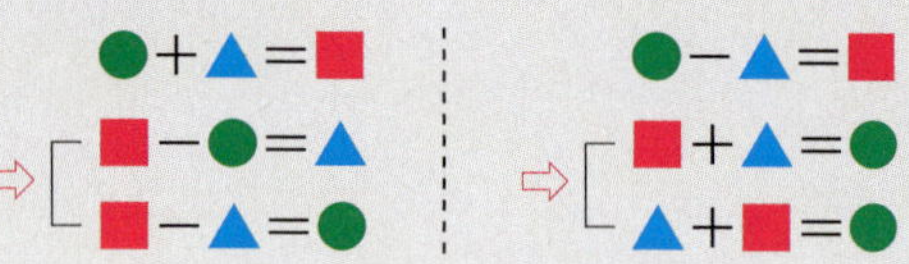

04 • cm 단위: 65+□=86이므로
            86−65=□, □=21입니다.
• m 단위: □+4=6이므로
            6−4=□, □=2입니다.

05 • cm 단위: □−42=45이므로
            45+42=□, □=87입니다.
• m 단위: 7−□=1이므로
            7−1=□, □=6입니다.

06 • cm 단위: 54−㉡=18이므로
            54−18=㉡, ㉡=36입니다.
• m 단위: ㉠−2=1이므로
            1+2=㉠, ㉠=3입니다.
따라서 ㉠과 ㉡에 알맞은 수의 합은
㉠+㉡=3+36=39입니다.

79쪽

07~09 핵심

여러 길이의 합도 m는 m끼리, cm는 cm끼리 더합니다.

08 1 m 10 cm+30 cm+1 m 10 cm+30 cm
=1 m 40 cm+1 m 10 cm+30 cm
=2 m 50 cm+30 cm
=2 m 80 cm

09 트랙을 2바퀴까지 돈 길이:
16 m 24 cm+16 m 24 cm=32 m 48 cm
트랙을 3바퀴까지 돈 길이:
32 m 48 cm+16 m 24 cm=48 m 72 cm
따라서 돈 길이는 모두 48 m 72 cm입니다.

10~12 핵심

몸의 일부의 길이를 이용하여 긴 길이를 어림할 수 있
습니다. 단위의 길이를 잰 횟수만큼 더하면 전체 길이
가 됩니다.

10 텔레비전 긴 쪽의 길이는 15 cm가 6번입니다.
15+15+15+15+15+15=90 (cm)
따라서 텔레비전 긴 쪽의 길이는 약 90 cm입
니다.

11 50 cm가 2번이면 100 cm이므로 50 cm
가 20번이면 1000 cm입니다.
⇨ 1000 cm=10 m

12 두 깃발 사이의 거리는 진호가 양팔을 벌린 길
이로 5번 정도입니다.
⇨ 1 m 20 cm+1 m 20 cm+1 m 20 cm
    +1 m 20 cm+1 m 20 cm=6 m

응용 유형 80~83쪽

01 5 m 90 cm **02** 1 m 20 cm
03 3 m 64 cm **04** 5 m 65 cm
05 9 cm
06 9 m 86 cm, 1 m 34 cm ; 8 m 52 cm
07 168 m 50 cm **08** 4, 27
09 8 m 93 cm **10** 2 m 40 cm
11 4 m 48 cm **12** ㉯
13 4 m 67 cm **14** 8 cm
15 1 m 10 cm
16 7 m 65 cm, 1 m 24 cm ; 8 m 89 cm
17 승준, 36 m 32 cm

80쪽

01 파란색 리본의 길이: 228 cm＝2 m 28 cm
초록색 리본의 길이:
2 m 28 cm＋1 m 34 cm＝3 m 62 cm
⇨ 두 리본의 길이의 합:
　 2 m 28 cm＋3 m 62 cm
　＝5 m 90 cm

02 다른 한 도막의 길이:
4 m－1 m 40 cm＝2 m 60 cm
⇨ 두 도막의 길이의 차:
　 2 m 60 cm－1 m 40 cm
　＝1 m 20 cm

03 상자에 붙이는 데 필요한 종이테이프는
82 cm가 2번, 30 cm가 2번,
35 cm가 4번입니다.
82 cm가 2번: 82 cm＋82 cm
　　　　　＝164 cm＝1 m 64 cm
30 cm가 2번: 30 cm＋30 cm＝60 cm
35 cm가 4번:
35 cm＋35 cm＋35 cm＋35 cm
＝140 cm＝1 m 40 cm
⇨ 1 m 64 cm＋60 cm＋1 m 40 cm
　＝3 m 64 cm

81쪽

04 320 cm＝3 m 20 cm이므로 처음에 가지고
있던 테이프의 길이를 □라 하면
□－2 m 45 cm＝3 m 20 cm입니다.
⇨ □＝3 m 20 cm＋2 m 45 cm
　　＝5 m 65 cm

05 리본 4개의 길이의 합:
3 m 24 cm＋3 m 24 cm＋3 m 24 cm
＋3 m 24 cm＝12 m 96 cm
리본 4개를 이어 붙였으므로 겹쳐진 부분은 3군
데입니다.
겹쳐진 부분의 길이의 합:
12 m 96 cm－12 m 69 cm＝27 cm
⇨ 27＝9＋9＋9이므로 리본을 9 cm씩 겹
쳐서 이어 붙인 것입니다.

06 ・가장 긴 길이: m 단위부터 큰 수를 차례로
　　　　　　넣으면 9 m 86 cm입니다.
・가장 짧은 길이: m 단위부터 작은 수를 차
　　　　　　례로 넣으면 1 m 34 cm
　　　　　　입니다.
⇨ 9 m 86 cm－1 m 34 cm＝8 m 52 cm

82쪽

07 문제 분석

07 독도와 관련된 다음 글을 읽고 ❷서도의 높이는 몇 m 몇
cm인지 구하시오.

> 독도는 동도와 서도 및 그 주변에 흩어
> 져 있는 바위섬 89개로 이루어져 있
> 습니다. 동도의 높이는 98 m 60 cm
> 이고 서도는 동도보다 ❶6990 cm
> 더 높습니다.

❶ 6990 cm를 m와 cm 단위로 나타냅니다.
❷ 서도의 높이는 몇 m 몇 cm인지 구합니다.

❶6990 cm＝6900 cm＋90 cm
　　　　　＝69 m＋90 cm
　　　　　＝69 m 90 cm

다음 페이지에 풀이 계속

❷ 서도의 높이: $98\,m\,60\,cm+69\,m\,90\,cm$
$=167\,m\,150\,cm$
$=168\,m\,50\,cm$

08 ❷ □ 안에 알맞은 수를 써넣으시오.

❶ $248\,cm+$ □ m □ cm
$=6\,m\,75\,cm$

❶ $248\,cm$를 m와 cm 단위로 나타냅니다.
❷ m는 m끼리, cm는 cm끼리 계산하여 □ 안에 알맞은 수를 구합니다.

❶ $248\,cm=2\,m\,48\,cm$
❷ $2\,m\,48\,cm+$ □ m □ $cm=6\,m\,75\,cm$에서 □ m □ $cm=6\,m\,75\,cm-2\,m\,48\,cm$ 입니다.
⇨ □ m □ $cm=6\,m\,75\,cm-2\,m\,48\,cm$
$=4\,m\,27\,cm$

09 빨간색 리본의 길이: $556\,cm=5\,m\,56\,cm$
연두색 리본의 길이:
$5\,m\,56\,cm-2\,m\,19\,cm=3\,m\,37\,cm$
⇨ 두 리본의 길이의 합:
$5\,m\,56\,cm+3\,m\,37\,cm$
$=8\,m\,93\,cm$

10 다른 한 도막의 길이: $5\,m-1\,m\,30\,cm$
$=3\,m\,70\,cm$
⇨ 두 도막의 길이의 차:
$3\,m\,70\,cm-1\,m\,30\,cm$
$=2\,m\,40\,cm$

11 상자에 붙이는 데 필요한 종이테이프는
$94\,cm$가 2번, $38\,cm$가 2번, $46\,cm$가 4번 입니다.
$94\,cm+94\,cm+38\,cm+38\,cm$
$+46\,cm+46\,cm+46\,cm+46\,cm$
$=448\,cm$
⇨ $4\,m\,48\,cm$

12 ㉮에서 ㉭까지 갈 때 ㉯와 ㉰ 중 ❸어디를 거쳐서 가는 길이 더 가깝습니까?

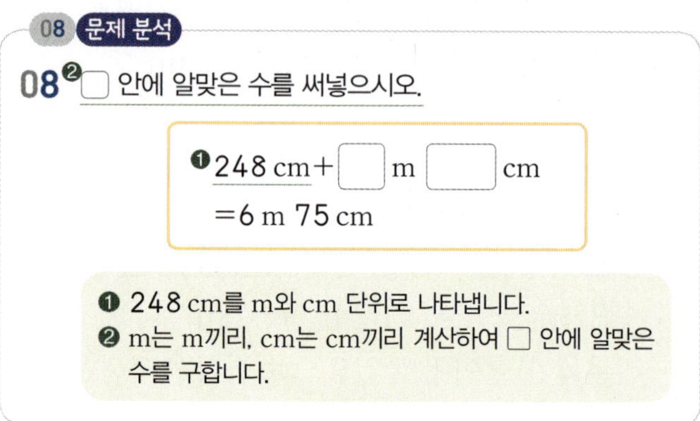

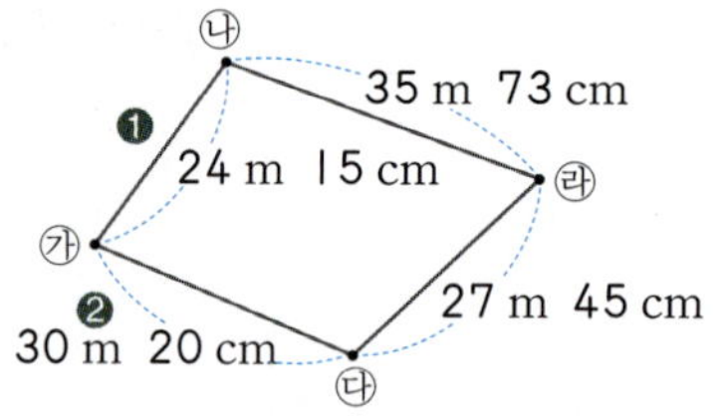

❶ ㉮에서 ㉯를 거쳐 ㉭까지 가는 길의 거리를 구합니다.
❷ ㉮에서 ㉰를 거쳐 ㉭까지 가는 길의 거리를 구합니다.
❸ ㉯와 ㉰ 중 어디를 거쳐서 가는 길이 더 가까운지 구합니다.

❶ (㉮~㉯~㉭)$=24\,m\,15\,cm+35\,m\,73\,cm$
$=59\,m\,88\,cm$
❷ (㉮~㉰~㉭)$=30\,m\,20\,cm+27\,m\,45\,cm$
$=57\,m\,65\,cm$
❸ ⇨ $59\,m\,88\,cm>57\,m\,65\,cm$이므로 ㉰를 거쳐서 가는 길이 더 가깝습니다.

83쪽

13 $308\,cm=3\,m\,8\,cm$이므로 처음에 가지고 있던 테이프의 길이를 □라 하면
□$-1\,m\,59\,cm=3\,m\,8\,cm$입니다.
⇨ □$=3\,m\,8\,cm+1\,m\,59\,cm$
$=4\,m\,67\,cm$

14 리본 5개의 길이의 합:
$2\,m\,13\,cm+2\,m\,13\,cm+2\,m\,13\,cm$
$+2\,m\,13\,cm+2\,m\,13\,cm$
$=10\,m\,65\,cm$
리본 5개를 이어 붙였으므로 겹쳐진 부분은 4군데입니다.
겹쳐진 부분의 길이의 합:
$10\,m\,65\,cm-10\,m\,33\,cm=32\,cm$
⇨ $32=8+8+8+8$이므로 리본을 $8\,cm$씩 겹쳐서 이어 붙인 것입니다.

참고
리본을 ■장 이어 붙이면 겹쳐진 부분은 (■-1)군데 입니다.

15 문제 분석

15 길이가 똑같은 색 테이프 3개가 있습니다. ❶겹쳐진 부분의 길이가 10 cm가 되도록 2개씩 겹쳐서 길게 이어 붙였습니다. / ❷이어 붙인 색 테이프의 전체 길이가 3 m 10 cm라면 / ❸색 테이프 한 개의 길이는 몇 m 몇 cm 입니까?

❶ 겹쳐진 부분의 길이의 합을 구합니다.
❷ 색 테이프 3개의 길이의 합을 구합니다.
❸ 색 테이프 한 개의 길이를 구합니다.

❶겹쳐진 부분의 길이의 합:
　10 cm+10 cm=20 cm
❷색 테이프 3개의 길이의 합:
　3 m 10 cm+20 cm=3 m 30 cm
❸3 m 30 cm
　=1 m 10 cm+1 m 10 cm+1 m 10 cm
　이므로 색 테이프 한 개의 길이는
　1 m 10 cm입니다.

16 ・가장 긴 길이: m 단위부터 큰 수를 차례로 넣으면 7 m 65 cm입니다.
　・가장 짧은 길이: m 단위부터 작은 수를 차례로 넣으면 1 m 24 cm입니다.
　⇨ 7 m 65 cm+1 m 24 cm=8 m 89 cm

17 문제 분석

17 승협이와 승준이 형제는 달리기 연습을 하였습니다. ❶승협이는 A에서 출발하여 나를 거쳐 가까지 뛰어 갔다가 같은 길로 A로 돌아왔고, / ❷승준이는 A에서 출발하여 다를 거쳐 라까지 뛰어 갔다가 같은 길로 A로 돌아왔습니다. / ❸누가 몇 m 몇 cm 더 많이 달렸습니까?

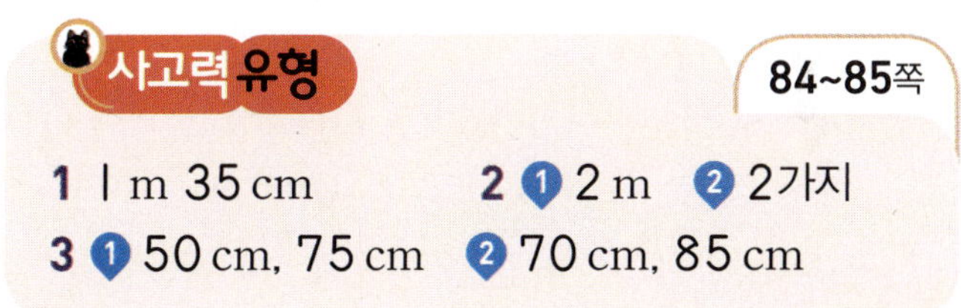

❶ 승협이가 달린 거리를 구합니다.
❷ 승준이가 달린 거리를 구합니다.
❸ 승협이와 승준이 중 누가 몇 m 몇 cm 더 많이 달렸는지 구합니다.

❶승협이가 달린 거리:
　42 m 26 cm+34 m=76 m 26 cm
　⇨ 76 m 26 cm+76 m 26 cm
　　=152 m 52 cm
❷승준이가 달린 거리:
　56 m 24 cm+38 m 18 cm=94 m 42 cm
　⇨ 94 m 42 cm+94 m 42 cm
　　=188 m 84 cm
❸따라서 승준이가
　188 m 84 cm−152 m 52 cm
　=36 m 32 cm 더 많이 달렸습니다.

사고력 유형　84~85쪽

1 1 m 35 cm　　**2** ❶ 2 m　❷ 2가지
3 ❶ 50 cm, 75 cm　❷ 70 cm, 85 cm

84쪽

1 줄자가 1 m부터 시작하므로 지태의 실제 키는 줄자로 잰 길이에서 1 m를 빼 주어야 합니다.
235 cm=2 m 35 cm
⇨ 2 m 35 cm−1 m=1 m 35 cm

2 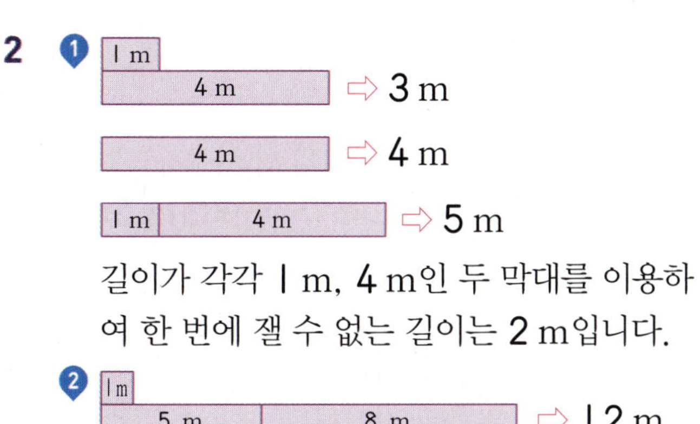

길이가 각각 1 m, 4 m인 두 막대를 이용하여 한 번에 잴 수 없는 길이는 2 m입니다.

❷ 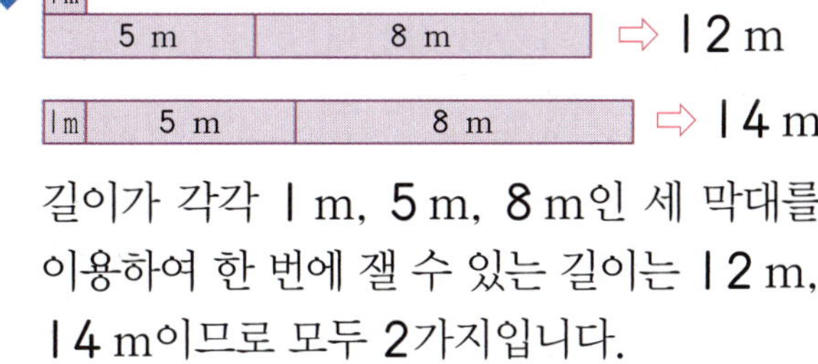

길이가 각각 1 m, 5 m, 8 m인 세 막대를 이용하여 한 번에 잴 수 있는 길이는 12 m, 14 m이므로 모두 2가지입니다.

85쪽

3 ① 가+가=1 m 25 cm−25 cm
  =1 m=100 cm
 50+50=100이므로 가=50 cm,
 나=50 cm+25 cm=75 cm입니다.

②
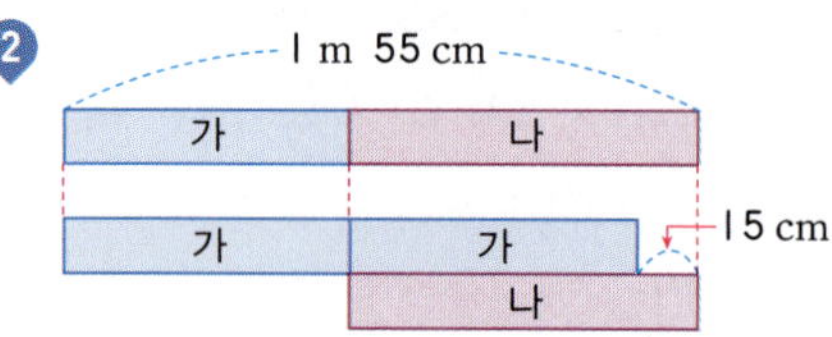

 가+가=1 m 55 cm−15 cm
  =1 m 40 cm=140 cm
 70+70=140이므로 가=70 cm,
 나=70 cm+15 cm=85 cm입니다.

도전! 최상위 유형 86~87쪽

1 789 cm

2 600 cm

3 3 m 47 cm

4 1 m 21 cm

86쪽

1 207 cm=2 m 7 cm
 (삼각형의 세 변의 길이의 합)
  =2 m 57 cm+2 m 7 cm+3 m 25 cm
  =7 m 89 cm ⇨ 789 cm

2 처음 길이의 반만큼 더 늘어나므로 그림으로
 나타내면 다음과 같습니다.
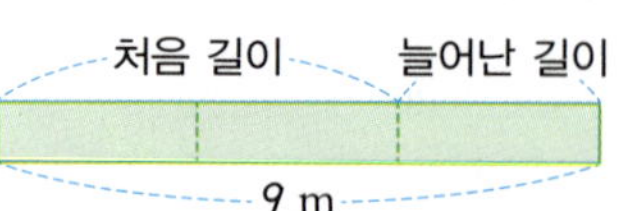

 3 m+3 m+3 m=9 m이므로 고무줄의 처음
 길이는 6 m=600 cm입니다.

87쪽

3 (색 테이프 3개의 길이의 합)
  =1 m 25 cm+1 m 25 cm+1 m 25 cm
  =3 m 75 cm
 겹쳐진 부분은 2군데이고 14 cm씩 겹쳐지므로
 (겹쳐진 부분의 길이의 합)
  =14 cm+14 cm=28 cm입니다.
 ⇨ (이어 붙인 색 테이프의 전체 길이)
   =(색 테이프 3개의 길이의 합)
    −(겹쳐진 부분의 길이의 합)
   =3 m 75 cm−28 cm=3 m 47 cm

4 ㉡은 ㉠보다 8 cm 더 짧으므로 ㉠은 ㉡보다
 8 cm 더 깁니다. ⇨ ㉠=㉡+8

 ㉡+8+㉡=24, ㉡+㉡=16, ㉡=8이고,
 ㉠=8+8=16입니다.
 ⇨ ㉠=16 cm, ㉡=8 cm
 ㉢은 ㉡보다 5 cm 더 짧으므로
 ㉢=8−5=3 (cm)입니다.
 가 막대의 길이를 □ cm라 하면
 나 막대의 길이는 (□+16) cm,
 다 막대의 길이는 (□+24) cm,
 라 막대의 길이는 (□+27) cm입니다.
 □ cm+(□+16) cm
 +(□+24) cm+(□+27) cm
 =4 m 87 cm,
 □ cm+□ cm+□ cm+□ cm+67 cm
 =4 m 87 cm,
 □ cm+□ cm+□ cm+□ cm
 =4 m 20 cm에서
 4 m 20 cm
 =1 m 5 cm+1 m 5 cm+1 m 5 cm
   +1 m 5 cm
 이므로 가 막대의 길이는 1 m 5 cm입니다.
 따라서 나 막대의 길이는
 1 m 5 cm+16 cm=1 m 21 cm입니다.

4 시각과 시간

1 단계 **기초 문제** 91쪽

1-1 (1) 1, 25　(2) 4, 40　(3) 7, 55

1-2 (1)　　　　(2)　　　　(3)
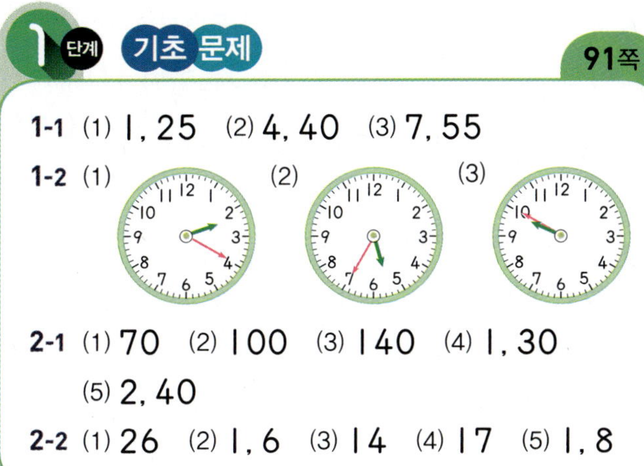

2-1 (1) 70　(2) 100　(3) 140　(4) 1, 30
　　(5) 2, 40

2-2 (1) 26　(2) 1, 6　(3) 14　(4) 17　(5) 1, 8

2 단계 **기본 유형** 92~97쪽

01 (1) 12, 20　(2) 9, 55

02 8시 25분　　　**03** 1시 40분

04

05
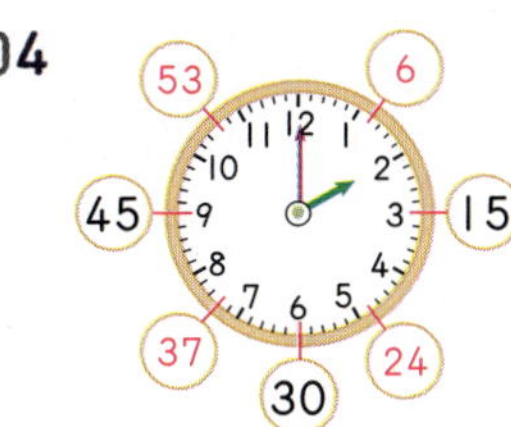
　　　　　06 10, 11, 1

07 1, 50 ; 2, 10　　**08** (1) 3, 5　(2) 8, 10

09

10 2시 10분 20분 30분 40분 50분 3시 10분 20분 30분 40분 50분 4시
; 1, 60

11　　　　　**12** 20분

13 7시 10분 20분 30분 40분 50분 8시 10분 20분 30분 40분 50분 9시
; 80, 1, 20

14 ②, ③

15 (1) 오전　(2) 오후　(3) 오후　(4) 오전

16
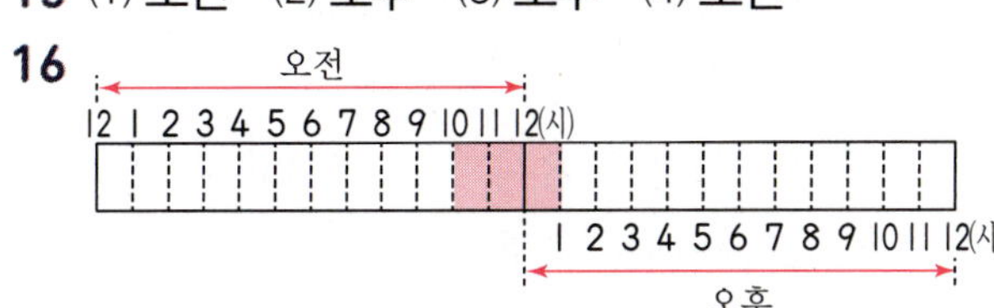
; 3시간

17 ④　　　　　　**18** 4번

19 토요일　　　　**20** 4월 15일

21 5월 3일, 토요일

22 (1) (위에서부터) 30, 31 ; 31, 30, 31
　　(2) 4월, 6월, 9월, 11월

23 (1) 27　(2) 2, 9　　**24** 38개월

25 2시 45분　　　　**26** 10시

27 3시 5분

28 4일, 11일, 18일, 25일

29 5번　　　　　　**30** 4일

서술형 유형

1-1 2, 50 ; 2, 50

1-2 예 시계의 짧은바늘이 7과 8 사이를 가리키고
있으므로 8시가 아니라 7시로 읽어야 합니다.
긴바늘이 가리키는 11을 11분이 아니라 55
분으로 읽어야 합니다.
; 7시 55분

2-1 1, 10, 20, 1, 30 ; 1, 30

2-2 예 9시 30분에서 1시간 후는 10시 30분이고,
30분 후는 11시이고, 20분 후는 11시 20
분입니다. 따라서 재영이가 산 정상에 가는 데
걸린 시간은 1시간 50분입니다.
; 1시간 50분

92쪽

03 짧은바늘: 1과 2 사이 → 1시 ┐
　　긴바늘: 8 → 40분 ┘ ⇨ 1시 40분

06 10시 29분 ⇨
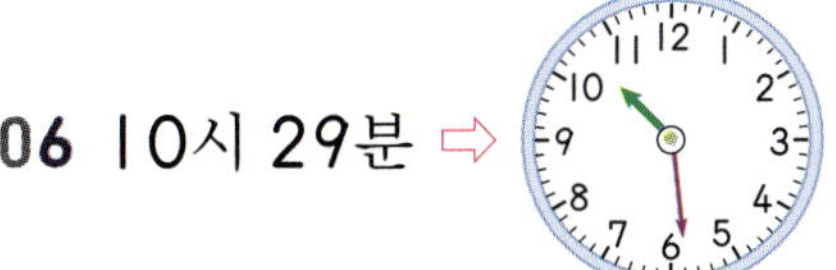

93쪽

08 ⑴ 2시 55분은 3시가 되기 5분 전의 시각과
　　　같습니다. ➡ 3시 5분 전

　　⑵ 7시 50분은 8시가 되기 10분 전의 시각
　　　과 같습니다. ➡ 8시 10분 전

09 12시 5분 전은 11시 55분입니다.
　　➡ 짧은바늘이 11과 12 사이를 가리키고, 긴
　　바늘이 11을 가리키게 그립니다.

11 4시 50분에서 60분(=1시간) 후의 시각은
　　5시 50분입니다.

12 10시에서 1시간 후는 11시입니다.
　　10시 40분에서 11시가 되려면 20분이 더
　　지나야 하므로 20분을 더 해야 합니다.

94쪽

13 시작한 시각: 7시 20분, 끝난 시각: 8시 40분
　　시간 띠 한 칸의 크기는 10분이고, 색칠한 부
　　분은 8칸이므로
　　80분=60분+20분=1시간 20분입니다.

14 ① 자기 소개하기 ➡ 40분
　　② 족욕 체험 ➡ 1시간 20분
　　③ 친환경 요리 체험 ➡ 1시간 30분
　　④ 동물 먹이 주기 ➡ 40분
　　⑤ 손편지 쓰기 ➡ 50분

17 ④ 30시간=24시간+6시간=1일 6시간

95쪽

21 2주일은 14일이므로 4월 19일부터 2주일
　　후는 19일+14일=33일입니다.
　　➡ 4월은 30일까지 있으므로 5월 3일입니다.
　　또, 같은 요일은 1주일마다 반복되므로 2주일
　　후도 4월 19일과 같은 토요일입니다.

23 ⑴ 2년 3개월=12개월+12개월+3개월
　　　　　　　　=27개월

　　⑵ 33개월=12개월+12개월+9개월
　　　　　　　=2년 9개월

24 3년 2개월
　　=12개월+12개월+12개월+2개월
　　=38개월

96쪽

25 2시 15분에서 긴바늘이 작은 눈금 30칸만큼
　　움직이면 2시 45분입니다.

26 1교시: 9시 10분부터 9시 50분까지
　　1교시 후 쉬는 시간: 9시 50분부터 10시까지
　　따라서 2교시 수업이 시작하는 시각은 10시입
　　니다.

27 2시 25분 $\xrightarrow{30분 후}$ 2시 55분 $\xrightarrow{10분 후}$
　　3시 5분이므로 후반전이 시작되는 시각은
　　3시 5분입니다.
　　왜 틀렸을까? 30분 후, 10분 후의 시각을 차례로
　　구합니다.

29 6월의 마지막 날은 30일입니다.
　　같은 요일이 7일마다 반복되고, 1일이 수요일
　　이므로 8일, 15일, 22일, 29일도 수요일입
　　니다. 따라서 6월에 수요일이 5번 있습니다.

30 7월의 마지막 날은 31일입니다.
　　같은 요일이 7일마다 반복되고, 6일이 금요일
　　이므로 13일, 20일, 27일도 금요일입니다.
　　따라서 수영장에 가는 날은 모두 4일입니다.
　　왜 틀렸을까? 7월은 31일까지 있고, 같은 요일은 7일
　　마다 반복된다는 것을 이용하여 7월에 금요일인 날짜
　　를 모두 찾습니다.

97쪽

1-1 짧은바늘과 긴바늘이 가리키는 곳을 확인하여
　　시각을 알아봅니다.

1-2 짧은바늘과 긴바늘이 가리키는 곳을 확인하여
　　시각을 알아봅니다.

서술형 가이드 짧은바늘과 긴바늘이 가리키는 곳을
확인하여 시각을 바르게 읽어 보는 풀이 과정이 들어
있어야 합니다.

채점 기준

상	짧은바늘과 긴바늘이 가리키는 곳을 확인하여 시각을 잘못 읽은 이유를 쓰고 시각을 바르게 읽었음.
중	짧은바늘과 긴바늘이 가리키는 곳을 확인하여 시각을 잘못 읽은 이유를 썼으나 시각을 바르게 읽지 못함.
하	짧은바늘과 긴바늘이 가리키는 곳을 확인하지 못하여 시각을 잘못 읽은 이유를 쓰지 못함.

2-1 3시 50분에서 몇 시간 후, 몇 분 후를 차례로 알아보며 걸린 시간을 구합니다.

2-2 9시 30분에서 몇 시간 후, 몇 분 후를 차례로 알아보며 걸린 시간을 구합니다.

서술형 가이드 9시 30분에서 몇 시간 후를 알아본 다음 몇 분 후에 11시 20분이 되는지 구하는 풀이 과정이 들어 있어야 합니다.

채점 기준

상	9시 30분에서 몇 시간 후를 알아보고, 몇 분 후에 11시 20분이 되는지 확인하여 답을 구했음.
중	9시 30분에서 몇 시간 후를 알아보았지만 몇 분 후에 11시 20분이 되는지 확인하지 못함.
하	9시 30분에서 몇 시간 후와 몇 분 후를 모두 알아보지 못함.

3단계 단원 유형 평가 98~101쪽

01 (1) 4, 45 (2) 3, 20

02 11시 15분

03

04 2, 3, 2

05 (1) 4, 10 (2) 8, 55

06

07

08 10분

09 ㉡

10

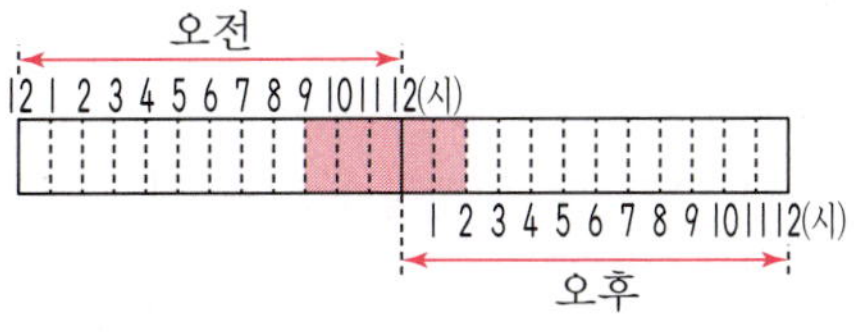

; 5시간

11 ①

12 5번

13 10월 24일

14 34개월

15 10시 10분

16 4번

17 5시 30분

18 5일

19 예 시계의 짧은바늘이 6과 7 사이를 가리키고 있으므로 7시가 아니라 6시로 읽어야 합니다. 긴바늘이 가리키는 5를 5분이 아니라 25분으로 읽어야 합니다. ; 6시 25분

20 예 8시 40분에서 1시간 후는 9시 40분이고, 20분 후는 10시이고, 20분 후는 10시 20분입니다.
따라서 혜인이가 할아버지 댁에 가는 데 걸린 시간은 1시간 40분입니다. ; 1시간 40분

99쪽

08 3시에서 1시간 후는 4시입니다.
3시 50분에서 4시가 되려면 10분이 더 지나야 하므로 10분을 더 해야 합니다.

09 ㉠ 경주로 이동 ⇨ 2시간
㉡ 첨성대 구경하기 ⇨ 30분
㉢ 점심 식사 ⇨ 1시간 30분
㉣ 불국사 구경하기 ⇨ 1시간 30분

100쪽

11 ① 1일 5시간=24시간+5시간=29시간

13 10월 첫째 수요일: 10월 3일
10월 둘째 수요일: 10월 10일
10월 셋째 수요일: 10월 17일
10월 넷째 수요일: 10월 24일

15 1교시: 9시 20분부터 10시까지
1교시 후 쉬는 시간:
10시부터 10시 10분까지
따라서 2교시 수업이 시작하는 시각은 10시 10분입니다.

16 5월의 마지막 날은 31일입니다.
같은 요일이 7일마다 반복되고, 6일이 일요일이므로 13일, 20일, 27일도 일요일입니다.
따라서 5월에 일요일이 4번 있습니다.

101쪽

17 4시 30분 —45분 후→ 5시 15분 —15분 후→ 5시 30분이므로 후반전이 시작되는 시각은 5시 30분입니다.

왜 틀렸을까? 45분 후, 15분 후의 시각을 차례로 구합니다.

18 ㅣㅣ월의 마지막 날은 30일입니다.
같은 요일이 7일마다 반복되고, 2일이 수요일이
므로 9일, ㅣ6일, 23일, 30일도 수요일입니다.
따라서 도서관에 가는 날은 모두 5일입니다.

왜 틀렸을까? ㅣㅣ월은 30일까지 있고, 같은 요일은
7일마다 반복된다는 것을 이용하여 ㅣㅣ월에 수요일인
날짜를 모두 찾습니다.

19 **서술형 가이드** 짧은바늘과 긴바늘이 가리키는 곳을
확인하여 시각을 바르게 읽어 보는 풀이 과정이 들어
있어야 합니다.

채점 기준

상	짧은바늘과 긴바늘이 가리키는 곳을 확인하여 시각을 잘못 읽은 이유를 쓰고 시각을 바르게 읽었음.
중	짧은바늘과 긴바늘이 가리키는 곳을 확인하여 시각을 잘못 읽은 이유를 썼으나 시각을 바르게 읽지 못함.
하	짧은바늘과 긴바늘이 가리키는 곳을 확인하지 못하여 시각을 잘못 읽은 이유를 쓰지 못함.

20 8시 40분에서 몇 시간 후, 몇 분 후를 차례로
알아보며 걸린 시간을 구합니다.

서술형 가이드 8시 40분에서 몇 시간 후를 알아본
다음 몇 분 후에 ㅣ0시 20분이 되는지 구하는 풀이
과정이 들어 있어야 합니다.

채점 기준

상	8시 40분에서 몇 시간 후를 알아보고, 몇 분 후에 ㅣ0시 20분이 되는지 확인하여 답을 구했음.
중	8시 40분에서 몇 시간 후를 알아보았지만 몇 분 후에 ㅣ0시 20분이 되는지 확인하지 못함.
하	8시 40분에서 몇 시간 후와 몇 분 후를 모두 알아보지 못함.

잘 틀리는 실력 유형 (102~103쪽)

유형 01 ㅣ0, ㅣㅣ ; 5 ; ㅣ0, 25

01 3시 40분   **02** ㅣㅣ시 48분

유형 02 ㅣ0, ㅣ0 ; 8, ㅣ0, 7, 50 ; 7, 50

03 ㅣ시 40분   **04** 3시 45분

유형 03 30, 30, ㅣㅣ ; 25 ; 36

05 23일   **06** 37일

07 수박   **08** 2시간 ;

---

01 시계의 짧은바늘은 3과 4 사이를 가리키고,
긴바늘은 8을 가리키므로 3시 40분입니다.

왜 틀렸을까? 숫자의 왼쪽과 오른쪽이 바뀌어 보이
는 것에 주의합니다. 짧은바늘과 긴바늘이 가리키는 곳
을 확인하여 시계가 나타내는 시각을 알아봅니다.

02 시계의 짧은바늘은 ㅣㅣ과 ㅣ2 사이를 가리키
고, 긴바늘은 9에서 작은 눈금 3칸 더 간 곳을
가리키므로 ㅣㅣ시 48분입니다.

왜 틀렸을까? 숫자의 왼쪽과 오른쪽이 바뀌어 보이
는 것에 주의합니다. 짧은바늘과 긴바늘이 가리키는 곳
을 확인하여 시계가 나타내는 시각을 알아봅니다.

03 연극이 끝난 시각은 3시 20분입니다.
이 시각에서 ㅣ시간 전은 2시 20분이고, 40분
전은 ㅣ시 40분입니다. 따라서 연극이 시작한
시각은 ㅣ시 40분입니다.

왜 틀렸을까? ■시간 전, ▲분 전은 시각이 거꾸로
가는 것임을 알고 ■시간 전을 구한 다음 ▲분 전을
차례로 구합니다.

04 야구 연습이 끝난 시각은 6시 ㅣ5분입니다.
이 시각에서 2시간 전은 4시 ㅣ5분이고, 30분
전은 3시 45분입니다. 따라서 야구 연습을 시
작한 시각은 3시 45분입니다.

왜 틀렸을까? ■시간 전, ▲분 전은 시각이 거꾸로
가는 것임을 알고 ■시간 전을 구한 다음 ▲분 전을
차례로 구합니다.

---

05 9월은 30일까지 있으므로 25일부터 30일까
지는 6일입니다.
ㅣ0월 ㅣ일부터 ㅣ0월 ㅣ7일까지는 ㅣ7일입니다.
따라서 전시회를 하는 기간은
6+ㅣ7=23(일)입니다.

왜 틀렸을까? 9월은 30일까지 있습니다. 이때 9월
25일부터 9월 30일까지는 30-25=5(일)이 아
닌 30-24=6(일)임에 주의합니다.

06 7월은 3 1 일까지 있으므로 1 5일부터 3 1 일까지는 1 7일입니다.
8월 1 일부터 8월 20일까지는 20일입니다.
따라서 여름 방학 기간은 1 7＋20＝37(일)입니다.

> **왜 틀렸을까?** 7월은 3 1 일까지 있습니다. 이때 7월 1 5일부터 7월 3 1 일까지는 3 1 －1 5＝1 6(일)이 아닌 3 1 －1 4＝1 7(일)임에 주의합니다.

07

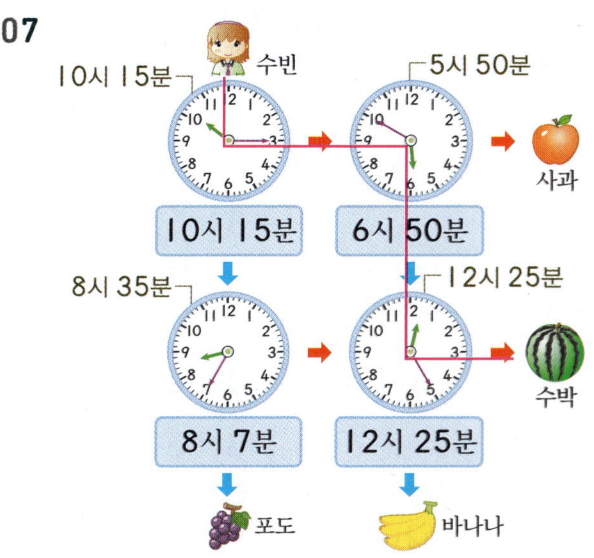

08 30분씩 2번은 60분이므로 1 시간입니다.
30분씩 4가지 수업을 받았으므로 수업을 받는 데 걸린 시간은 2시간입니다.
따라서 2시에서 2시간 후는 4시입니다.

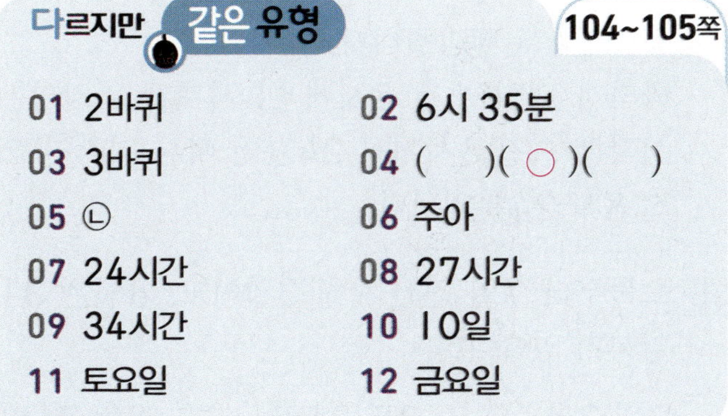

104쪽

01~03 핵심
> 긴바늘이 한 바퀴 도는 데 걸리는 시간은 1 시간입니다.

01 1 시간 동안 짧은바늘은 숫자 사이를 한 칸 움직이고, 긴바늘은 한 바퀴를 돕니다. 따라서 짧은바늘이 1 에서 3까지 가는 동안은 2시간이고, 2시간 동안 긴바늘은 2바퀴 돕니다.

02 영화가 시작한 시각: 4시 35분
시계의 긴바늘이 2바퀴 돌았으므로 2시간이 지났습니다. 따라서 영화가 끝난 시각은 4시 35분에서 2시간 후인 6시 35분입니다.

03 3시 20분부터 6시 20분까지는 3시간입니다.
3시간 동안 시계의 긴바늘은 3바퀴 돕니다.

04~06 핵심
> ■시 ▲분 전은 ■시가 되기 ▲분 전의 시각과 같으므로 (■－1)시 (60－▲)분으로 나타낼 수 있습니다.

04 7시 55분＝8시 5분 전이고,
시계가 나타내는 시각은 8시 5분입니다.

05 ㉡ 1 1 시 1 0분 전은 1 1 시가 되기 1 0분 전의 시각이므로 1 0시 50분입니다.

06 다은: 3시 5분
주아: 3시 5분 전＝2시 55분
수정: 3시 5분

105쪽

07~09 핵심
> 같은 날 오전 ■시부터 오후 ■시까지는 1 2시간이고, 어제 오전 ■시부터 오늘 오전 ■시까지는 하루가 지난 것이므로 24시간입니다.

07 오늘 오전 9시 ——1 2시간 후——→ 오늘 오후 9시
——1 2시간 후——→ 내일 오전 9시
⇨ 1 2시간＋1 2시간＝24시간

08 어제 오전 1 0시부터 오늘 오전 1 0시까지는 24시간이고 오전 1 0시부터 오후 1 시까지는 3시간입니다. 따라서 어제 오전 1 0시부터 오늘 오후 1 시까지는 24＋3＝27(시간)입니다.

09 어제 오전 7시부터 오늘 오전 7시까지는 24시간이고 오전 7시부터 오후 5시까지는 10시간입니다. 따라서 어제 오전 7시부터 오늘 오후 5시까지는 24+10=34(시간)입니다.

10~12 핵심

같은 요일은 7일마다 반복됩니다.

각 달의 날수

월	1	2	3	4	5	6	7	8	9	10	11	12
날수 (일)	31	28 (29)	31	30	31	30	31	31	30	31	30	31

10 8월의 화요일은 1일, 8일, 15일, 22일, 29일이고, 목요일은 3일, 10일, 17일, 24일, 31일입니다. 따라서 수영을 하는 날은 모두 5+5=10(일)입니다.

11 3월은 31일까지 있고, 같은 요일이 7일마다 반복되므로 31일, 24일, 17일, 10일, 3일은 같은 요일입니다. 따라서 3월 31일은 3월 3일과 같은 토요일입니다.

12 같은 요일이 7일마다 반복되고 25=7+7+7+4이므로 25일 후의 요일은 4일 후의 요일과 같습니다. 따라서 월요일부터 4일 후의 요일은 금요일이므로 서아의 생일은 금요일입니다.

응용 유형 106~109쪽

01 8시간	**02** 유희
03 주희, 10분	**04** 오전에 ○표, 8, 24
05 8월 26일, 화요일	**06** 11시 50분
07	**08** 10시간
	09 9시간
	10 규리
11 화요일	**12** 승우, 20분
13 목요일	**14** 오후에 ○표, 6, 50
15 10시간	**16** 9월 20일, 일요일
17 12시	**18** 오전에 ○표, 10, 35

106쪽

01 하루 활동 시간은 6+2+2+6=16(시간)입니다. 하루는 24시간이므로 잠자는 시간은 24−16=8(시간)입니다.

02 준수가 일어난 시각은 7시 5분, 유희가 일어난 시각은 7시 10분 전이므로 6시 50분입니다. 따라서 6시 55분, 7시 5분, 6시 50분 중 가장 빠른 시각은 6시 50분이므로 가장 일찍 일어난 사람은 유희입니다.

03 도일: 2시 30분 ──1시간 후──▶ 3시 30분 ──25분 후──▶ 3시 55분

⇨ 도일이는 물놀이를 1시간 25분(=85분) 동안 했습니다.

주희: 2시 15분 ──1시간 후──▶ 3시 15분 ──35분 후──▶ 3시 50분

⇨ 주희는 물놀이를 1시간 35분(=95분) 동안 했습니다.

따라서 주희가 물놀이를 95−85=10(분) 더 오래 했습니다.

107쪽

04 오늘 오전 8시부터 내일 오전 8시까지는 1일이므로 24시간입니다.

시계가 1시간에 1분씩 빨라지므로 24시간 동안 24분 빨라집니다.

따라서 내일 오전 8시에 이 시계가 가리키는 시각은 오전 8시에서 24분이 빠른 시각인 오전 8시 24분입니다.

05 오늘부터 7일 전은 9월 3일이고, 8월은 31일까지 있습니다.

9월 3일 ──3일 전──▶ 8월 31일 ──5일 전──▶ 8월 26일

15일=7일+7일+1일이므로 수요일부터 15일 전은 1일 전의 요일과 같은 화요일입니다.

따라서 오늘부터 15일 전은 8월 26일이고 화요일입니다.

06 1교시: 8시 40분~9시 20분,
2교시: 9시 30분~10시 10분,
3교시: 10시 20분~11시,
4교시: 11시 10분~11시 50분
⇨ 점심 시간은 11시 50분에 시작되므로 영준이가 어머니와 만나기로 한 시각은 11시 50분입니다.

108쪽

07 문제 분석

07 시계에 시각을 나타내시오.

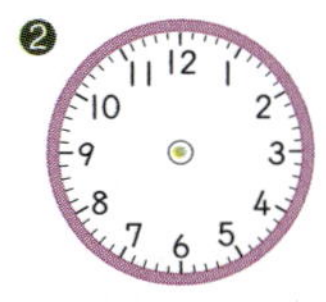

❶ 9시 8분 전

❶ 9시 8분 전은 몇 시 몇 분인지 알아봅니다.
❷ ❶의 시각을 시계에 나타냅니다.

❶9시 8분 전은 9시가 되기 8분 전의 시각이므로 8시 52분입니다.
❷짧은바늘: 8과 9 사이를 가리키게 그립니다.
긴바늘: 10에서 작은 눈금 2칸 더 간 곳을 가리키게 그립니다.

08 하루 활동 시간은 $6+1+3+4=14$(시간)입니다. 하루는 24시간이므로 잠자는 시간은 $24-14=10$(시간)입니다.

09 문제 분석

09 어느 날 ❶영국 런던과 대한민국 서울의 현재 시각을 나타낸 것입니다. / ❷서울의 시각은 런던의 시각보다 몇 시간 빠릅니까?

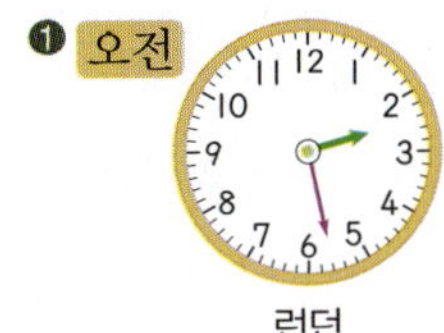

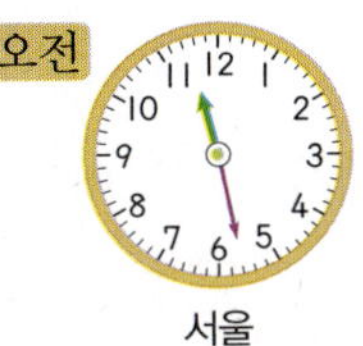

❶ 런던과 서울의 시각을 각각 알아봅니다.
❷ 서울의 시각은 런던의 시각보다 몇 시간 빠른지 구합니다.

❶런던: 오전 2시 28분, 서울: 오전 11시 28분
❷⇨ 서울의 시각은 런던의 시각보다 9시간 빠릅니다.

10 지헌이가 잠자리에 든 시각은 10시 5분 전이므로 9시 55분, 시율이가 잠자리에 든 시각은 10시입니다.
따라서 9시 55분, 10시, 9시 50분 중 가장 빠른 시각은 9시 50분이므로 가장 일찍 잠자리에 든 사람은 규리입니다.

11 문제 분석

11 영미의 생일은 4월 8일이고, 영미 어머니의 생신은 5월 4일입니다. 어느 해 ❶영미의 생일이 목요일이었다면 / ❷같은 해 영미 어머니의 생신은 무슨 요일입니까?

❶ 4월의 목요일인 날을 모두 알아봅니다.
❷ 5월 4일은 무슨 요일인지 구합니다.

❶4월 8일이 목요일이므로 15일, 22일, 29일도 목요일입니다.
❷또, 4월의 마지막 날인 30일은 금요일이므로 4월 30일부터 4일 후인 5월 4일은 화요일입니다.

12 승우: 9시 25분 $\xrightarrow{1시간 후}$ 10시 25분
$\xrightarrow{35분 후}$ 11시
⇨ 승우는 운동을 1시간 35분(=95분) 동안 했습니다.

정석: 10시 $\xrightarrow{1시간 후}$ 11시
$\xrightarrow{15분 후}$ 11시 15분
⇨ 정석이는 운동을 1시간 15분(=75분) 동안 했습니다.
따라서 승우가 운동을 $95-75=20$(분) 더 오래 했습니다.

109쪽

13 문제 분석

13 어느 해 8월 달력의 일부분입니다. ❷같은 해 9월 5일은 무슨 요일입니까?

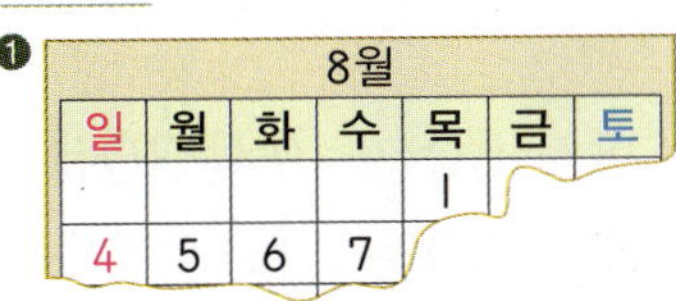

❶

8월						
일	월	화	수	목	금	토
						1
4	5	6	7			

❶ 8월의 마지막 날은 무슨 요일인지 알아봅니다.
❷ 9월 5일은 무슨 요일인지 알아봅니다.

다음 페이지에 풀이 계속

❶8월 7일, 14일, 21일, 28일은 수요일이므로 8월의 마지막 날인 31일은 토요일입니다.
❷따라서 8월 31일부터 5일 후인 9월 5일은 목요일입니다.

14 오늘 오전 9시부터 오늘 오후 7시까지는 10시간입니다.
시계가 1시간에 1분씩 늦어지므로 10시간 동안 10분 느려집니다.
따라서 오늘 오후 7시에 이 시계가 가리키는 시각은 오후 7시에서 10분 전의 시각인 오후 6시 50분입니다.

15 문제 분석

15 어느 날 ❶낮의 길이가 밤의 길이보다 4시간 더 길다면 / ❷이날 밤의 길이는 몇 시간입니까?

❶ 밤의 길이를 □시간이라고 할 때 낮의 길이를 □를 사용하여 나타냅니다.
❷ 하루는 24시간임을 이용하여 밤의 길이를 구합니다.

❶하루는 24시간이고 밤의 길이를 □시간이라 하면 낮의 길이는 (□+4)시간입니다.
❷⇒ □+□+4=24, □+□=20, □=10 이므로 밤의 길이는 10시간입니다.

16 오늘부터 7일 전은 10월 8일, 10월 8일부터 7일 전은 10월 1일이고, 9월은 30일까지 있습니다.

10월 1일 $\xrightarrow{\text{1일 전}}$ 9월 30일 $\xrightarrow{\text{10일 전}}$ 9월 20일
25일=7일+7일+7일+4일이므로 목요일에서 25일 전은 4일 전의 요일과 같은 일요일입니다. 따라서 오늘부터 25일 전은 9월 20일이고 일요일입니다.

17 1교시: 8시 50분~9시 30분,
2교시: 9시 40분~10시 20분,
3교시: 10시 30분~11시 10분,
4교시: 11시 20분~12시
⇒ 4교시가 끝나는 시각은 12시입니다.

---

18 문제 분석

18 정우네 가족이 집에서 출발하여 동물원까지 가는 데 2시간 30분이 걸렸습니다. 동물원에 도착한 시각이 다음과 같을 때, ❷집에서 출발한 시각을 구하시오.

❶ 동물원에 도착한 시각을 알아봅니다.
❷ 집에서 출발한 시각을 구합니다.

❶동물원에 도착한 시각은 오후 1시 5분입니다.
❷정우네 가족이 집에서 출발한 시각은 오후 1시 5분에서 2시간 30분 전입니다.

오후 1시 5분 $\xrightarrow{\text{2시간 전}}$ 오전 11시 5분
$\xrightarrow{\text{30분 전}}$ 오전 10시 35분

사고력 유형

110~111쪽

1 ❶ 9시 35분   ❷ 6시 27분
2 ❶ 4시 42분   ❷ 6시 16분
3 ❶    ❷

110쪽

1 시계에 수를 써넣은 후 시각을 알아봅니다.

❶  ⇒ 9시 35분

❷ 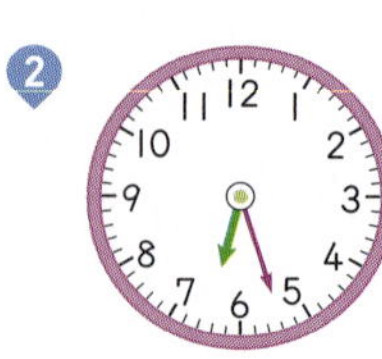 ⇒ 6시 27분

2 ① 대전역: 16시 42분 ➡ 오후 4시 42분
　② 부산역: 18시 16분 ➡ 오후 6시 16분

111쪽

3 ① 베이징의 시각은 서울의 시각보다 1시간 느립니다. 따라서 서울의 시각이 11시 38분일 때 베이징의 시각은 1시간 느린 10시 38분입니다.
　➡ 짧은바늘이 10과 11 사이를 가리키고, 긴바늘이 8에서 작은 눈금 2칸 덜 간 곳을 가리키게 그립니다.
　② 서울의 시각은 베이징의 시각보다 1시간 빠릅니다. 따라서 베이징의 시각이 오전 4시 10분일 때 서울의 시각은 1시간 빠른 오전 5시 10분입니다.
　➡ 짧은바늘이 5와 6 사이를 가리키고, 긴바늘이 2를 가리키게 그립니다.

도전! 최상위 유형　112~113쪽

1 1일　　　　**2** 오전에 ○표, 6, 50
3 5　　　　　**4** 18번

112쪽

1 3월은 31일, 4월은 30일까지 있습니다.
3월 4일, 11일, 18일, 25일이 목요일이고 3월 31일은 수요일, 4월 1일은 목요일입니다.
4월 1일, 8일, 15일, 22일, 29일이 목요일이고 4월 30일은 금요일, 5월 1일은 토요일입니다.
　➡ 5월의 첫째 토요일은 1일입니다.

2 • 가 역에서 출발한 기차가 나 역에 도착하는 시각을 알아보면 오전 6시 30분, 오전 6시 34분, 오전 6시 38분, 오전 6시 42분, 오전 6시 46분, 오전 6시 50분, …입니다.

• 다 역에서 출발한 기차가 나 역에 도착하는 시각을 알아보면 오전 6시 20분, 오전 6시 26분, 오전 6시 32분, 오전 6시 38분, 오전 6시 44분, 오전 6시 50분, …입니다.
두 기차가 나 역에서 첫 번째로 만나는 시각은 오전 6시 38분이고, 두 번째로 만나는 시각은 오전 6시 50분입니다.

113쪽

3 오전 10시부터 6시간 후는 오후 4시이고, 1시간에 ㉠분씩 느려지므로 6시간 후에 이 시계는 (㉠×6)분 느려집니다.
오후 4시에 시계가 가리키는 시각이 오후 3시 30분이므로 30분 느려진 것입니다.
　➡ ㉠×6=30에서 5×6=30이므로 ㉠=5입니다.

4 부분이 표시되지 않을 때:

0　1　2　3　4　5　6　7　8　9

| 부분이 표시되지 않을 때:

0　1　2　3　4　5　6　7　8　9

'시'에서 1이 될 수 있는 숫자는 1, 3, 7입니다.
'분'에서 이 될 수 있는 숫자는 4, 이 될 수 있는 숫자는 2, 3, 5, 6, 8, 9입니다.
① '시'가 1을 나타낼 때:
　1시 42분, 1시 43분, 1시 45분, 1시 46분, 1시 48분, 1시 49분(6번)
② '시'가 3을 나타낼 때:
　3시 42분, 3시 43분, 3시 45분, 3시 46분, 3시 48분, 3시 49분(6번)
③ '시'가 7을 나타낼 때:
　7시 42분, 7시 43분, 7시 45분, 7시 46분, 7시 48분, 7시 49분(6번)
따라서 모두 6+6+6=18(번)입니다.

5 표와 그래프

1단계 기초 문제

117쪽

1-1 4, 2, 1, 10

1-2

4	○			
3	○	○		
2	○	○		○
1	○	○	○	○
학생 수(명) / 음료수	주스	콜라	우유	사이다

2-1 (1) 피자　(2) 1　(3) 10

2-2 (1) 2　(2) 주스　(3) 우유

2단계 기본 유형

118~123쪽

01 3명

02 16명

03 4, 6, 3, 3, 16

04 5, 7, 3, 3, 18

05 ㄹ, ㄴ, ㄷ

06

6			○		
5			○		
4		○	○	○	
3	○	○	○	○	
2	○	○	○	○	○
1	○	○	○	○	○
학생 수(명) / 생선	연어	참치	갈치	고등어	꽁치

07 예

꽁치	/	/				
고등어	/	/	/	/		
갈치	/	/	/	/	/	/
참치	/	/	/	/		
연어	/	/	/			
생선 / 학생 수(명)	1	2	3	4	5	6

08 6명, 7명

09 과학관

10 놀이공원

11 하경

12 하경, 희수

13 하경, 희수, 민우, 도형, 태희

14 3명

15 자료에 ○표

16 표에 ○표

17 그래프에 ○표

18 예

TV프로그램	예능	음악	뉴스	드라마	합계
학생 수(명)	5	4	2	3	14

19 예

드라마	×	×	×		
뉴스	×	×			
음악	×	×	×	×	
예능	×	×	×	×	×
TV프로그램 / 학생 수(명)	1	2	3	4	5

20 예

날씨	맑음	흐림	비	눈	합계
날수(일)	12	10	3	6	31

; 예

12	/			
11	/			
10	/	/		
9	/	/		
8	/	/		
7	/	/		
6	/	/		/
5	/	/		/
4	/	/		/
3	/	/	/	/
2	/	/	/	/
1	/	/	/	/
날수(일) / 날씨	맑음	흐림	비	눈

21 2, 5, 2, 2, 11

22 2, 3, 5, 10

23 3명

24 4명

서술형 유형

1-1 6

1-2 예 고양이를 기르는 학생 수를 나타낼 때 왼쪽부터 채우지 않았습니다.

2-1 14, 14, 6 ; 6

2-2 예 초콜릿, 녹차, 바닐라 맛 아이스크림을 좋아하는 학생은 모두 8＋3＋4＝15(명)입니다. 따라서 딸기 맛 아이스크림을 좋아하는 학생은 25－15＝10(명)입니다. ; 10명

119쪽

06 가로는 생선, 세로는 학생 수를 나타냅니다. 각 생선별 학생 수만큼 아래에서 위로 ○를 그립니다.

07 가로는 학생 수, 세로는 생선을 나타냅니다.
각 생선별 학생 수만큼 왼쪽에서 오른쪽으로
○, ×, / 중 하나를 이용하여 나타냅니다.

08 준서네 반에서 수영장에 가고 싶은 학생은 6명
이고, 민지네 반에서 수영장에 가고 싶은 학생
은 7명입니다.

09 8, 5, 6, 3 중 가장 큰 수는 8입니다.
⇨ 과학관

10 4, 8, 7, 5 중 가장 큰 수는 8입니다.
⇨ 놀이공원

120쪽

11 그래프에서 ○가 가장 많은 학생을 찾으면 하
경입니다.

12 4권을 기준으로 선을 그어 그 위에 있는 권수
까지 책을 읽은 학생을 찾아보면 하경, 희수입
니다.

주의
4권보다 많이 읽은 학생을 찾을 때 4권을 읽은 학생
은 포함되지 않습니다.

13 ○가 많은 순서대로 씁니다.

14 희수가 읽은 책 수 5권을 기준으로 선을 그어
그 아래에 있는 권수까지 책을 읽은 학생을 찾
아봅니다.
따라서 희수보다 책을 더 적게 읽은 학생은 민우,
도형, 태희로 모두 3명입니다.

15 자료: 누가 어떤 학용품이 필요한지 알 수 있
습니다.

16 표: 필요한 학용품별 학생 수와 전체 학생 수
를 쉽게 알 수 있습니다.

17 그래프: 가장 많은 학생들이 필요한 학용품과
가장 적은 학생들이 필요한 학용품을
한눈에 알 수 있습니다.

121쪽

18 즐겨 보는 TV프로그램은 예능, 음악, 뉴스,
드라마로 4가지입니다. 이 4가지를 쓸 수 있
도록 칸을 나누어야 합니다.

19 가장 많은 학생들이 즐겨 보는 TV프로그램은
예능으로 5명입니다. 학생 수를 5명까지 나타
낼 수 있도록 칸을 나누어야 합니다.

20 ・/, ∨, × 등의 표시를 하면서 세어 표로 나
타냅니다.
・날씨별 날수만큼 아래에서 위로 ○, ×, / 중
하나를 이용하여 그래프로 나타냅니다.

122쪽

21 같은 조각끼리 같은 표시를 하면서 세어 봅니다.
합계: 2+5+2+2=11(개)

22 동수, 어머니, 아버지의 ○의 수를 세어 봅니다.
합계: 2+3+5=10(번)

왜 틀렸을까? 조사한 자료에서 그림 면은 ○로 나타
냈으므로 그림 면이 나온 횟수는 ○의 수를 세어 표로
나타냅니다.

23 축구를 좋아하는 학생 수: 4명
야구를 좋아하는 학생 수: 1명
따라서 축구를 좋아하는 학생은 야구를 좋아하
는 학생보다 4-1=3(명) 더 많습니다.

24 가장 많은 학생들이 배우는 악기: 피아노(6명)
가장 적은 학생들이 배우는 악기: 드럼(2명)
따라서 가장 많은 학생들이 배우는 악기는 가
장 적은 학생들이 배우는 악기보다
6-2=4(명) 더 많습니다.

왜 틀렸을까? 그래프에서 ○가 가장 많은 것과 ○가
가장 적은 것을 찾아봅니다.

다른 풀이
그래프에서 ○가 가장 많은 것과 가장 적은 것은 4개
만큼 차이가 나므로 가장 많은 학생들이 배우는 악기
는 가장 적은 학생들이 배우는 악기보다 4명 더 많습
니다.

123쪽

1-1 그래프로 나타낼 때에는 가로와 세로에 어떤 것을 나타낼지 정한 다음 가로와 세로를 각각 몇 칸으로 할지 정해야 합니다. 이때 가장 많은 수량까지 나타낼 수 있도록 칸수를 정해야 합니다.

1-2 그래프로 나타낼 때에는 왼쪽에서 오른쪽으로 또는 아래에서 위로 ○를 한 칸에 한 개씩 빈칸 없이 그려야 합니다.

> **서술형 가이드** 고양이를 기르는 학생 수를 나타낼 때 ○를 왼쪽부터 채우지 않았다는 설명이 들어 있어야 합니다.

채점 기준

상	그래프로 나타내는 방법을 알고 ○를 왼쪽부터 나타내지 않았다는 것을 설명함.
중	그래프로 나타내는 방법을 알지만 ○를 왼쪽부터 나타내지 않았다는 것을 설명하지 못함.
하	그래프로 나타내는 방법을 알지 못함.

2-1 전체 학생 수에서 빵, 김밥, 떡볶이를 좋아하는 학생 수를 빼면 피자를 좋아하는 학생 수를 구할 수 있습니다.

2-2 전체 학생 수에서 초콜릿, 녹차, 바닐라 맛 아이스크림을 좋아하는 학생 수를 빼면 딸기 맛 아이스크림을 좋아하는 학생 수를 구할 수 있습니다.

> **서술형 가이드** 전체 학생 수에서 초콜릿, 녹차, 바닐라 맛 아이스크림을 좋아하는 학생 수를 빼는 풀이 과정이 들어 있어야 합니다.

채점 기준

상	초콜릿, 녹차, 바닐라 맛 아이스크림을 좋아하는 학생 수의 합을 구한 다음 전체 학생 수에서 빼어 답을 구했음.
중	초콜릿, 녹차, 바닐라 맛 아이스크림을 좋아하는 학생 수의 합을 구했지만 전체 학생 수에서 빼지 못함.
하	초콜릿, 녹차, 바닐라 맛 아이스크림을 좋아하는 학생 수의 합을 구하지 못함.

3단계 유형 단원 평가

124~127쪽

01 4명   **02** 15명

03 5, 4, 3, 3, 15   **04** 7, 5, 4, 4, 20

05

학생 수(명) \ 혈액형	A형	B형	O형	AB형
6	○			
5	○			○
4	○		○	○
3	○	○	○	○
2	○	○	○	○
1	○	○	○	○

06 3명, 2명   **07** 수요일

08 금요일   **09** 11월

10 10월, 12월

11 11월, 9월, 10월, 12월

12 예

사탕	오렌지 맛	딸기 맛	사과 맛	포도 맛	합계
학생 수(명)	6	3	4	2	15

13 예

학생 수(명) \ 사탕	오렌지 맛	딸기 맛	사과 맛	포도 맛
6	○			
5	○			
4	○		○	
3	○	○	○	
2	○	○	○	○
1	○	○	○	○

14 표에 ○표   **15** 3, 2, 6, 1, 12

16 2명   **17** 3, 2, 4, 9

18 3명

19 예 판다를 좋아하는 학생 수 5명을 나타낼 수 없기 때문입니다.

20 예 김밥, 샌드위치, 유부초밥을 먹고 싶은 학생은 모두 5+4+2=11(명)입니다.
따라서 주먹밥을 먹고 싶은 학생은 15-11=4(명)입니다. ; 4명

124쪽

01 국화를 좋아하는 학생: 경석, 주혁, 창희, 호민
⇨ 4명

04 각 반려동물이 적힌 종이의 수를 각각 세어 표의 빈칸에 적습니다.
합계: $7+5+4+4=20$(명)

05 가로는 혈액형, 세로는 학생 수를 나타냅니다.
각 혈액형별 학생 수만큼 아래에서 위로 ◯를 그립니다.

125쪽

07 2, 1, 3, 0, 2 중 가장 큰 수는 3입니다.
⇨ 수요일

08 3, 1, 2, 4, 5 중 가장 큰 수는 5입니다.
⇨ 금요일

09 그래프에서 ✕가 가장 많은 달을 찾으면 11월입니다.

10 5일을 기준으로 선을 그어 그 아래에 있는 날 수까지 비가 온 달을 찾아보면 10월, 12월입니다.

11 ✕가 많은 순서대로 씁니다.

126쪽

12 좋아하는 사탕은 오렌지 맛, 딸기 맛, 사과 맛, 포도 맛으로 4가지입니다.
이 4가지를 쓸 수 있도록 칸을 나누어야 합니다.

13 가장 많은 학생들이 좋아하는 사탕은 오렌지 맛으로 6명입니다. 따라서 학생 수를 6명까지 나타낼 수 있도록 칸을 나누어야 합니다.

14 표는 각 사탕별 좋아하는 학생 수와 조사한 전체 학생 수를 쉽게 알 수 있습니다.

15 같은 조각끼리 같은 표시를 하면서 세어 봅니다.
합계: $3+2+6+1=12$(개)

16 과학자가 되고 싶은 학생 수: 4명
운동 선수가 되고 싶은 학생 수: 2명
따라서 과학자가 되고 싶은 학생은 운동 선수가 되고 싶은 학생보다 $4-2=2$(명) 더 많습니다.

127쪽

17 각 친구들의 ◯의 수를 세어 봅니다.
합계: $3+2+4=9$(번)
왜 틀렸을까? 조사한 자료에서 그림 면은 ◯로 나타냈으므로 그림 면이 나온 횟수는 ◯의 수를 세어 표로 나타냅니다.

18 가장 많은 학생들이 가고 싶은 나라:
영국(6명)
가장 적은 학생들이 가고 싶은 나라:
캐나다(3명)
따라서 가장 많은 학생들이 가고 싶은 나라는 가장 적은 학생들이 가고 싶은 나라보다
$6-3=3$(명) 더 많습니다.
왜 틀렸을까? 그래프에서 ◯가 가장 많은 것과 ◯가 가장 적은 것을 찾아봅니다.

19 그래프로 나타낼 때에는 가로와 세로에 어떤 것을 나타낼지 정한 다음 가로와 세로를 각각 몇 칸으로 할지 정해야 합니다. 이때 가장 많은 수량까지 나타낼 수 있도록 칸수를 정해야 합니다.
서술형 가이드 판다를 좋아하는 학생 수를 나타낼 수 없다는 설명이 들어 있어야 합니다.
채점 기준

상	그래프로 나타내는 방법을 알고 판다를 좋아하는 학생 수를 나타낼 수 없음을 설명함.
중	그래프로 나타내는 방법을 알지만 판다를 좋아하는 학생 수를 나타낼 수 없음을 설명하지 못함.
하	그래프로 나타내는 방법을 알지 못함.

20 전체 학생 수에서 김밥, 샌드위치, 유부초밥을 먹고 싶은 학생 수를 빼면 주먹밥을 먹고 싶은 학생 수를 구할 수 있습니다.
서술형 가이드 전체 학생 수에서 김밥, 샌드위치, 유부초밥을 먹고 싶은 학생 수를 빼는 풀이 과정이 들어 있어야 합니다.
채점 기준

상	김밥, 샌드위치, 유부초밥을 먹고 싶은 학생 수의 합을 구한 다음 전체 학생 수에서 빼어 답을 구했음.
중	김밥, 샌드위치, 유부초밥을 먹고 싶은 학생 수의 합을 구했지만 전체 학생 수에서 빼지 못함.
하	김밥, 샌드위치, 유부초밥을 먹고 싶은 학생 수의 합을 구하지 못함.

잘 틀리는 실력 유형 128~129쪽

유형 01 3, 2, 3, 1 ; 2, 1, 9

01 3, 2, 12 ;

학생 수 (명) \ 과일	사과	배	귤	포도
4		○		
3	○	○		○
2	○	○	○	○
1	○	○	○	○

유형 02 2, 5, 14 ; 14, 3

02 4명

유형 03 1, 3, 1 ; 줄넘기

03 O형

04

학생 수 (명) \ 메뉴	갈비탕	비빔밥	불고기	돈가스
6				○
5	○			○
4	○		○	○
3	○	○	○	○
2	○	○	○	○
1	○	○	○	○

05 돈가스, 갈비탕

128쪽

01 그래프를 보면 사과를 좋아하는 학생은 3명, 귤을 좋아하는 학생은 2명입니다.

표를 보면 배를 좋아하는 학생은 4명, 포도를 좋아하는 학생은 3명입니다.

합계: $3+4+2+3=12$(명)

왜 틀렸을까? 표와 그래프를 비교하여 표의 비어 있는 부분은 그래프를 보고 채울 수 있고, 그래프의 빈 곳은 표를 보고 그릴 수 있습니다.

02 빨강, 분홍, 노랑, 파랑을 좋아하는 학생 수의 합은 $3+6+5+2=16$(명)입니다.

따라서 초록을 좋아하는 학생 수는

$20-16=4$(명)입니다.

왜 틀렸을까? 그래프에서 ○표의 수를 세어 색깔별 좋아하는 학생 수를 구할 수 있습니다.

참고

전체 학생 수에서 빨강, 분홍, 노랑, 파랑을 좋아하는 학생 수를 빼면 초록을 좋아하는 학생 수를 구할 수 있습니다.

129쪽

03 자료에서 혈액형별 학생 수는 A형: 3명, B형: 3명, O형: 1명, AB형: 1명입니다. 따라서 표와 비교해 보면 O형이 1명 부족하므로 승아의 혈액형은 O형입니다.

왜 틀렸을까? 자료를 표로 나타낸 다음 주어진 표와 다른 부분을 찾아봅니다.

04 각 메뉴별 학생 수만큼 아래에서 위로 ○를 그립니다.

05 돈가스를 좋아하는 학생이 6명으로 가장 많고, 갈비탕을 좋아하는 학생이 5명으로 돈가스 다음으로 많습니다.

참고

○의 수를 비교하여 가장 많은 학생들이 좋아하는 급식 메뉴와 두 번째로 많은 학생들이 좋아하는 급식 메뉴를 알아봅니다.

다르지만 같은 유형 130~131쪽

01 11명	**02** 4명
03 7명	**04** 주스
05 감자 맛	**06** 10, 9, 8, 6, 33
07 (1) 6, 8, 10, 24	(2) 9개, 7개, 5개
08 5, 5	**09** 8명
10 8, 7	

130쪽

01~03 **핵심**

표는 각 항목별 수량을 쉽게 알 수 있습니다.

01 3권을 읽은 학생 수: 5명

8권을 읽은 학생 수: 6명

따라서 3권을 읽은 학생과 8권을 읽은 학생 수의 합은 $5+6=11$(명)입니다.

02 5권을 읽은 학생 수: 8명

10권을 읽은 학생 수: 4명

따라서 5권을 읽은 학생과 10권을 읽은 학생 수의 차는 $8-4=4$(명)입니다.

03 가장 많은 학생들이 좋아하는 운동: 축구(9명)
가장 적은 학생들이 좋아하는 운동: 탁구(2명)
따라서 가장 많은 학생들이 좋아하는 운동과 가장 적은 학생들이 좋아하는 운동의 학생 수의 차는 $9-2=7$(명)입니다.

04~05 핵심
그래프는 항목별 수량의 많고 적음을 쉽게 비교할 수 있습니다. 따라서 ○의 개수를 비교하여 두 번째로 많은 항목과 두 번째로 적은 항목을 쉽게 찾을 수 있습니다.

04 그래프에서 ○가 두 번째로 많은 것은 주스입니다.

05 그래프에서 ○가 두 번째로 적은 것은 감자 맛 과자입니다.

131쪽

06~07 핵심
자료를 표로 나타낼 때는 기준을 정하여 자료를 분류한 다음 항목별 수를 세어 표에 씁니다. 이때 전체 항목의 수의 합을 합계에 써넣습니다.

06 자료를 빠뜨리거나 두 번 세지 않도록 /, ∨, × 등의 표시를 하며 수를 셉니다.

07 ⑵ 공깃돌이 15개씩 있었으므로
노랑 공깃돌은 $15-6=9$(개),
파랑 공깃돌은 $15-8=7$(개),
빨강 공깃돌은 $15-10=5$(개)
없어졌습니다.

08~10 핵심
합계에서 주어진 수량을 빼면 모르는 항목의 수량의 합을 구할 수 있습니다.

08 (가와 라 마을에 살고 있는 학생 수)
$=7+8=15$(명)
(나와 다 마을에 살고 있는 학생 수)
$=25-15=10$(명)
따라서 나와 다 마을에 살고 있는 학생 수가 같으므로 각각 5명입니다.

09 (3반에 안경을 쓴 학생 수)
$=$(2반에 안경을 쓴 학생 수)$+3$
$=6+3=9$(명)
⇨ (4반에 안경을 쓴 학생 수)
$=33-10-6-9=8$(명)

10 (1급)$+$(2급)$+$(4급)$=3+5+9=17$(명)
(3급)$+$(5급)$=32-17=15$(명)
⇨ 3급이 5급보다 1명 더 많으므로 3급은 8명, 5급은 7명입니다.

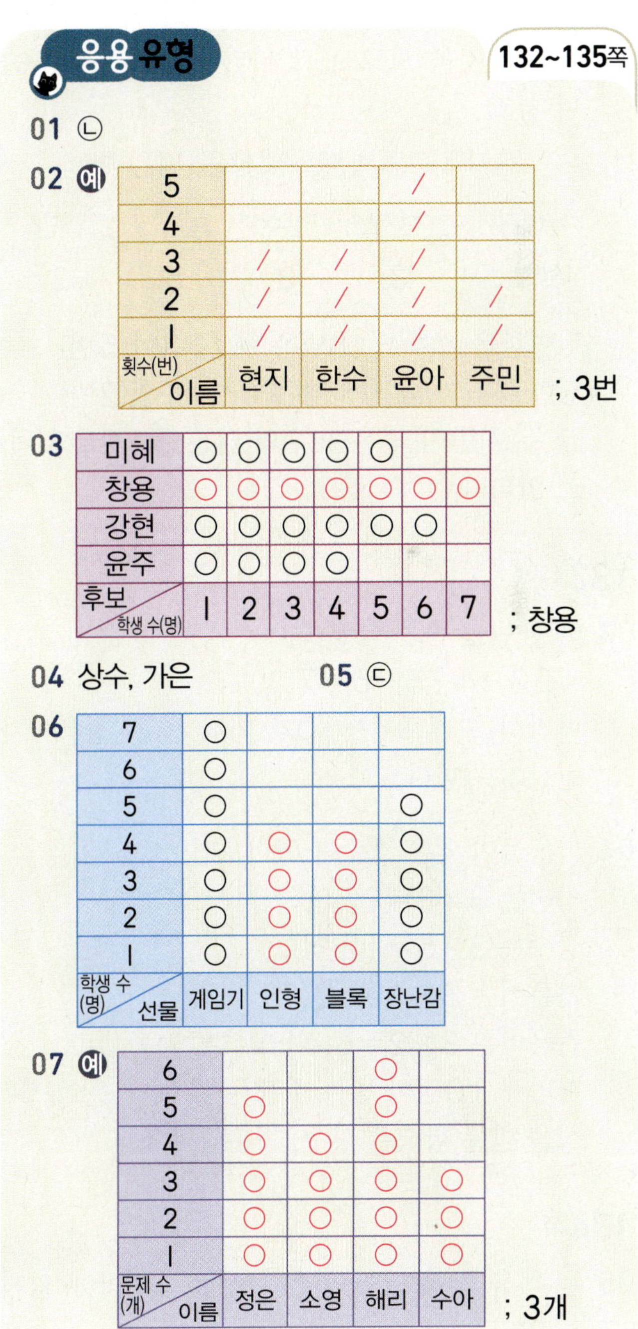

응용유형 132~135쪽

01 ㉡

02 예

횟수(번) / 이름	현지	한수	윤아	주민
5			/	
4			/	
3	/	/	/	
2	/	/	/	
1	/	/	/	

; 3번

03

후보 / 학생 수(명)	1	2	3	4	5	6	7
미혜	○	○	○	○	○		
창용	○	○	○	○	○	○	○
강현	○	○	○	○	○	○	
윤주	○	○	○	○			

; 창용

04 상수, 가은   **05** ㉢

06

학생 수(명) / 선물	게임기	인형	블록	장난감
7	○			
6	○			
5	○			○
4	○	○	○	○
3	○	○	○	○
2	○	○	○	○
1	○	○	○	○

07 예

문제 수(개) / 이름	정은	소영	해리	수아
6			○	
5	○		○	
4	○	○	○	
3	○	○	○	○
2	○	○	○	○
1	○	○	○	○

; 3개

08 2배　　　　　**09** 5명

10

학생 수(명) \ 후보	형식	종원	준희	강령
5			×	
4	×		×	
3	×	×	×	
2	×	×	×	×
1	×	×	×	×

; 준희

11 민정, 세미　　　　　**12** 종신, 정원

132쪽

01 ㉡ 책을 읽지 않은 학생은 10명입니다.

02 조사한 것을 보고 표로 나타내면 다음과 같습니다.

현지네 모둠 학생별 장애물을 넘은 횟수

이름	현지	한수	윤아	주민
횟수(번)	3	3	5	2

장애물을 가장 많이 넘은 학생: 윤아(5번)
장애물을 가장 적게 넘은 학생: 주민(2번)
⇨ 두 사람이 넘은 횟수의 차는 $5-2=3$(번)입니다.

133쪽

03 (창용이를 뽑은 학생 수)
$=22-4-6-5=7$(명)
따라서 그래프에서 ○가 가장 많은 창용이가 반장이 됩니다.

04 학생들이 얻은 점수를 알아보면
경미는 $3\times3=9$(점),
상수는 $3\times5=15$(점),
가은이는 $3\times4=12$(점),
준용이는 $3\times2=6$(점)입니다.
따라서 10점이 넘는 학생은 상수, 가은이므로 상을 받는 학생은 상수, 가은입니다.

134쪽

05 ㉢ 책을 가장 많이 읽은 학생은 4권밖에 읽지 않았습니다.

---

06 두나네 반 학생 20명이 받고 싶은 선물을 조사하여 그래프로 나타냈습니다. ❶인형을 받고 싶은 학생 수와 블록을 받고 싶은 학생 수가 같을 때, / ❷그래프를 완성하시오.

두나네 반 학생들이 받고 싶은 선물별 학생 수

학생 수(명) \ 선물	게임기	인형	블록	장난감
7	○			
6	○			
5	○			○
4	○			○
3	○			○
2	○			○
1	○			○

❶ 인형과 블록을 받고 싶은 학생 수의 합을 구합니다.
❷ 인형과 블록을 받고 싶은 학생 수를 구하여 그래프를 완성합니다.

❶(인형과 블록을 받고 싶은 학생 수)
$=20-7-5=8$(명)
❷따라서 인형을 받고 싶은 학생 수와 블록을 받고 싶은 학생 수가 같으므로 인형과 블록을 받고 싶은 학생 수는 각각 4명입니다.

07 수학 문제를 가장 많이 맞힌 학생: 해리(6개)
수학 문제를 가장 적게 맞힌 학생: 수아(3개)
⇨ 두 사람이 맞힌 문제 수의 차는
$6-3=3$(개)입니다.

08 ❶해리가 맞힌 문제 수는 수아가 맞힌 문제 수의 / ❷몇 배입니까?

학생별 맞힌 문제 수

문제 수(개) \ 이름	정은	소영	해리	수아
6			○	
5	○		○	
4	○	○	○	
3	○	○	○	○
2	○	○	○	○
1	○	○	○	○

❶ 해리와 수아가 맞힌 문제 수를 각각 구합니다.
❷ 해리가 맞힌 문제 수는 수아가 맞힌 문제 수의 몇 배인지 구합니다.

---

❶해리가 맞힌 문제 수는 6개이고, 수아가 맞힌 문제 수는 3개입니다.
❷3×2=6이므로 해리가 맞힌 문제 수는 수아가 맞힌 문제 수의 2배입니다.

135쪽

09 유진이네 반 학생들이 좋아하는 간식을 조사하여 표와 그래프로 나타냈습니다. ❷치킨을 좋아하는 학생은 몇 명입니까?

유진이네 반 학생들이 좋아하는 간식별 학생 수

❶ 간식	떡볶이	햄버거	피자	치킨	합계
학생 수(명)	4				17

유진이네 반 학생들이 좋아하는 간식별 학생 수

5			○	
4			○	
3			○	○
2			○	○
1			○	○
학생 수(명) \ 간식	떡볶이	햄버거	피자	치킨

❶ 그래프를 보고 햄버거와 피자를 좋아하는 학생 수를 각각 구합니다.
❷ 치킨을 좋아하는 학생 수를 구합니다.

❶(햄버거를 좋아하는 학생 수)=5명
(피자를 좋아하는 학생 수)=3명
❷따라서 치킨을 좋아하는 학생은
17−4−5−3=5(명)입니다.

10 (준희를 뽑은 학생 수)
=14−4−3−2=5(명)
따라서 그래프에서 ×가 가장 많은 준희가 반장이 됩니다.

11 학생들이 얻은 점수를 알아보면
찬빈이는 4×3=12(점),
민정이는 4×5=20(점),
현수는 4×2=8(점),
세미는 4×4=16(점)입니다.
따라서 15점이 넘는 학생은 민정, 세미이므로 상을 받는 학생은 민정, 세미입니다.

12 수학 문제를 각각 10개씩 푼 후, 틀린 문제 수를 조사하여 표로 나타냈습니다. 각 문제의 점수가 10점씩이라면 ❷70점보다 높은 점수를 받은 학생의 이름을 모두 쓰시오.

학생별 틀린 문제 수

❶ 이름	수현	종신	선진	정원	합계
문제 수(개)	3	2	6	1	12

❶ 학생들이 맞힌 문제 수를 구하여 얻은 점수를 알아봅니다.
❷ 70점보다 높은 점수를 받은 학생을 모두 찾습니다.

❶학생들이 맞힌 문제 수를 알아보면
수현: 10−3=7(개), 종신: 10−2=8(개),
선진: 10−6=4(개), 정원: 10−1=9(개)
이므로 점수는
수현: 70점, 종신: 80점, 선진: 40점,
정원: 90점입니다.
❷따라서 70점보다 높은 점수를 받은 학생은 종신, 정원입니다.

사고력 유형 136~137쪽

1 ❶ 12명 ❷ 7명
❸ (위에서부터) 12 ; 10 ; 8, 7, 3, 4, 22
❹ 22명 ❺ 나비
2 ❶ 5, 4, 5, 4, 18 ;

5	×		×	
4	×	×	×	×
3	×	×	×	×
2	×	×	×	×
1	×	×	×	×
젤리 수(개) \ 색깔	노랑	빨강	초록	보라

❷ 4, 3, 6, 5, 18 ;

고래	/	/	/	/	/	
거북	/	/	/			
꽃게	/	/	/	/	/	/
문어	/	/	/	/		
모양 \ 젤리 수(개)	1	2	3	4	5	6

136쪽

1 ❶ 전체 남학생 수: $3+4+2+3=12$(명)

　❷ 메뚜기를 좋아하는 학생 수: $4+3=7$(명)

　❸ 나비: $3+5=8$(명),

　　메뚜기: $4+3=7$(명),

　　잠자리: $2+1=3$(명),

　　매미: $3+1=4$(명)

　　전체 남학생 수: $3+4+2+3=12$(명)

　　전체 여학생 수: $5+3+1+1=10$(명)

　　합계: $12+10=22$(명) 또는

　　　　　$8+7+3+4=22$(명)

　❹ 표에서 합계를 보면 알 수 있습니다.

　❺ 영준이네 반에서 나비를 좋아하는 학생은
　　8명, 메뚜기를 좋아하는 학생은 7명, 잠자
　　리를 좋아하는 학생은 3명, 매미를 좋아하
　　는 학생은 4명이므로 가장 많은 학생들이
　　좋아하는 곤충은 나비입니다.

137쪽

2 ❶ 색깔별로 젤리 수를 세어 봅니다.
　　이때, 모양은 생각하지 않습니다.

　❷ 모양별로 젤리 수를 세어 봅니다.
　　이때, 색깔은 생각하지 않습니다.

도전! 최상위 유형　　　　138~139쪽

1 30권	**2** 64
3 136명	**4** 9가지

138쪽

1 각 학생들의 칭찬 도장 수를 알아보면
　나영: 5개, 용훈: 3개, 서율: 6개, 세희: 1개
　입니다.
　학생들이 받은 칭찬 도장 수의 합은
　$5+3+6+1=15$(개)입니다.
　따라서 칭찬 도장 한 개에 공책을 2권씩 주므
　로 나영이네 모둠 학생들에게 준 공책은 모두
　$15+15=30$(권)입니다.

---

2 주사위 눈의 수가 4가 나온 횟수를 □라 하면
　주사위 눈의 수가 2가 나온 횟수는 □×2입
　니다.
　주사위 눈의 수가 2 또는 4가 나온 횟수의 합
　은 $20-2-4-4-1=9$(번)입니다.
　$□+□×2=9$, $□+□+□=9$에서
　$3+3+3=9$이므로 $□=3$입니다.
　주사위 눈의 수가 4가 나온 횟수: 3번,
　주사위 눈의 수가 2가 나온 횟수: $3×2=6$(번)
　따라서 주사위를 던져서 나온 눈의 수를 모두
　더하면 $1×2=2$, $2×6=12$, $3×4=12$,
　$4×3=12$, $5×4=20$, $6×1=6$이므로
　$2+12+12+12+20+6=64$입니다.

139쪽

3 (수정이네 학교 2학년 남학생 수)
　$=18+15+21+15=69$(명)
　(수정이네 학교 2학년 여학생 수)
　$=18+21+15+12=66$(명)
　(희재네 학교 2학년 남학생 수)
　$=69+9=78$(명)
　(희재네 학교 2학년 여학생 수)
　$=66-8=58$(명)
　➡ (희재네 학교 2학년 학생 수)
　　$=78+58=136$(명)

4 ・10점을 2번 맞힌 경우 ➡ 1가지
　・10점을 1번 맞힌 경우
　　➡ 5점 2번, 5점 1번과 1점 5번,
　　　1점 10번을 맞힐 수 있습니다. ➡ 3가지
　・5점을 4번 맞힌 경우 ➡ 1가지
　・5점을 3번 맞힌 경우
　　➡ 1점을 5번 맞힐 수 있습니다. ➡ 1가지
　・5점을 2번 맞힌 경우
　　➡ 1점을 10번 맞힐 수 있습니다. ➡ 1가지
　・5점을 1번 맞힌 경우
　　➡ 1점을 15번 맞힐 수 있습니다. ➡ 1가지
　・1점을 20번 맞힌 경우 ➡ 1가지
　따라서 모두
　$1+3+1+1+1+1+1=9$(가지)입니다.

6 규칙 찾기

1단계 **기초 문제** 143쪽

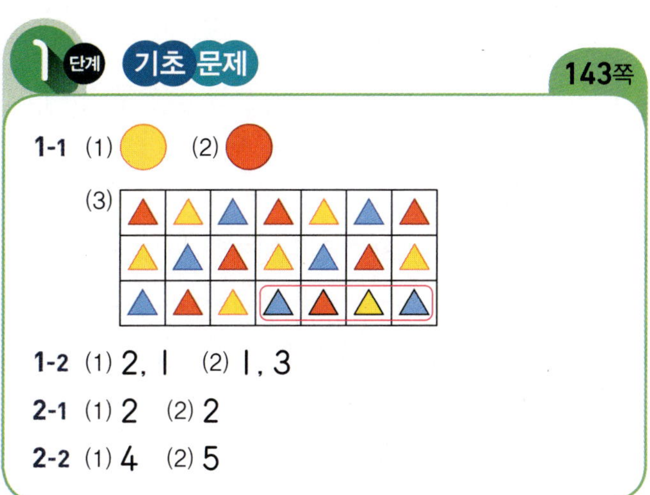

1-1 (1) 노란색 원 (2) 빨간색 원

(3) (삼각형 배열표)

1-2 (1) 2, 1 (2) 1, 3
2-1 (1) 2 (2) 2
2-2 (1) 4 (2) 5

2단계 **기본 유형** 144~151쪽

01 (1)

(2)

1	2	3	1	2	3	1
2	3	1	2	3	1	2
3	1	2	3	1	2	3
1	2	3	1	2	3	1

02 △에 ○표
03

04 시계 방향에 ○표 ;

05 ① **06** 2, 오른쪽
07 ㉢ **08** 6개
09 예 왼쪽과 오른쪽에 있는 쌓기나무 위에 쌓기나무가 각각 1개씩 늘어나고 있습니다.
10 9개 **11** 4개, 9개
12 16개 **13** 진호
14 예 ＼ 방향으로 갈수록 4씩 커지는 규칙이 있습니다.

15 같습니다.
16

+	1	3	5	7	9
1	2	4	6	8	10
3	4	6	8	10	12
5	6	8	10	12	14

17 ㉣
18

+	3	5	7	9
2	5	7	9	11
4	7	9	11	13
6	9	11	13	15
8	11	13	15	17

; 예 오른쪽으로 갈수록 2씩 커지는 규칙이 있습니다.

19 ㉡
20 홀수에 ○표
21 같습니다.
22

×	3	4	5	6	7
3	9	12	15	18	21
4	12	16	20	24	28
5	15	20	25	30	35

23

×	5	6	7	8	9
5	25	30	35	40	45
6	30	36	42	48	54
7	35	42	48	56	63
8	40	48	56	64	74
9	45	54	63	72	81

24

×	2	4	6	8
2	4	8	12	16
4	8	16	24	32
6	12	24	36	48
8	16	32	48	64

; 예 4부터 64까지 ＼ 방향으로 점선을 그은 후 점선을 따라 접었을 때 만나는 수는 서로 같습니다.

25 (1) I (2) 5 (3) 4

26
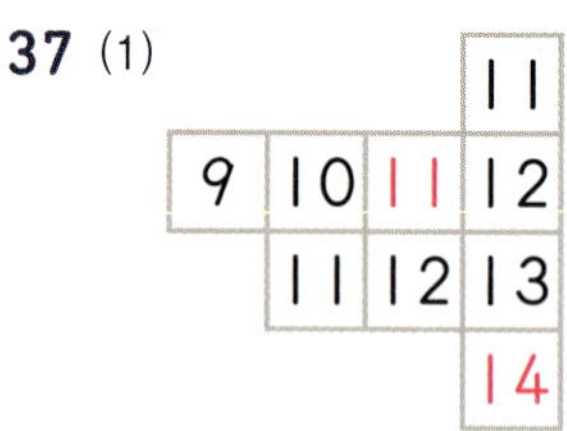

0 I	2	3	4	0 5	6	7	0 8
0 9	0 10	0 11	12	13	14	0 15	16
0 17	18	19	0 20	21	22	23	0 24

27 28번

28 (1) 7 (2) I (3) 7

29 6일, 13일, 20일, 27일

30 ㉠

31 빨간색, 초록색

32 수아

33 (1) 15 (2) 20

34 ⑩ 빨간 불과 초록 불이 번갈아 가며 켜지는 규칙입니다.

35 8번

36 I, I

37 (1)

		11	
9	10	11	12
	11	12	13

(2)

		14		
13	14	15	16	17
		15	16	17
		14		

38 빨간색, I

39 파란색

40
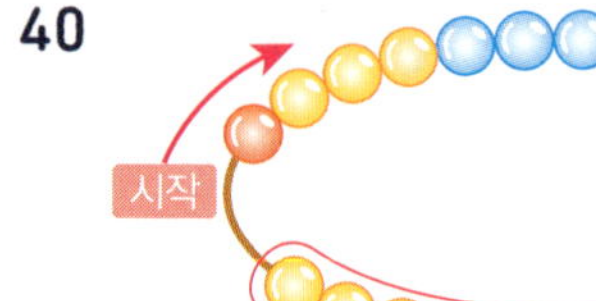

서술형 유형

1-1 ⑩ ★, ●, ■, ★, ●; ●

1-2 ⑩ ♥, ▲, ◆, ● 이 반복되는 규칙입니다.
따라서 10번째 모양은 ▲이고, 11번째 모양은 ◆입니다. ; ◆

2-1 ⑩ 2, 9, 15, 6 ; 6

2-2 ⑩ 아래쪽으로 내려갈수록 I씩 커지므로 ㉠은 8이고, ㉡은 5입니다.
따라서 ㉠과 ㉡의 차는 3입니다. ; 3

144쪽

02 • 모양 규칙: ○, △, ☆이 반복됩니다.
  ⇨ ○ 다음에 올 모양은 △입니다.
• 색깔 규칙: 노란색, 파란색이 반복됩니다.
  ⇨ 노란색 다음에 올 색깔은 파란색입니다.

145쪽

10 
I층에 3개, 2층에 2개, 3층에 2개, 4층에 2개입니다.
⇨ 3+2+2+2=9(개)

11 • 쌓기나무를 2층으로 쌓은 모양은 두 번째 모양입니다. ⇨ 3+I=4(개)
• 쌓기나무를 3층으로 쌓은 모양은 세 번째 모양입니다. ⇨ 5+3+I=9(개)

12 
I층에 7개, 2층에 5개, 3층에 3개, 4층에 I개입니다.
⇨ 7+5+3+I=16(개)

146쪽

15 초록색 점선을 따라 접었을 때 만나는 수는 더하는 순서를 바꾸어 더한 값이므로 서로 같습니다.

18

+	3	5	7	㉠
2	5	7	9	11
㉡	7	9	11	13
6	9	㉢	13	15
8	11	13	15	㉣

2+9=11이므로 ㉠=9,
4+3=7이므로 ㉡=4,
6+5=11이므로 ㉢=11,
8+9=17이므로 ㉣=17입니다.

147쪽

21 초록색 점선을 따라 접었을 때 만나는 수는 곱하는 순서를 바꾸어 곱한 값이므로 서로 같습니다.

24

×	2	4	㉠	8
2	4	8	12	16
4	8	16	24	㉡
6	12	24	36	48
㉢	16	32	48	㉣

2×6=12이므로 ㉠=6,
4×8=32이므로 ㉡=32,
8×2=16이므로 ㉢=8,
8×8=64이므로 ㉣=64입니다.

148쪽

27 오른쪽으로 갈수록 1씩 커지는 규칙이 있고,
뒤로 갈수록 8씩 커지는 규칙이 있습니다.

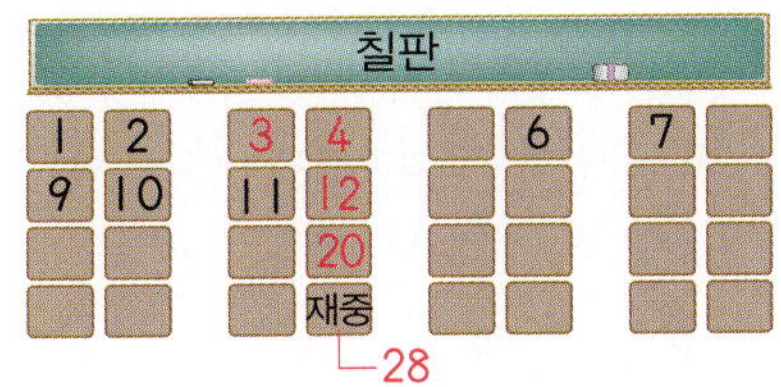

30 ㉡ 파란색 선에 놓인 수들은 ↗ 방향으로 갈수록 6씩 작아집니다.

149쪽

35

큰북을 2번, 작은북을 2번씩 번갈아 가며 치는
규칙이므로 리듬을 완성하면 큰북을 8번 쳐야
합니다.

150쪽

37 (1) 10+1=11, 13+1=14
(2) 13+1=14, 16+1=17

왜 틀렸을까? 덧셈표에서 오른쪽으로 갈수록 1씩 커
지고, 아래쪽으로 내려갈수록 1씩 커지는 규칙이 있습
니다.

39 빨간색과 파란색 구슬이 반복되고 빨간색 구슬
과 파란색 구슬의 수가 각각 1개씩 늘어나는
규칙입니다.
마지막에 파란색 구슬이 2개 놓여 있으므로
빈칸에 들어갈 구슬의 색깔은 파란색입니다.

40 빨간색, 노란색, 파란색 구슬이 차례로 2개씩
늘어나면서 반복되는 규칙입니다.
마지막에 빨간색 구슬이 7개 놓여 있으므로
다음에는 노란색 구슬이 9개 색칠되어야 합니다.

왜 틀렸을까? 색깔이 반복되는 규칙과 구슬의 개수
가 변하는 규칙을 각각 찾아봅니다.

151쪽

1-1 직접 그림을 그려 구하거나, 모양이 3개씩 반복
되는 규칙이므로 첫 번째, 네 번째, 일곱 번째,
열 번째 모양이 같음을 이용하여 구합니다.

1-2 직접 그림을 그려 구하거나, 모양이 4개씩 반복
되는 규칙이므로 첫 번째, 다섯 번째, 아홉 번째
모양이 같음을 이용하여 구합니다.

서술형 가이드 모양이 반복되는 규칙을 찾아 11번
째 모양을 구하는 풀이 과정이 들어 있어야 합니다.

채점 기준

상	반복되는 규칙을 찾아 설명하고 11번째 모양을 구했음.
중	반복되는 규칙을 찾아 설명하였지만 11번째 모양을 구하지 못함.
하	반복되는 규칙을 찾지 못함.

2-1 덧셈표에서 오른쪽으로 갈수록 2씩 커지고, 아래
쪽으로 내려갈수록 2씩 커지는 규칙이 있습니다.

2-2 덧셈표에서 오른쪽으로 갈수록 2씩 커지고, 아래
쪽으로 내려갈수록 1씩 커지는 규칙이 있습니다.

서술형 가이드 ㉠과 ㉡에 알맞은 수를 구하여 ㉠과
㉡의 차를 구하는 풀이 과정이 들어 있어야 합니다.

채점 기준

상	덧셈표에서 규칙을 찾아 ㉠과 ㉡에 알맞은 수를 구한 다음 ㉠과 ㉡의 차를 구하여 답을 구했음.
중	덧셈표에서 규칙을 찾아 ㉠과 ㉡에 알맞은 수를 구했지만 ㉠과 ㉡의 차를 구하지 못함.
하	덧셈표에서 규칙을 찾지 못하여 ㉠과 ㉡에 알맞은 수를 구하지 못함.

3단계 유형평가 (단원)

152~155쪽

01 ♥에 ○표 **02** ①

03 4개 **04** 우현

05 (예) ＼ 방향으로 갈수록 2씩 커지는 규칙이 있습니다.

06 10개 **07** 짝수에 ○표

08 같습니다. **09** ㉣

10 (예) 1부터 49까지 ＼ 방향으로 점선을 그은 후
점선을 따라 접었을 때 만나는 수는 서로 같습
니다.

11

1	2	3	4	5	6	7
8	9	10	11	12	13	14
15	16	17	18	19	20	21
22	23	24	25	26	27	28

12 ㉢

13 (1) 10 (2) 12

14 12번

15 2

16 초록색

17

10	11				
11	12	13			
12	13	14	15		
		14	15	16	
			16	17	

18

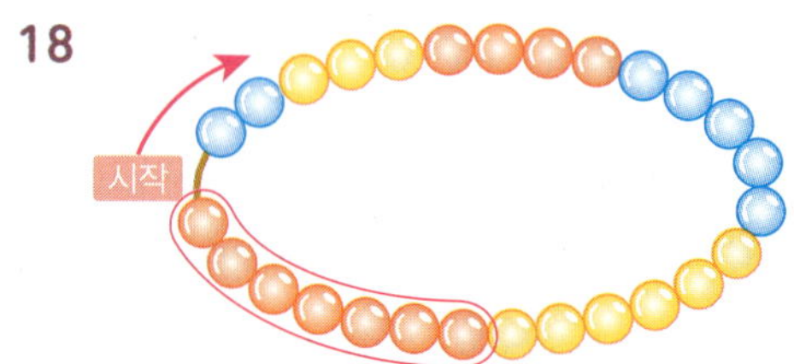

19 예) ●, ▶, ■이 반복되는 규칙입니다.
따라서 10번째 모양은 ●이고, 11번째 모양
은 ▶입니다. ; ▶

20 예) 아래쪽으로 내려갈수록 2씩 커지므로 ㉠은
10이고, ㉡은 14입니다.
따라서 ㉠과 ㉡의 차는 4입니다. ; 4

153쪽

06 쌓기나무가 왼쪽, 위쪽, 오른쪽으로 각각 1개씩
늘어나고 있습니다. 따라서 다음에 이어질 모
양에 쌓을 쌓기나무는 7+3=10(개)입니다.

10

×	1	3	5	㉠
1	1	3	5	7
3	3	9	15	21
㉡	5	15	㉢	35
7	7	21	35	㉣

1×7=7이므로
㉠=7,
5×1=5이므로
㉡=5,
5×5=25이므로 ㉢=25,
7×7=49이므로 ㉣=49입니다.

154쪽

14

큰북을 1번, 작은북을 3번씩 번갈아 가며 치는
규칙이므로 리듬을 완성하면 작은북을 12번
쳐야 합니다.

15 ↘ 방향으로 0, 2, 4, …로 2씩 커집니다.

16 초록색과 노란색 구슬이 차례로 1개씩 늘어나
면서 반복되는 규칙입니다.
마지막에 노란색 구슬이 4개 놓여 있으므로
빈칸에 들어갈 구슬의 색깔은 초록색입니다.

155쪽

17 오른쪽으로 갈수록 1씩 커지고, 아래쪽으로
내려갈수록 1씩 커지는 규칙이 있습니다.

왜 틀렸을까? 덧셈표에서 오른쪽으로 갈수록 1씩 커
지고, 아래쪽으로 내려갈수록 1씩 커지는 규칙이 있습
니다.

18 파란색, 노란색, 빨간색 구슬이 차례로 1개씩
늘어나면서 반복되는 규칙입니다.
마지막에 노란색 구슬이 6개 놓여 있으므로
다음에는 빨간색 구슬이 7개 색칠되어야 합니다.

왜 틀렸을까? 색깔이 반복되는 규칙과 구슬의 개수
가 변하는 규칙을 각각 찾아봅니다.

19 직접 그림을 그려 구하거나, 모양이 3개씩 반복
되는 규칙이므로 첫 번째, 네 번째, 일곱 번째,
열 번째 모양이 같음을 이용하여 구합니다.

서술형 가이드 모양이 반복되는 규칙을 찾아 11번
째 모양을 구하는 풀이 과정이 들어 있어야 합니다.

채점 기준

상	반복되는 규칙을 찾아 설명하고 11번째 모양을 구했음.
중	반복되는 규칙을 찾아 설명하였지만 11번째 모양을 구하지 못함.
하	반복되는 규칙을 찾지 못함.

20 덧셈표에서 오른쪽으로 갈수록 2씩 커지고, 아
래쪽으로 내려갈수록 2씩 커지는 규칙이 있습
니다.

서술형 가이드 ㉠과 ㉡에 알맞은 수를 구하여 ㉠과
㉡의 차를 구하는 풀이 과정이 들어 있어야 합니다.

채점 기준

상	덧셈표에서 규칙을 찾아 ㉠과 ㉡에 알맞은 수를 구한 다음 ㉠과 ㉡의 차를 구하여 답을 구했음.
중	덧셈표에서 규칙을 찾아 ㉠과 ㉡에 알맞은 수를 구했지만 ㉠과 ㉡의 차를 구하지 못함.
하	덧셈표에서 규칙을 찾지 못하여 ㉠과 ㉡에 알맞은 수를 구하지 못함.

156~157쪽

잘 틀리는 실력 유형

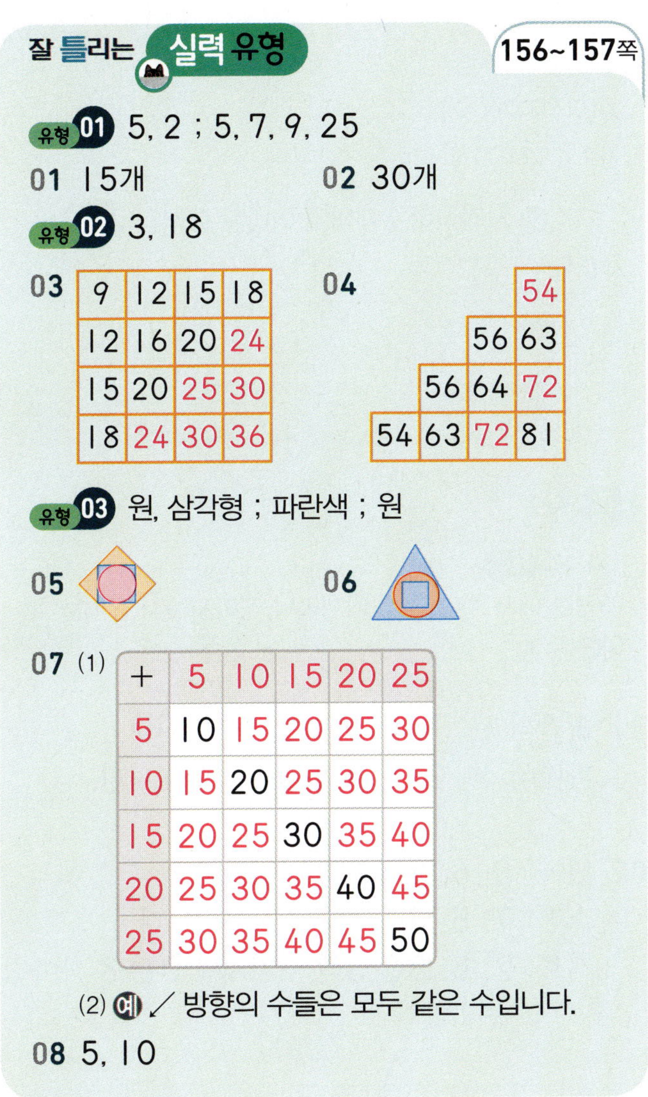

유형 01 5, 2 ; 5, 7, 9, 25
01 15개   02 30개

유형 02 3, 18

03
9	12	15	18
12	16	20	24
15	20	25	30
18	24	30	36

04
			54
		56	63
	56	64	72
54	63	72	81

유형 03 원, 삼각형 ; 파란색 ; 원

05   06

07 (1)
+	5	10	15	20	25
5	10	15	20	25	30
10	15	20	25	30	35
15	20	25	30	35	40
20	25	30	35	40	45
25	30	35	40	45	50

(2) 예 ╱ 방향의 수들은 모두 같은 수입니다.

08 5, 10

156쪽

01 각 층의 쌓기나무가 1개, 2개, 3개로 한 층에 1개씩 늘어나는 규칙이 있습니다.
따라서 5층으로 쌓을 때 필요한 쌓기나무는 모두 $1+2+3+4+5=15$(개)입니다.

왜 틀렸을까? 각 층에 쌓기나무의 수가 늘어나는 규칙을 알아봅니다. 5층까지 쌓을 때 각 층의 쌓기나무의 수를 이용하여 합을 구합니다.

02 각 층의 쌓기나무가 2개, 4개, 6개로 한 층에 2개씩 늘어나는 규칙이 있습니다.
따라서 5층으로 쌓을 때 필요한 쌓기나무는 모두 $2+4+6+8+10=30$(개)입니다.

왜 틀렸을까? 각 층에 쌓기나무의 수가 늘어나는 규칙을 알아봅니다. 5층까지 쌓을 때 각 층의 쌓기나무의 수를 이용하여 합을 구합니다.

03 가로로 첫째 줄은 3씩, 둘째 줄은 4씩, 셋째 줄은 5씩, 넷째 줄은 6씩 커지는 규칙이 있습니다.

왜 틀렸을까? 곱셈표에서 같은 줄에서는 같은 수만큼 커집니다.

04
			㉢
		56	63
	56	64	㉡
54	63	㉠	81

• ㉠이 있는 가로줄은 9씩 커지므로 ㉠$=63+9=72$입니다.
• ㉡이 있는 가로줄은 8씩 커지므로 ㉡$=64+8=72$입니다.
• ㉢이 있는 세로줄은 위로 올라갈수록 9씩 작아지므로 ㉢$=63-9=54$입니다.

왜 틀렸을까? 곱셈표에서는 각 줄별로 오른쪽으로 갈수록, 아래쪽으로 내려갈수록 ■씩 커지는 규칙이 있습니다.

157쪽

05 바깥쪽은 □, ○, ◇이 반복되고, 가운데는 ○, ◇, □이 반복되고, 안쪽은 ◇, □, ○이 반복됩니다.
색깔은 바깥쪽부터 주황색, 파란색, 분홍색이 색칠되어 있습니다.
따라서 □ 안에 알맞은 도형은 바깥쪽은 주황색 ◇ 모양, 가운데는 파란색 □ 모양, 안쪽은 분홍색 ○ 모양입니다.

왜 틀렸을까? 바깥쪽 모양, 가운데 모양, 안쪽 모양의 규칙을 각각 알아보고 바깥쪽부터 색칠된 규칙을 알아봅니다.

06 바깥쪽은 ○, △, □이 반복되고, 가운데는 □, ○, △이 반복되고, 안쪽은 △, □, ○이 반복됩니다.
색깔은 바깥쪽부터 파란색−빨간색−파란색, 빨간색−파란색−빨간색이 반복됩니다.
따라서 □ 안에 알맞은 도형은 바깥쪽은 파란색 △ 모양, 가운데는 빨간색 ○ 모양, 안쪽은 파란색 □ 모양입니다.

왜 틀렸을까? 바깥쪽 모양, 가운데 모양, 안쪽 모양의 규칙을 각각 알아보고 바깥쪽부터 색칠된 규칙을 알아봅니다.

07 (1) 10=5+5, 20=10+10,
　　 30=15+15, 40=20+20,
　　 50=25+25이므로 5, 10, 15, 20,
　　 25의 합을 나타낸 덧셈표입니다.

　(2) '＼ 방향으로 갈수록 10씩 커지는 규칙이
　　 있습니다.' 등 다양한 규칙들이 있습니다.

참고

같은 두 수를 더하여 10, 20, 30, 40, 50이 되는
수를 각각 알아봅니다.

08 번호가 가, 다 구역에서는 1, 6, 11, 16으로
뒤로 갈수록 5씩 커지고, 나 구역에서는 1, 11,
21, 31로 뒤로 갈수록 10씩 커지는 규칙이
있습니다.

참고

가와 다 구역은 의자가 한 줄에 5개씩 놓여 있으므로
오른쪽으로 갈수록 1씩, 뒤로 갈수록 5씩 커지는 규칙
이 있습니다.
나 구역은 의자가 한 줄에 10개씩 놓여 있으므로 오
른쪽으로 갈수록 1씩, 뒤로 갈수록 10씩 커지는 규칙
이 있습니다.

다르지만 같은 유형 158~159쪽

01 3, 4 　　**02** 민아

03 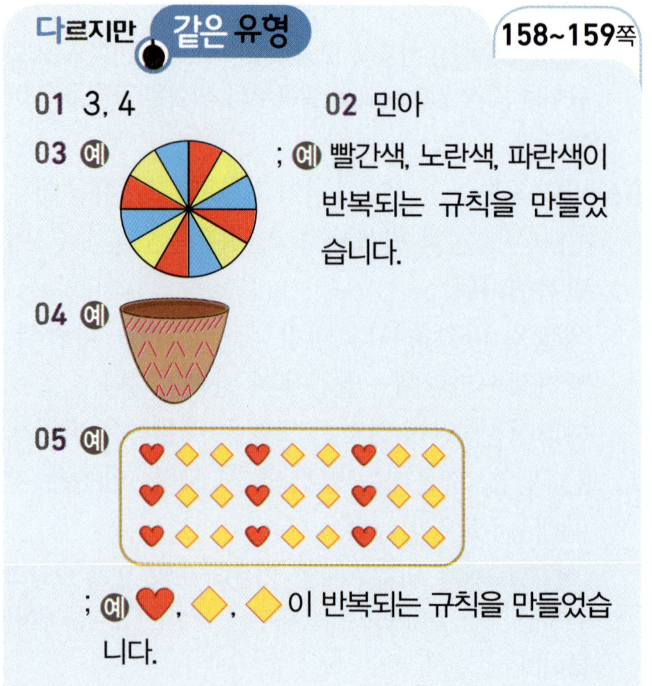
; 예 빨간색, 노란색, 파란색이
반복되는 규칙을 만들었
습니다.

04 예

05 예
; 예 ♥, ◆, ◆ 이 반복되는 규칙을 만들었습
니다.

---

06 ㉢　　　　　　　**07** 파란색
08 전자계산기
09 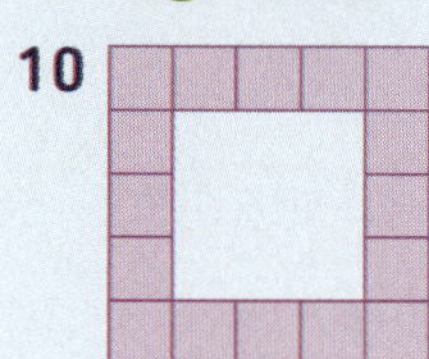
; 예 사각형이 2개씩 늘어나는 규칙입니다.
10　　　　　　　　**11**

158쪽

01~02 핵심

각 방향에서 수가 몇씩 커지거나 작아지는지 규칙을 찾
아봅니다.

01 빨간색 선: 1, 4, 7로 3씩 커집니다.
　 파란색 선: 9, 5, 1로 4씩 작아집니다.

02 민아: 3, 6, 9로 3씩 커집니다.
　 소진: 7, 5, 3으로 2씩 작아집니다.
　 재호: 2, 5, 8은 3씩 커지지만 0은 8 작아졌
　　　 습니다.

03~05 핵심

색깔이나 무늬, 모양이 반복되도록 여러 가지 방법으로
규칙을 만들 수 있습니다.

04 주어진 빗살무늬(／, ＼)를 사용하여 무늬를
꾸밉니다.

05 여러 가지 규칙을 만들 수 있습니다.

159쪽

06~08 핵심

각 선에 놓인 수들은 몇씩 커지는 규칙인지 확인하여
규칙이 다른 하나를 찾습니다.

06 ㉠ 3, 11, 19로 8씩 커집니다.
　 ㉡ 6, 14, 22로 8씩 커집니다.
　 ㉢ 17, 18, 19, 20, …으로 1씩 커집니다.

07 파란색 점선: 8, 16, 24, 32로 8씩 커집니다.
빨간색 점선: 16, 32, 48, 64로 16씩 커집니다.
초록색 점선: 16, 32, 48, 64로 16씩 커집니다.

08 시계: 1부터 12까지 1씩 커집니다.
전자계산기: 3, 6, 9로 3씩 커집니다.
키보드: 1부터 9까지 1씩 커집니다.

09~11 핵심
모양이 어떻게 늘어나고 있는 규칙인지 수와 모양의 규칙을 알아봅니다.

09 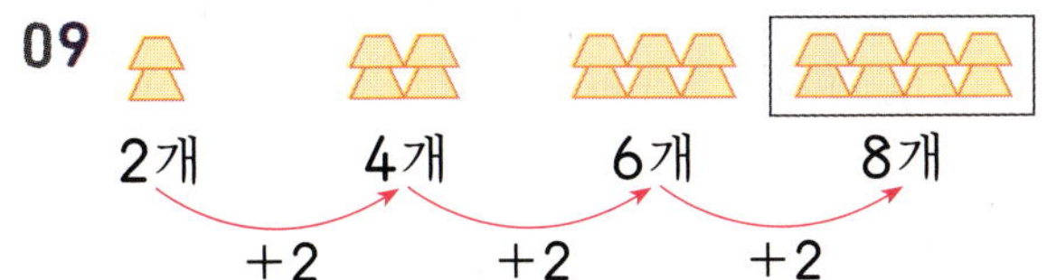

□ 안에는 사각형이 6+2=8(개)가 놓여야 합니다.

10 사각형이 4개, 8개, 12개, …로 4개씩 늘어나는 규칙입니다. 따라서 □ 안에는 사각형이 12+4=16(개)가 놓여야 합니다.

11 삼각형이 3개, 5개, …씩 늘어나는 규칙입니다. 따라서 □ 안에 들어갈 모양은 세 번째 모양보다 삼각형이 7개 더 늘어난 모양입니다.

응용 유형

160~163쪽

01 자두	**02** 22
03	**04** 14씩, 64
05 금요일	**06** 파란색
07	**08** 포도
09 29	**10** 18개
11 라열 넷째 자리	**12** 31번
13	**14** 16씩, 76
15 금요일	**16** 흰색
17 55개	

01 • 첫 번째 줄: ㄱ, ㅁ, ㅈ이 반복되는 규칙입니다.
⇨ ① ㅈ
• 두 번째 줄: ㅏ, ㅓ가 반복되는 규칙입니다.
⇨ ② ㅏ
• 세 번째 줄: ㄷ, ㅅ, ㅋ이 반복되는 규칙입니다.
⇨ ③ ㄷ
• 네 번째 줄: ㅗ, ㅜ가 반복되는 규칙입니다.
⇨ ④ ㅜ
따라서 ①, ②, ③, ④ 순서대로 쓰면 자두입니다.

02

+	가	3		7
2	3			
6	㉠			
나		11		㉡

2+가=3이고
2+1=3이므로
가=1입니다.
⇨ ㉠=6+가
=6+1=7

나+3=11이고 8+3=11이므로 나=8입니다. ⇨ ㉡=나+7=8+7=15
따라서 ㉠+㉡=7+15=22입니다.

03 • 모양 규칙: ⬡, △이 반복됩니다.
⇨ 11=2+2+2+2+2+1이므로 11번째 모양은 첫 번째 모양과 같은 ⬡입니다.
• 점의 규칙: 위쪽, 왼쪽, 오른쪽의 순서로 움직입니다.
⇨ 11=3+3+3+2이므로 11번째 점의 위치는 두 번째 점과 같은 왼쪽입니다.

04 1×7=7, 3×7=21, 5×7=35, 7×7=49이므로 14씩 커지는 규칙입니다.
⇨ 8부터 14씩 커지도록 수를 늘어놓으면
8-22-36-50-64이므로 ★에 알맞은 수는 64입니다.

05 1월은 31일까지 있습니다.
31일은 31-7-7-7=10(일)과 같은 요일이므로 목요일입니다. 1월 31일 바로 다음 날인 2월 1일은 금요일이고, 1+7=8(일)이므로 2월 8일도 금요일입니다.

06 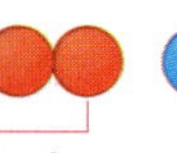 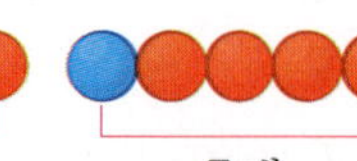

2개 3개 4개 5개

파란색, 빨간색 구슬을 번갈아 가면서 꿰고 빨간색 구슬이 한 개씩 늘어나는 규칙입니다.

⇨ $2+3+4+5=14$이므로 15번째에 꿰는 구슬은 파란색입니다.

162쪽

07 문제 분석

07 ❶규칙을 찾아 / ❷□ 안에 알맞은 모양을 그리고 색칠해 보시오.

❶ 모양의 규칙과 색깔의 규칙을 각각 찾아봅니다.
❷ ❶에서 구한 모양과 색깔의 규칙에 따라 □ 안에 알맞은 모양을 그리고 색칠합니다.

❶ • 모양 규칙: □, ○, ▽이 반복됩니다.
  ⇨ ○ 다음에 올 모양은 ▽입니다.
 • 색깔 규칙: 파란색, 노란색, 초록색, 보라색이 반복됩니다.
  ⇨ 보라색 다음에 올 색깔은 파란색입니다.
❷따라서 □ 안에 알맞은 모양은 ▼입니다.

08 • 첫 번째 줄: ㅎ, ㅍ, ㄴ이 반복되는 규칙입니다.
  ⇨ ① ㅍ
 • 두 번째 줄: ㅗ, ㅜ가 반복되는 규칙입니다.
  ⇨ ② ㅗ
 • 세 번째 줄: ㄱ, ㄴ, ㄷ이 반복되는 규칙입니다.
  ⇨ ③ ㄷ
 • 네 번째 줄: ㅏ, ㅓ, ㅗ가 반복되는 규칙입니다.
  ⇨ ④ ㅗ
 따라서 ①, ②, ③, ④ 순서대로 쓰면 포도입니다.

09

+	가		8	9
6	㉠			
나			16	㉡
9	15			

$9+$가$=15$이고
$9+6=15$이므로
가$=6$입니다.
⇨ ㉠$=6+$가
 $=6+6=12$

나$+8=16$이고 $8+8=16$이므로 나$=8$입니다. ⇨ ㉡$=$나$+9=8+9=17$
따라서 ㉠$+$㉡$=12+17=29$입니다.

10 문제 분석

10 ❶규칙에 따라 쌓기나무를 쌓고 있습니다. / ❷여섯 번째 모양에 쌓을 쌓기나무는 모두 몇 개입니까?

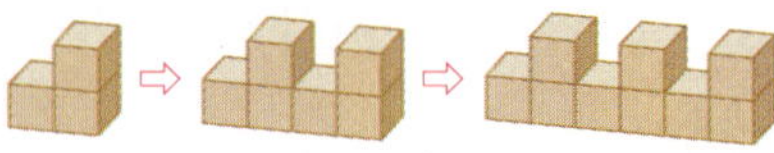

❶ 쌓기나무가 몇 개씩 늘어나는지 규칙을 알아봅니다.
❷ ❶에서 구한 규칙에 따라 네 번째 모양, 다섯 번째 모양, 여섯 번째 모양에 쌓을 쌓기나무의 수를 구합니다.

❶쌓기나무가 3개, 6개, 9개로 3개씩 늘어나는 규칙입니다.
❷(네 번째 모양에 쌓을 쌓기나무의 수)
 $=9+3=12$(개)
 (다섯 번째 모양에 쌓을 쌓기나무의 수)
 $=12+3=15$(개)
 (여섯 번째 모양에 쌓을 쌓기나무의 수)
 $=15+3=18$(개)

11 문제 분석

11 ❶진호의 자리는 25번입니다. / ❷진호는 어느 열 몇째 자리에 앉아야 합니까?

❶ 번호가 뒤로 갈수록 몇씩 커지는지 규칙을 알아봅니다.
❷ ❶에서 구한 규칙에 따라 진호가 앉아야 하는 자리를 구합니다.

❶뒤로 갈수록 번호가 7씩 커지고 있습니다.
❷다열 첫째 자리: $8+7=15$(번)
 라열 첫째 자리: $15+7=22$(번)
 ⇨ 라열에서 첫째(22), 둘째(23), 셋째(24), 넷째(25)이므로 진호는 라열 넷째 자리에 앉아야 합니다.

12 문제 분석

12 ❶지선이의 자리는 마열 셋째입니다. / ❷지선이가 앉을 자리는 몇 번입니까?

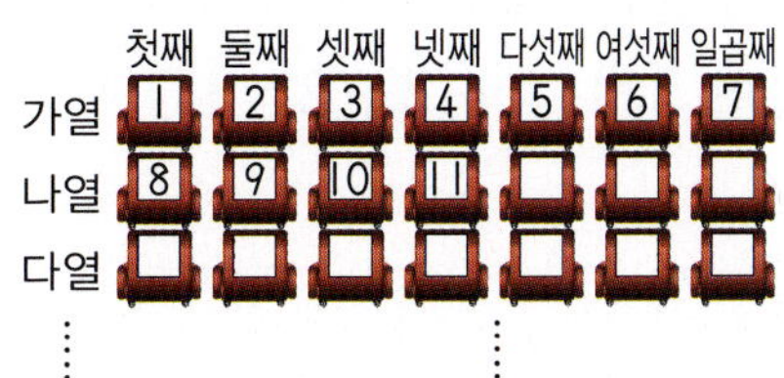

❶ 번호가 뒤로 갈수록 몇씩 커지는지 규칙을 알아봅니다.
❷ ❶에서 구한 규칙에 따라 지선이가 앉을 자리는 몇 번인지 구합니다.

❶뒤로 갈수록 번호가 7씩 커지고 있습니다.
❷다열 셋째 자리: 10+7=17(번)
라열 셋째 자리: 17+7=24(번)
마열 셋째 자리: 24+7=31(번)
⇨ 지선이가 앉을 자리는 31번입니다.

163쪽

13 • 모양 규칙: △, ◯이 반복됩니다.
⇨ 13=2+2+2+2+2+2+1이므로 13번째 모양은 첫 번째 모양과 같은 △입니다.
• 점의 규칙: 왼쪽, 오른쪽, 위쪽의 순서로 움직입니다.
⇨ 13=3+3+3+3+1이므로 13번째 점의 위치는 첫 번째 모양과 같은 왼쪽입니다.

14 2×8=16, 4×8=32, 6×8=48, 8×8=64이므로 16씩 커지는 규칙입니다.
⇨ 12부터 16씩 커지도록 수를 늘어놓으면 12-28-44-60-76이므로 ★에 알맞은 수는 76입니다.

15 4월은 30일까지 있습니다.
30일은 30-7-7-7-7=2(일)과 같은 요일이므로 목요일입니다.
4월 30일 바로 다음 날인 5월 1일은 금요일이고 1+7+7=15(일)이므로 5월 15일도 금요일입니다.

16

흰색, 검은색 구슬을 번갈아 가면서 꿰고 흰색 구슬이 한 개씩 늘어나는 규칙입니다.
⇨ 2+3+4+5=14이므로 15번째부터 5개가 흰색 구슬입니다.
따라서 17번째에 꿰는 구슬은 흰색입니다.

17 문제 분석

17 ❶민준이가 피라미드를 보고 쌓기나무를 엇갈려서 쌓고 있습니다. 이와 같은 규칙에 따라 / ❷쌓기나무를 5층으로 쌓을 때 필요한 쌓기나무는 모두 몇 개입니까?

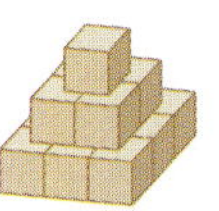

❶ 규칙에 따라 5층으로 쌓을 때 층별로 쌓은 쌓기나무 수를 알아봅니다.
❷ ❶에서 구한 층별 쌓기나무 수를 모두 더합니다.

❶
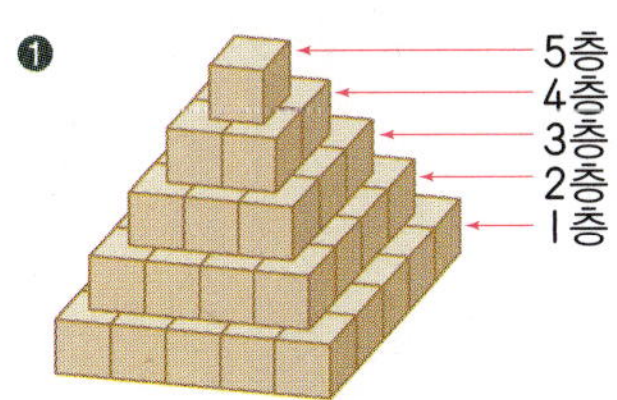

1층에 25개, 2층에 16개, 3층에 9개, 4층에 4개, 5층에 1개입니다.
❷⇨ 25+16+9+4+1=55(개)

사고력 유형

164~165쪽

1 ❶ ; 4개, 6개
❷ ; 12개, 4개

2 ❶ 5개 ❷ 4개

3 34, 29, 19, 24, 14

164쪽

1 ❶ 흰색 바둑돌과 검은색 바둑돌이 번갈아 가며 아래에 2개씩 늘어나는 규칙입니다.

❷ 흰색 바둑돌의 수는 4개로 변하지 않고 검은색 바둑돌은 4개씩 늘어나는 규칙입니다.

165쪽

2 ❶ 쌓기나무로 쌓은 모양을 그리면 다음과 같습니다.

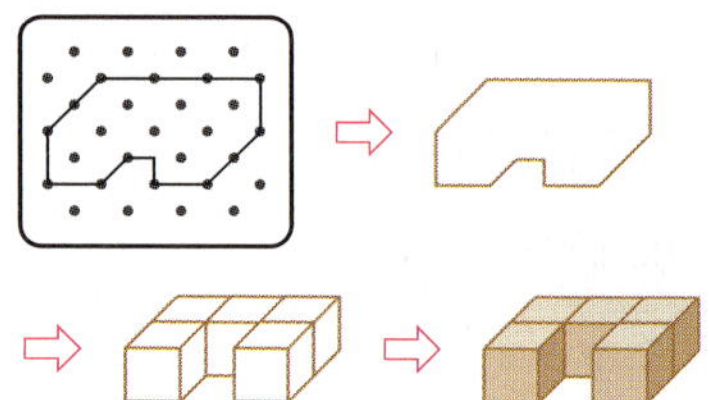

⇨ 5개

❷ 쌓기나무로 쌓은 모양을 그리면 다음과 같습니다.

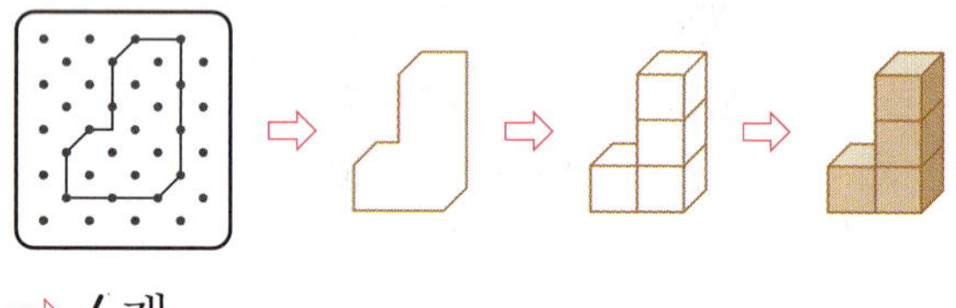

⇨ 4개

3 4가지 화살표가 나타내는 규칙을 알아보면 각각 다음과 같습니다.

⇨: +5, ⬇: +10, ⬅: −5, ⬆: −10

24+10=34, 34−5=29, 29−10=19,

19+5=24, 24−10=14

166쪽

1 사각형 1개: 4개

사각형 2개: 4+3=7(개)

사각형 3개: 4+3+3=10(개)

:

사각형이 1개씩 늘어날 때마다 성냥개비는 3개씩 늘어나는 규칙입니다.

따라서 사각형 8개를 만드는 데 필요한 성냥개비는 4+3+3+3+3+3+3+3=25(개)입니다.

2 달력에서 같은 요일은 7일마다 반복되므로 같은 요일인 날짜는 7씩 커집니다.

5월 1일이 수요일인 것을 이용하여 수요일의 날짜를 알아보면

1(5월)−8−15−22−29−5(6월)

−12−19−26−3(7월)−10−17……

⇨ 5월 아래로 보이는 달력은 7월 달력입니다.

167쪽

3 가열 여덟째 자리는 8번이고, 마열 여덟째 자리는 가열 여덟째 자리에서 4줄 뒤에 있으므로 9×4=36만큼 더 큰 8+36=44(번)입니다.

가열 여섯째 자리는 6번이고, 다열 여섯째 자리는 가열 여섯째 자리에서 2줄 뒤에 있으므로 9×2=18만큼 더 큰 6+18=24(번)입니다.

따라서 유나의 자리인 44번은 6000원이고, 서준이의 자리인 24번은 8000원이므로

6000−7000−8000에서 서준이가 2000원 더 비싼 자리를 샀습니다.

4 천의 자리 숫자와 백의 자리 숫자를 곱한 수를 앞에서부터 쓰고, 십의 자리 숫자와 일의 자리 숫자를 더하여 그 뒤에 써서 수를 만든 규칙입니다.

2487 ⇨ 2×4=8, 8+7=15 ⇨ 815

6423 ⇨ 6×4=24, 2+3=5 ⇨ 245

4851 ⇨ 4×8=32, 5+1=6 ⇨ 326

9165 ⇨ 9×1=9, 6+5=11 ⇨ 911

8733 ⇨ 8×7=56, 3+3=6 ⇨ 566

참 잘했어요

수학의 모든 유형 문제를 풀 정도로
실력이 성장한 것을 축하하며
이 상장을 드립니다.

이름 _______________________

날짜 ________ 년 ____ 월 ____ 일

수학 전문 교재

● 연산 학습

빅터연산   예비초~6학년, 총 20권

창의융합 빅터연산   예비초~4학년, 총 16권

● 개념 학습

개념클릭 해법수학   1~6학년, 학기용

● 수준별 수학 전문서

해결의법칙(개념/유형/응용)   1~6학년, 학기용

● 단원평가 대비

수학 단원평가   1~6학년, 학기용

일등전략 초등 수학   1~6학년, 학기용

● 단기완성 학습

초등 수학전략   1~6학년, 학기용

● 상위권 학습

최고수준 S 수학   1~6학년, 학기용

최고수준 수학   1~6학년, 학기용

최강 TOT 수학   1~6학년, 학년용

● 경시대회 대비

해법 수학경시대회 기출문제   1~6학년, 학기용

예비 중등 교재

● 해법 반편성 배치고사 예상문제   6학년

● 해법 신입생 시리즈(수학/영어)   6학년

맞춤형 학교 시험대비 교재

● 열공 전과목 단원평가   1~6학년, 학기용(1학기 2~6년)

한자 교재

● 한자능력검정시험 자격증 한번에 따기   8~3급, 총 9권

● 씽씽 한자 자격시험   8~5급, 총 4권

● 한자 전략   8~5급II, 총 12권